石油高职高专规划教材

燃气计量

（富媒体）

马志荣　王智深　赵文峰　主编

石油工业出版社

内 容 提 要

本书详细地介绍了燃气计量基础、温度计量、压力计量、流量计量和气体成分计量五大部分的内容,较系统地叙述了燃气计量的法规、规范,说明了标准中的计量方法,既有基础理论知识,也有仪表的实践应用。

本书是高职高专城市燃气工程技术专业的教材,既可以作为该专业以及相关专业的教学用书,也可以作为城市燃气、石油、化工等领域技术人员的参考资料。

图书在版编目(CIP)数据

燃气计量:富媒体/马志荣,王智深,赵文峰主编. —北京:石油工业出版社,2020.6

石油高职高专规划教材

ISBN 978-7-5183-3953-2

Ⅰ.①燃… Ⅱ.①马… ②王… ③赵… Ⅲ.①城市燃气-计量-高等职业教育-教材 Ⅳ.①TU996

中国版本图书馆CIP数据核字(2020)第096405号

出版发行:石油工业出版社

(北京市朝阳区安定门外安华里2区1号楼 100011)

网　　址:www.petropub.com

编辑部:(010)64251362　图书营销中心:(010)64523633

经　　销:全国新华书店

排　　版:北京乘设伟业科技有限公司

印　　刷:北京中石油彩色印刷有限责任公司

2020年6月第1版　2020年6月第1次印刷

787毫米×1092毫米　开本:1/16　印张:14

字数:340千字

定价:35.00元

(如发现印装质量问题,我社图书营销中心负责调换)

版权所有,翻印必究

前　言

近年来,伴随着我国天然气消费量和进口量的持续增长,天然气用户的数量也在不断增长。随着我国天然气消费市场的不断成熟,未来工业燃气、城市燃气、发电用气将呈现"三足鼎立"的局面。为了满足市场的迫切需求,培养城市燃气工程专业方面的人才,满足城市燃气工程技术专业教学、计量管理以及满足城市燃气工程技术人员的需要,组织编写了本书。

本书包括燃气计量基础、温度计量、压力计量、流量计量和气体成分计量五大部分的内容。在燃气计量基础方面,重点介绍燃气计量基本知识和燃气计量管理基础知识;在温度计量中,介绍了几种常用的温度测量仪表及使用注意事项;在压力计量中,介绍了燃气计量工作中常用的压力仪表基础知识及使用注意事项;在流量计量中,重点介绍各种常用的流量计量仪表的结构原理及使用注意事项;在气体成分计量中,主要介绍气体成分计量技术和可燃气体检测报警仪器等方面的知识。在内容取舍上,遵循以能力培养为本、学以致用、循序渐进、求真纳新的原则;突出了高职高专职业技术教育的实践性特点,力求体现本专业范围内新工艺、新设备、新技术、新标准的应用。

本书由克拉玛依职业技术学院马志荣、中国石油新疆油田公司油气储运分公司王智深、新疆油田公司油气储运分公司赵文峰任主编,克拉玛依职业技术学院祝守丽、新疆油田公司油气储运分公司杨圃、新疆油田公司油气储运分公司刘延昌任副主编。其中,第一章第一节由王智深编写;第二章第一节由赵文峰编写;第一章第二节,第二章二、三、四节,第三章二、三、四、五、六节由克拉玛依职业技术学院马志荣编写;第三章第一节由杨圃编写;第三章第七节由刘延昌编写;第四章、第五章第三节由祝守丽编写;第五章第一节由克拉玛依市燃气有限责任公司石海磊编写;第五章第二节由中国石油管道局工程有限公司设计分公司李钦编写。本书插图由新疆油田公司油气储运分公司的诸位同仁完成:第一章插图由徐梦茹、刘明川、马健完成;第二章插图由王学龙、游兵、吴波、马愉完成;第三章插图由肖刚、祁明业、刘双全完成;第四章插图由杨豪、谢雨兵、朱辉、徐佩君完成;第五章插图由吴明浩、傅俊义、黄波完成。全书由马志荣统稿。

本书的编写参考了国内多位专家教授的相关著作、文章及研究报告,得到了新疆油田公司油气储运分公司、肖刚技能大师工作室、克拉玛依市燃气有限责任公司及国内其他燃气同行的大力支持和帮助,还得到了各相关计量仪表生产单位的大力支持,书中二维码链接的主要设备及原理素材富媒体资源由北京东方仿真软件技术有限公司提供技术支持,在此一并表示衷心感谢!由于作者水平所限,本书难免有不完善或错误之处,真诚欢迎广大读者提出宝贵意见!

编　者
2020 年 4 月

目 录

第一章 燃气计量基础 (1)
- 第一节 燃气计量基本知识 (1)
- 第二节 燃气计量管理 (18)

第二章 温度计量 (41)
- 第一节 温度计量基本知识 (41)
- 第二节 膨胀式温度计 (47)
- 第三节 电阻温度计 (59)
- 第四节 热电偶温度计 (62)

第三章 压力计量 (76)
- 第一节 压力计量基本知识 (76)
- 第二节 液柱式压力计 (80)
- 第三节 弹性式压力表 (83)
- 第四节 活塞式压力计 (94)
- 第五节 压力传感器 (97)
- 第六节 压力变送器 (102)
- 第七节 数字压力计 (107)

第四章 流量计量 (112)
- 第一节 流量计量基本知识 (112)
- 第二节 膜式燃气表 (123)
- 第三节 腰轮流量计 (141)
- 第四节 涡轮流量计 (148)
- 第五节 超声流量计 (158)
- 第六节 涡街流量计 (164)
- 第七节 旋进旋涡流量计 (169)
- 第八节 质量流量计 (174)
- 第九节 浮子流量计 (179)

第五章 气体成分计量 (186)
- 第一节 气体成分计量基本知识 (186)
- 第二节 气体传感器技术基础 (191)
- 第三节 可燃气体检测报警器 (194)

参考文献 (217)

富媒体资源目录

序号	名称		页码
1	动态图 1	燃气爆炸动图	4
2	彩　图 1	燃气爆炸	4
3	动态图 2	固体膨胀式温度计	56
4	动态图 3	双金属液体压力式温度计	56
5	彩　图 2	三线制热电阻温度计	60
6	动态图 4	热电偶测温	62
7	动态图 5	弹簧管压力表	86
8	动态图 6	膜盒式压力计	89
9	动态图 7	电接点式压力仪表	91
10	动态图 8	活塞式压力计	95
11	动态图 9	应变式压力传感器	99
12	动态图 10	压力传感器结构	99
13	动态图 11	电容式压力传感器	106
14	动态图 12	电动差压变送器结构原理	106
15	彩　图 3	膜式燃气表	135
16	动态图 13	立式腰轮流量计结构	142
17	动态图 14	卧式腰轮流量计	142
18	动态图 15	涡轮流量计	149
19	动态图 16	超声流量计探头工作	160
20	动态图 17	涡街流量计	165
21	动态图 18	旋涡发生体	165
22	动态图 19	智能旋进式流量传感器结构	170
23	动态图 20	浮子流量计	180
24	动态图 21	燃气报警器之一	195
25	动态图 22	燃气报警器之二	195

如需要本书富媒体资源包,请联系本书作者马志荣老师,联系邮箱:xiaomage963@126.com。

第一章 燃气计量基础

第一节 燃气计量基本知识

计量是实现单位统一、量值准确可靠的活动。计量管理是计量部门对所用测量手段和方法以及获得、表示和使用测量结果的条件进行的管理,是企业生产经营活动中不可或缺的重要组成部分。通过协调计量技术管理、计量行政管理和计量法制管理,来提高产品质量、保证生命财产安全、维护贸易公平、实现节能降耗。燃气计量是城市燃气企业面临的一个重要的基础管理工作,主要涉及的计量领域包括贸易结算和安全防护两大类。为提升燃气企业计量管理水平,促进计量技术进步,提高经济效益,杜绝安全事故,必须普及燃气计量有关知识,学习国家有关计量法律法规,积极探索计量新技术应用和推广,促进企业和社会的和谐发展。

本章重点介绍与计量有关的燃气基本性质,较为详细地介绍了天然气计量的一些特殊参数和计量方法,包括国家标准中有关天然气能量计量的关键内容。同时,针对燃气贸易计量的特点,介绍了提高计量准确性的途径,包括流量仪表的设计选型、安装调试、检定校准、使用维护、检查中应注意的事项。

一、燃气基本性质

燃气一般可以分为四大类:天然气、人工制气、液化石油气和生物气(沼气)。燃气通常是由多种可燃与不可燃成分组成的气体混合物,可燃成分主要有碳氢化合物(如甲烷、乙烷、乙烯、丙烷、丙烯、丁烷、丁烯等烃类)、氢气、一氧化碳等,不可燃成分主要有二氧化碳、氮气、氧气、水分等。

天然气一般分为纯天然气、石油伴生气、凝析气田气和煤层气,不同来源的气体组分含量也不尽相同,但主要成分均为甲烷,含量一般在80%以上,热值可达 $36 \sim 45 MJ/m^3$。

人工制气一般分为干馏煤气、气化煤气和油制气(石油裂解气),煤气的主要成分为甲烷、氢气和一氧化碳,热值通常为 $5 \sim 18 MJ/m^3$;油制气的主要成分为甲烷、氢气等,热值一般为 $17 \sim 42 MJ/m^3$。

液化石油气主要成分为丙烷和丁烷,一般各占50%,热值约为 $108 MJ/m^3$,是所有燃气中热值最高的一种。

沼气主要成分为甲烷和二氧化碳,热值与煤气接近,热值约为 $21 MJ/m^3$。

(一)燃气的物理化学性质

1. 燃气组分

燃气组分的表示方法主要有三种:体积分数、质量分数和摩尔分数。还有一些其他表示方法,见第五章气体成分计量相关内容。

1)体积分数

体积分数是指混合气体中某组分气体的体积与混合气体的总体积之比,混合气体的总体积等于各组分的体积之和。

2)质量分数

质量分数是指混合气体中某组分气体的质量与混合气体的总质量之比,混合气体的总质量等于各组分的质量之和。

3)摩尔分数

摩尔分数是指混合气体中某组分气体的物质的量与混合气体的总物质的量之比,混合气体的总物质的量等于各组分的物质的量之和。

2. 燃气密度

(1)混合气体平均密度:为混合气体平均摩尔质量与平均摩尔体积之比,等于各单一组分气体密度之和,其计算公式为

$$\rho = \frac{M}{V_m} = \sum y_i \rho_i \tag{1-1}$$

式中,ρ 为混合气体平均密度,kg/m^3;M 为混合气体平均摩尔质量,$kg/kmol$;V_m 为混合气体平均摩尔体积,$m^3/kmol$,$V_m = \sum y_i V_i$;y_i 为燃气中各组分的体积比,%;ρ_i 为燃气中各组分在标准状态下的密度,kg/m^3。

(2)混合气体相对密度:为混合气体平均密度与标准状态下空气的密度之比,其计算公式为

$$G = \frac{\rho}{\rho_空} = \frac{M}{\rho_空 V_m} \tag{1-2}$$

式中,G 为混合气体相对密度;ρ 为混合气体平均密度,kg/m^3;$\rho_空$ 为标准状态下空气的密度,kg/m^3,在 0℃、101325Pa 时空气密度为 $1.293kg/m^3$,在 20℃、101325Pa 时空气密度为 $1.205kg/m^3$。

有关气体密度的计算方法,本书还有进一步的介绍。

3. 气体临界参数

当温度低于某一数值时,对气体施加压力可以使其液化;而超过该温度值时,无论加多大的压力也不能使气体液化,这一温度称为该气体的临界温度。在临界温度下,使气体液化所需要的压力称为临界压力,此时气体的各项参数称为临界参数。

(1)混合气体的平均临界温度 T_{mc} 为各单一气体临界温度 T_{ci} 之和,即 $T_{mc} = \sum y_i T_{ci}$。

(2)混合气体的平均临界压力 p_{mc} 为各单一气体临界压力 p_{ci} 之和,即 $p_{mc} = \sum y_i p_{ci}$。

临界参数是气体的重要物理指标,气体的临界温度越高,越容易液化。如液化石油气中的丙烷、丙烯的临界温度较高,在常温下加压即可使其液化;而天然气中甲烷的临界温度低,表明天然气很难液化,在常压下,需将温度降至 -163.15℃ 以下,才能使其液化。

4. 气体状态方程

常温常压下,气体遵守气体状态方程,当气体的压力较高或温度较低时,如果仍然用理想气体状态方程进行计算,就会引起较大误差,这是因为气体分子本身占有的容积和分子之间的引力会发生较大变化,因此需要对理想气体状态方程进行修正。实际气体状态方程为

$$pV = nZRT \tag{1-3}$$

式中,p 为气体的绝对压力,Pa;V 为气体的体积,m^3;Z 为压缩因子;n 为气体物质的量;R 为通用气体常数,$R = 8.31451 J/(mol \cdot K)$;$T$ 为气体的绝对温度,K。

压缩因子是随气体的温度和压力变化而变化的。在工程上,当燃气压力低于1MPa、温度在 10~20℃时,可以近似地当作理想气体进行计算。

5. 气体黏度

流体的黏度是表示内摩擦力大小的一个参数,与温度和压力有关,一般情况下,气体的黏度随温度和压力的升高而增加,液体则相反。黏度可用动力黏度和运动黏度表示。

动力黏度的物理概念是层流间发生相对滑动所产生的内摩擦力与单位层流距离上的层流间的速度梯度的比值,其计算式为

$$\mu = \frac{\tau}{du/dy} \tag{1-4}$$

式中,μ 为动力黏度,$Pa \cdot s$;τ 为内摩擦力(剪切应力),N/m^2;du/dy 为速度梯度,s^{-1}。

混合气体的运动黏度为动力黏度与相同温度压力下气体密度之比,其计算式为

$$v = \mu/\rho \tag{1-5}$$

式中,v 为流体的运动黏度,m^2/s;μ 为相应流体的动力黏度,$Pa \cdot s$;ρ 为流体的密度,kg/m^3。

(二)燃气的燃烧特性

1. 燃气热值

燃气热值(也称发热量)是指单位数量的燃气完全燃烧时所放出的全部热量。

燃气热值分为高热值和低热值。高热值是指单位数量的燃气完全燃烧后,其燃烧产物与周围环境恢复到燃烧前的原始温度,烟气中的水蒸气凝结成同温度的水后所放出的全部热量。低热值则是指在上述条件下,烟气中的水蒸气仍以蒸汽状态存在时所获得的全部热量。

烟气中的水蒸气通常以气体状态排出,可利用的只是燃气的低热值。在实际应用时,一般以燃气的低热值作为计算依据。

2. 爆炸极限

燃气与空气混合后达到一定浓度时,就会形成爆炸性混合气体,这种气体一旦遇到明火即会发生爆炸。在可燃气体和空气的混合物中,可燃气体的含量少到使爆炸燃烧不能进行,即不能形成爆炸性混合物时的含量,称为可燃气体的爆炸下限;当可燃气体的含量增加到一定程度,由于缺氧而无法进行爆炸燃烧,以至不能形成爆炸性混合物时的含量,称为爆炸上限。

动态图1 燃气爆炸动图

彩图1 燃气爆炸

二、天然气计量基本知识

随着天然气的快速发展，城市燃气的气源结构已由以人工煤气、液化气为主向以天然气为主的方向发展，大多数城市只使用天然气，其他燃气逐步退出城市燃气应用领域。这里介绍与天然气流量计量有关的一些基本内容。

（一）压缩因子

在天然气管输计量中，多数情况下的实际气体并不是理想气体，如在高压状态，当按照理想气体状态方程进行计算时，必须引入一个修正值，即压缩因子。压缩因子 Z 定义为：在规定压力和温度下，任意质量气体的体积与该气体在相同条件下按理想气体定律计算的气体体积的比值——$Z = V_{m(真实)}/V_{m(理想)}$，而 $V_{m(理想)} = RT/p$，所以有

$$Z(p, T, y) = pV_{m(真实)}/(RT) \tag{1-6}$$

式中，p 为气体绝对压力，Pa；T 为气体绝对温度，K；y 为表征气体的一组参数（原则上，y 可以是摩尔全组成，或是一组特征的相关物化性质，或者是两者的结合）；V_m 为气体的摩尔体积，m^3/mol；R 为摩尔气体常数，$R = 8.31451 J/(mol \cdot K)$；$Z$ 为压缩因子，无量纲，值通常接近于1。

《天然气压缩因子的计算》（GB/T 17747—2011）中，详细规定了压缩因子的计算方法，标准包括3个部分：第1部分包括导论和计算方法指南；第2部分给出了用已知气体详细的摩尔组成计算压缩因子的方法，又称为 AGA8-92DC 计算方法；第3部分给出了用包括可获得的高位发热量、相对密度、CO_2 含量和 H_2 含量（若不为零）等非详细的分析数据计算压缩因子的方法，又称为 SGERG-88 计算方法。两种计算方法主要应用于正常进行输气和配气条件范围内的管输干气，包括交接计量或其他用于结算的计量。通常输气和配气的操作温度为 -10℃ ~65℃，操作压力不超过 12MPa。在此范围内，如果不计包括相关的压力和温度等输入数据的不确定度，则两种计算方法的预期不确定度大约为 ±0.1%。

（二）天然气的密度和相对密度

1. 天然气的密度

天然气的密度定义为单位体积天然气的质量，用符号 ρ 表示，有

$$\rho = \frac{m}{V} \tag{1-7}$$

式中 m——天然气的质量,kg;
V——天然气的体积,m³。

因为在101.325kPa、0℃下,1kmol任何气体的体积都等于22.4m³,所以任何气体在此标准状态下的密度为

$$\rho_0 = \frac{M}{22.4} \qquad (1-8)$$

气体的密度与压力、温度有关,在低温、高压下同时与气体的压缩因子有关。气体在某压力、温度下的密度为

$$\rho = \frac{pM}{8.314ZT} \qquad (1-9)$$

式中 ρ——气体在任意压力、温度下的密度,kg/m³;
p——天然气的压力(绝对压力),kPa;
M——天然气的相对分子质量;
Z——天然气压缩系数;
T——天然气绝对温度,K。

2. 天然气的相对密度

天然气相对密度是在相同压力和温度下天然气的密度与空气密度之比,即 $\rho_天/\rho_空$,这是一个无量纲的量。

天然气的相对密度用符号 S 表示,则有

$$S = \frac{\rho_天}{\rho_空} = \frac{M_天}{M_空} \qquad (1-10)$$

式中 $\rho_天, M_天$——天然气的密度和相对分子质量;
$\rho_空, M_空$——空气的密度和相对分子质量。

由式(1-10)可求得天然气的相对密度,也常用在已知天然气的相对密度时,求天然气的相对分子质量或密度等。

天然气的相对密度一般在0.58~0.62之间,石油伴生气的相对密度在0.7~0.85之间,个别含重烃多的油田气也有大于1的。

(三)天然气发热量

天然气为混合气体,其发热量也分为高位发热量和低位发热量,计算方法有以下两种。

1. 摩尔发热量

摩尔发热量的计算公式为

$$\overline{H^0}(t_1) = \sum_{i=1}^{N} \chi_i \overline{H_i}(t_1) \qquad (1-11)$$

式中,$\overline{H^0}(t_1)$ 为混合气体在温度 t_1 下的理想摩尔发热量(高位或低位),MJ/mol;χ_i 为混合气体

中组分 i 的摩尔分数;$\overline{H}_i(t_1)$ 为混合气体中组分 i 的理想摩尔发热量(高位或低位),MJ/mol。

摩尔发热量与介质温度有关,与燃烧参比压力无关。天然气摩尔发热量与相应理想气体摩尔发热量在数值上被看成是相等的。由理想气体摩尔发热量精确计算天然气真实气体摩尔发热量时,需要对天然气进行焓修正,但修正值很小,产生的误差可以忽略不计。

2. 质量发热量

质量发热量的计算公式为

$$\hat{H}^0(t_1) = \frac{\overline{H}_i(t_1)}{\sum_{i=1}^{N} \chi_i \cdot M_i} \tag{1-12}$$

式中,$\hat{H}^0(t_1)$ 为混合气体在温度 t_1 下的理想质量发热量(高位或低位),MJ/kg。

天然气的质量发热量与天然气理想气体质量发热量在数值上被看成是相等的。

(四)天然气能量计量

传统的天然气结算方式是以体积为计量单位进行的,而天然气作为混合气体,有可燃成分,也有不可燃成分,天然气的热值(发热量)是不断变化的,因此体积计量既不准确也不尽合理,我国已于 2008 年颁布《天然气能量的测定》(GB/T 22723—2008),为城市燃气的准确计量提供了新的依据和标准。

1. 一般原理

一定量气体所含能量(E)为气体量(Q)与对应发热量(H)的乘积。可直接测定能量(图 1-1),也可通过气体量及其发热量计算能量(图 1-2)。

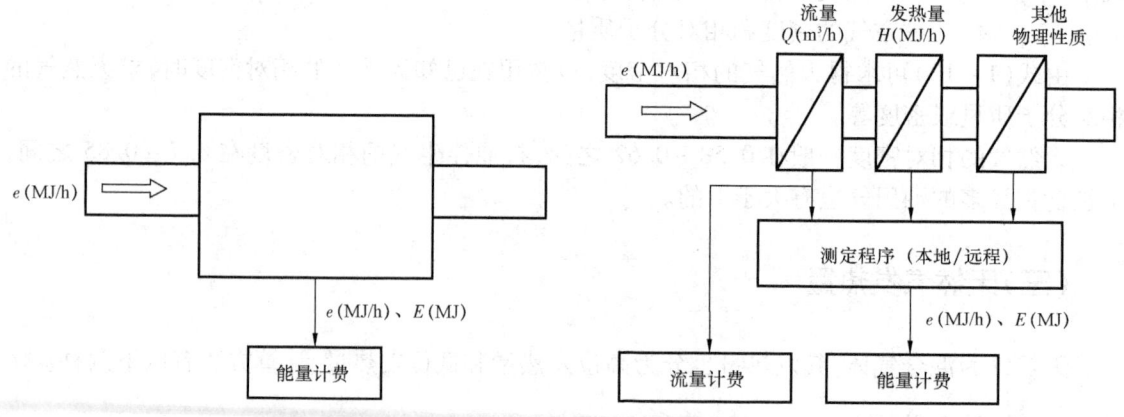

图 1-1 能量计量直接测量示意图　　图 1-2 能量计量间接测量示意图

通常,气体的量以体积表示,其发热量则以体积为计算基准。为了能够准确地进行能量测定,应使气体体积和发热量处于同一参比条件下。能量测定既可以是连续的几组发热量和相同时间内流量乘积的累加计算,也可以是这段时间内气体的总体积与其有代表性的(赋值)发热量的乘积。

在发热量不断变化及测量流量(有代表性的)和发热量测定在不同地点进行的情况下,应考虑流量和发热量测定的时间差异而引起的对准确度的影响。气体体积可以在标准参比条件下测量,也可以在其他参比条件下测量,并以合适的体积换算方法将其换算为标准参比条件下的等量体积。在特定气体体积计量站使用的体积换算方法可能需要在其他位置上测量的气质数据。发热量可以在气体计量站测定,也可以在其他一些有代表性的地点测定,并将结果赋值给气体计量站。气体的量及其发热量也可以质量为基准表示。

2. 气体计量

计量站实际使用的计量设备和方法取决于流量、气体的商业价值、气质变化、冗余要求以及仪器的技术规格。只宜使用已在各个界面通过验证并符合 GB/T 18603—2014 不同等级计量系统要求的方法和计量设备或产品测量天然气的量。

应根据相关标准和国家法规使用合适的流量和发热量测量方法。

应采取措施以识别和解决系统影响。例如,使用不同的国家标准、法规或操作程序,会引入系统差值,应确定适当的方法克服这些差值。一般而言,测量结果的质量取决于操作条件、维护频率和质量、检定或校准标准、取样和清洗、气体组成的改变以及计量设备老化等因素。如果能够满足厂家及相关标准的要求,并严格遵循操作、检定或校准、维护的所有操作程序,则能获得较高的准确度。

1)体积测量

天然气计量站内的体积流量计量系统由一个或多个计量回路组成。通常这些流量计是测量实际操作条件下的气体体积。为某个特定的应用选择流量计系统时,至少要考虑流动条件、流量测量范围、操作条件(尤其是操作压力)、可接受的压力损失以及要求的准确度等因素。

2)发热量测量

发热量测量系统由取样系统和直接测量(例如燃烧式热量计)、间接测量(例如气相色谱仪)、关联技术等三种测量设备中的一种组合构成。发热量测量过程中,要取得较高的准确度,需要使用有代表性的样品。它取决于测量系统、操作程序、气体组成的波动和输送气体的量。可使用连续直接取样、周期定点取样和递增(累积)取样等技术之一进行取样,所取样品既可用于在线分析,也可用于离线分析。

(1)直接测量—热量计法:直接测量是以恒定流速流动的天然气在过量的空气中燃烧,所释放的能量被传递到热交换介质,并使其温度升高。气体的发热量与升高的温度直接相关。

(2)间接测量:间接测量依据 GB/T 11062—2014,由气体组成计算发热量。应用最广泛的分析技术是气相色谱法。

(3)关联技术:关联技术是利用气体的一个或多个物理性质及其与发热量之间的关系进行测定。也可使用化学计量燃烧原理。

3)体积换算

将在操作条件下测量的天然气体积换算为参比条件下的体积是基于气体压力、温度和压缩因子(PTZ 换算)或操作和参比条件下的气体密度(密度换算)方法。

4)检定或校准

检定或校准的质量对测量结果的真实度有显著影响。由测量设备的稳定性决定检定或校准频率。检定或校准应能溯源到合适的标准装置和标准物质。

有代表性的检定或校准应在接近计量仪表的操作条件下进行。对于发热量测量设备而言,所使用的标准气的发热量或组成应接近被测气体预期的发热量或组成。

在对用于能量测定的任何测量仪器进行检定时,如果仪器读数和由标准给出的相应值之间的偏差超出了规定的范围,则应对可能建立测量值和标准给出值之间最小差值的仪器进行调整,或者使用对后续周期的测量值进行校正以得到正确值的方法,对测量仪器进行检定或校准。

在检定或校准发热量测量仪器时,如果测量值和认证值之间出现差值,则应在后续运行周期中使用测量值的校正值或调整值。

三、提高燃气计量准确性的途径

城市燃气是一种较为昂贵的测量流体,其流量的准确计量关系到燃气企业和千家万户的经济利益,如何保证计量准确可靠,涉及很多因素。流量测量结果的准确度指的是流量测量系统所获得的准确度,它同流量计本身的准确度是有区别的,仅仅保证流量计本身性能好、准确度高,并不一定能获得较高的测量准确度。

要保证流量测量结果的准确性,需要合理适当的选型和设计、正确无误的安装和调试、必需的仪表首次强检和周检、及时的维护和保养、精心的后续使用管理、使用中有效的监督与检查。同时,应大力提倡新技术的普及和推广,如使用新型先进的计量仪表、智能化技术和远程监控设施等技术手段,提高计量的准确性和可靠性;还可以使用智能化技术对测量部分可能引入的误差进行补偿和校正,如对天然气的温度、压力和压缩系数进行补偿,对各种流量计仪表系数进行非线性修正,对容积式流量计的温度影响进行补偿,对超声流量计的速度分布进行修正等。

(一)仪表选型与设计

城市燃气的流量计量具有其特殊性,气质变化复杂、流量范围宽、压力范围大、仪表选择性广。燃气计量仪表选用是否适当,对准确计量起到决定性作用,是提高计量准确性的第一步,因此仪表的选型与设计显得尤为重要。

1. 燃气流量计量的特点及其对仪表的要求

随着天然气应用的日益普及,城市燃气的气源结构逐渐向天然气转移,人工煤气逐渐退出城市燃气应用市场,针对天然气的气质特性和测量要求,欧洲率先制定了《燃气供应系统—天然气测量站—功能要求》(EN 1776—1998)。2001年,我国在这一标准的基础上也制定了相应的标准《天然气计量系统技术要求》(GB/T 18603—2001)(后被 GB/T 18603—2014 替代)。2008年,我国颁布了《天然气能量的测定》(GB/T 22723—2008)。从2001年开始,出台了一系列相关的国家标准和行业标准,如:

《用气体超声流量计测量天然气流量》(GB/T 18604—2001)(后被 GB/T 18604—2014 替代);

《用旋进旋涡流量计测量天然气流量》(SY/T 6658—2006);

《用科里奥利质量流量计测量天然气流量》(SY/T 6659—2006)(后被 SY/T 6659—2016 替代);

《用旋转容积式气体流量计测量天然气流量》(SY/T 6660—2006);

《用气体涡轮流量计测量天然气流量》(GB/T 21391—2008);
《用标准孔板流量计测量天然气流量》(GB/T 21446—2008)。

根据不同的测量仪表计量性能使用特点,各类标准对流量计提出了具体要求,还包括仪表的安装使用维护要求、仪表检定校准要求等,这部分内容应参考相应的国家标准及行业标准。

2. 天然气流量计量系统的主要特点和基本要求

1) 防爆性能

城市燃气属于易燃易爆流体,在危险区域内使用的任何计量仪表必须符合防爆要求。

2) 工况多样性

城市燃气的输气门站、储配站、加气站及采暖、餐饮、洗浴等终端用户都需要计量,其流量和压力差异很大。多气源城市的燃气组分也差异较大,甚至存在脏污流、气液相流体或气液固多相流体。

3) 仪表准确性

燃气计量属昂贵能源计量,而且流量值越大,涉及的贸易结算金额越大。计量仪表的价格与准确度有关,准确度越高,价格也越高,一般情况下应根据实际需要选择合适的仪表准确度。表1-1所示为燃气计量系统配套仪表准确度要求。

表1-1 燃气计量系统配套仪表准确度要求

参数测量	准确度等级		
	A级(1.0%)	B级(2.0%)	C级(3.0%)
温度	0.5℃	0.5℃	1℃
压力	0.2%	0.5%	1.0%
密度	0.25%	0.75%	2.0%
压缩因子	0.25%	0.5%	0.5%
发热量	0.5%	1.0%	1.0%
工作条件下体积流量	0.75%	1.0%	1.5%

4) 计量系统的多输出量特性

计量系统一般由流量计和进行不同参数测量的变送器(如温度、压力变送器)、流量计算机及确定各输出参数的转换装置等部分组成。根据系统的组成和需要,输出量可以是标准体积流量、质量流量和能量流量,其计量单位分别为 m^3/h、kg/h、MJ/h。表1-2是不同等级的燃气计量系统仪表配备表。

表1-2 不同等级的燃气计量系统仪表配备

相关功能	设计能力计量上限 q_v,m^3/h(标准参比条件)		
	$q_v \leq 5000$	$5000 < q_v \leq 50000$	$q_v > 50000$
1. 用于测量的校验用系统,如串联标准流量计			√
2. 温度转换	√	√	√

续表

相关功能 \ 设计能力计量上限 q_v, m³/h（标准参比条件）	$q_v \leq 5000$	$5000 < q_v \leq 50000$	$q_v > 50000$
3. 压力转换	√	√	√
4. 压缩因子转换		√	√
5. 发热量和气体质量的确定			√
6. 每一时间周期的流量记录		√	√
7. 密度测量（代替2、3、4）			√
8. 准确度等级	C级(3.0)	B级(2.0)	A级(1.0)

5）燃气组分多变性

由燃气组分变化引起的标准状态密度变化及压缩因子变化，都将影响流量测量的准确度，因此在大流量的计量系统中，应进行全组分分析或进行在线实时组分分析。

6）超压缩因子影响

天然气超压缩因子是因天然气特性偏离理想气态定律而导入的修正系数。超压缩因子不仅受流体温度、压力影响，而且随天然气组分变化而变化，因此应实时计算其数值。

3. 贸易结算对城市燃气流量仪表的计量要求

天然气流量计量领域中，除用于监控的仪表外，绝大多数属于贸易结算计量器具，与其他流量测量仪表相比有一些特殊性。

1）准确度要求

由于仪表用途不同，对计量的准确度要求是多种多样的，不能一概而论。对于大流量的门站交接计量，应使用准确度较高的仪表，如超声波流量计、涡轮流量计、质量流量计等，此类仪表可以达到 0.5%～1.0% 的准确度。对于流量很小的居民用户，一般使用膜式燃气表，准确度一般为 1.5%。处于中等流量的工商业计量仪表，可以使用一般准确度等级的仪表，如商用皮膜表、涡轮流量计、腰轮流量计等，准确度一般为 1.0%～1.5%。

2）范围要求

城市燃气的用途非常广，其用气的范围变化也极大，如灶具的用气流量范围可以达到 100∶1，门站流量变化范围为 50∶1～100∶1，锅炉用气变化范围为 10∶1～30∶1，因此使用的计量仪表的范围也应设相应覆盖，满足不同的使用要求。

3）下限流量计量要求

为实现准确计量，对极小流量使用的场合，计量仪表必须考虑下限流量的计量要求，如灶具、加气机等。

4）分段计费功能要求

随着燃气价格出现的多样性和变动性情况，有些计量仪表需要分段计费功能，也即使用阶梯气价，如 IC 卡燃气表。

5) 断电记录保护要求

随着智能化技术的大量应用,计量仪表已不再是简单的机械计数,大多数仪表需要电源供电,在缺电时仪表需要保存数据不丢失。

6) 密码设置要求

有很多智能型流量仪表需要人工设置和修改仪表参数,如涡轮流量计的仪表系数(可能多段)、压力范围、大气压、组分(相对密度)、压缩因子等,加气机的密度或组分输入等,人工压力修正系数输入等。如果没有密码控制,将会造成不正当修改,会带来不准确计量风险。

7) 通信功能要求

为便于实施远程抄表或远程监控,需要仪表具备通信功能。

8) 数据存储功能要求

对于智能型流量仪表,需要具有数据存储功能,包括气量历史数据和其他历史数据(如掉电记录、系数修改记录、通气停气记录等),以便在仪表出现故障时能够回读分析。

4. 仪表选用应考虑的因素

(1) 仪表计量性能:流量和总量、准确度、非线性、重复性、流量范围、压力损失、输出信号、响应时间、温度压力修正等。

(2) 燃气流体特性:温度、压力、密度、黏度、压缩系数,流体种类归属(多相流、脏污流、脉动流和非定常流)。

(3) 现场安装要求:压力范围、管道布置方向、上下游直管段、管径、维护空间、管道振动范围,并应有防护性配件,防攻击破坏。

(4) 环境条件:温度、湿度、光照、淋雨、电磁场干扰、防爆及其他安全性因素。

(5) 经济性:安装费用、运行费用、检定费用、维护费用、备件备品费用、技术服务因素、仪表性价比。

5. 常用流量仪表的选用情况参考

目前,在城市燃气流量计量领域,常用的流量仪表品种包括差压式流量计、速度式流量计及容积式流量计等,质量流量计主要应用于 CNG 加气机上,工商业用户极少使用。具体情况见表1-3。

表1-3 常用的流量仪表比较

仪表类型	差压式流量计	气体腰轮流量计	气体涡轮流量计	旋进旋涡流量计	气体超声流量计	膜式燃气表
计算公式	$Q_v = K \cdot \sqrt{\Delta p / \rho}$ Δp 为差压; ρ 为流体密度; K 为仪表常数	$Q_v = n \cdot K \cdot V_0$ n 为转数; V_0 为计量腔容积; K 为仪表常数	$Q_v = f/K$ f 为仪表频率; K 为仪表常数	$Q_v = f/K$ f 为仪表频率; K 为仪表常数	$Q_v = (V_m/K) \cdot (\pi D^2/4)$ V_m 为线平均流速; K 为流速分布系数; D 为管径	$Q_v = n \cdot K \cdot V_0$ n 为转数; V_0 为计量腔容积; K 为仪表常数

续表

仪表类型	差压式流量计	气体腰轮流量计	气体涡轮流量计	旋进旋涡流量计	气体超声流量计	膜式燃气表
标准及检定规程	GB/T 21446—2008 JJG 640—2016	JB/T 7385—2012 JJG 633—2005	JB/T 9246—2016 GB/T 21391—2008 JJG 1037—2008	GB/T 36241—2018 JJG 1029—2016	GB/T 18604—2014 JJG 1030—2007	GB/T 6968—2019 JJG 577—2012
准确度(常规)	±1.5%	±1.0%	±1.0%	±1.5%	±0.5%	±1.5%
量程比(常规)	3:1	60:1	20:1	10:1	100:1	160:1
通径(常规)	任意组合	$DN25 \sim DN200$	$DN25 \sim DN600$	$DN25 \sim DN200$	$DN100 \sim DN1600$	$DN25 \sim DN80$
适用压力	中、高压	中、高压	中、高压	中、高压	中、高压	低压
温压补偿	有	有或机械计数器	有	有	有	机械计数器
稳定性	一般	很高	较高	一般	很高	一般
重复性	一般	很高	很高	一般	很高	一般
气质要求	较高	很高	很高	较高	一般	一般
电源要求	220V AC	电池	电池	电池	220V AC 或 24V DC	无
直管段要求	很高	无	一般(带整流器)	一般	较高	无
压力损失	大	较小	较小	大	无	较小
检定周期	1年	2~3年	2年	2年	2年	3年
仪表价格	较高	较高	较高	一般	很高	低
综合性价比	低	高	高	一般	高	一般
推荐使用场所及使用流量范围	门站计量,大流量计量(易造成大附加误差)	$5 \sim 160 m^3/h$ 范围内的餐饮、洗浴类用户	$100 \sim 6000 m^3/h$ 锅炉及工业用户计量	$100 \sim 1000 m^3/h$ 锅炉及工业用户计量	$5000 \sim 200000 m^3/h$ 大型工业户及门站计量	$0.016 \sim 25 m^3/h$ 餐饮用户

计量仪表设计之前应核准用户燃气设施情况,计算额定用气量,使其落在所选仪表的额定流量点附近或最大流量的60%~80%范围内,避免仪表与实际不匹配。商用皮膜表禁止并联使用,应选择合适规格的单台仪表使用。必须保证计量仪表有足够的空间,方便抄表、拆装、维修、安装防盗装置,计量仪表应安装在避风、避雨、干燥、防暴晒、振动少、无强磁场干扰、温度变化不剧烈的地方。

根据仪表性能,本着经济、合理、实用的原则,对适合城市燃气流量计量的几种仪表选型说明如下。

(1)差压式流量计:计量装置本身准确度不高,流量范围窄,需要使用不同规格管道并联扩大量程,易造成较大附加误差,现已被气体涡轮流量计或气体超声流量计代替,已逐步退出燃气计量领域,现在还有少量城市门站使用。

(2)气体腰轮流量计:仪表属于容积式流量计,准确度高,流量范围很宽,重复性好,稳定性好,具有温度压力补偿,无须外供电源,极适合于城市燃气餐饮和洗浴类工商业用户使用。在中小流量范围内有较高的性价比。

(3)气体涡轮流量计:仪表属于速度式流量计,准确度高,流量范围宽,重复性好,稳定性较好,具有温度压力补偿,无须外供电源,极适合于城市燃气餐饮和锅炉类工商业用户使用。在中大流量范围内有较高的性价比。

（4）旋进旋涡流量计:属于速度式流量计,准确度不高,流量范围窄,重复性一般,抗振性能差,具有温度压力补偿,无须外供电源,适合于城市燃气锅炉类工商业用户使用。在中流量范围内有较高性价比。

（5）气体超声流量计:属于速度式流量计,准确度高,流量范围宽,重复性好,稳定性较好,具有温度压力补偿,需外供电源,适合于城市燃气门站和大工业用户使用。在超大流量范围内有较高的性价比。使用中应防止断电事故的发生。

（6）膜式燃气表:属于容积式流量计,准确度不高,流量范围极宽,重复性一般,稳定性一般,无温度压力补偿,适合于城市燃气餐饮和洗浴类商业用户使用。在小流量范围内有较高的性价比。

（7）其他中小流量新型智能化仪表:如小型超声流量计、热式质量流量计、叶轮式流量计等,仪表准确度高,流量范围较宽,重复性和稳定性好,具有温度压力补偿功能,适合于城市燃气餐饮和洗浴类商业用户使用。

6. 仪表选型设计实例

虽然前面给出了选型原则和各类表型的特点,但要想使用好仪表,需要进行合理选型,通过计算等方式,选取适合的表型、口径、流量范围等参数。根据前面叙述的选型要素及相关计量仪表的适用范围,可以根据计算和查表选取合适的流量仪表,使该仪表处于最佳使用状态。

【例1-1】 一台6t燃气锅炉额定耗气量为450m³/h,保温时耗气量为20m³/h,正常供气压力为0.3MPa(表压),高峰时供气压力为0.2MPa,环境温度范围为-10~40℃,设定天然气真实相对密度$G_r = 0.600$,不含氮气和二氧化碳成分。试通过计算选用合适的流量仪表。

1) 额定流量计算

工况流量与标况流量的关系为

$$q_n = \frac{Z_n}{Z} \cdot \frac{p}{p_n} \cdot \frac{T_n}{T} \cdot q \text{ 或 } q = \frac{Z}{Z_n} \cdot \frac{p_n}{p} \cdot \frac{T}{T_n} \cdot q_n$$

式中,q_n、Z_n、p_n、T_n分别为标况下的体积流量(m³/h)、压缩因子、标准大气压(Pa)、温度(K,取T_n = 293.15K);q、Z、p、T分别为工况下的体积流量(m³/h)、压缩因子、绝对压力(Pa)、绝对温度(K)。

公式中Z_n/Z见表1-4,可按照GB/T 21446—2008标准进行计算,因计算量太大,表中数据仅供参考。表中数据按天然气真实相对密度$G_r = 0.600$,不含氮气和二氧化碳成分计算而来,在选型计算时,低压使用的仪表可以按$Z_n/Z = 1$处理。

表1-4 Z_n/Z计算参考值(天然气真实相对密度$G_r = 0.600$,氮气和二氧化碳含量均为0)

压力 MPa	温度,℃													
	-20	-15	-10	-5	0	5	10	15	20	25	30	35	40	45	50
0.1	1.0000	1.0000	1.0000	1.0000	1.0000	1.0000	1.0000	1.0000	1.0000	1.0000	1.0000	1.0000	1.0000	1.0000	1.0000
0.2	1.0034	1.0032	1.0030	1.0029	1.0027	1.0025	1.0024	1.0023	1.0021	1.0020	1.0019	1.0018	1.0017	1.0016	1.0015
0.3	1.0069	1.0065	1.0061	1.0058	1.0055	1.0051	1.0048	1.0046	1.0043	1.0041	1.0038	1.0036	1.0034	1.0032	1.0030
0.4	1.0104	1.0098	1.0093	1.0087	1.0082	1.0078	1.0073	1.0069	1.0065	1.0061	1.0058	1.0054	1.0051	1.0048	1.0046

续表

压力 MPa	温度,℃														
	-20	-15	-10	-5	0	5	10	15	20	25	30	35	40	45	50
0.5	1.0140	1.0132	1.0124	1.0117	1.0110	1.0104	1.0098	1.0092	1.0087	1.0082	1.0077	1.0073	1.0069	1.0065	1.0061
1.0	1.0325	1.0305	1.0286	1.0269	1.0253	1.0238	1.0223	1.0210	1.0198	1.0186	1.0176	1.0166	1.0156	1.0147	1.0139
1.5	1.0518	1.0485	1.0455	1.0426	1.0400	1.0375	1.0352	1.0331	1.0311	1.0293	1.0275	1.0259	1.0244	1.0230	1.0217
2.0	1.0722	1.0674	1.0630	1.0589	1.0551	1.0516	1.0484	1.0454	1.0426	1.0400	1.0376	1.0354	1.0333	1.0313	1.0295
2.5	1.0936	1.0872	1.0812	1.0758	1.0708	1.0661	1.0619	1.0580	1.0543	1.0510	1.0478	1.0449	1.0422	1.0396	1.0372
3.0	1.1162	1.1078	1.1002	1.0933	1.0869	1.0810	1.0757	1.0707	1.0662	1.0620	1.0581	1.0545	1.0511	1.0480	1.0450
3.5	1.1400	1.1295	1.1200	1.1113	1.1035	1.0963	1.0897	1.0837	1.0782	1.0732	1.0685	1.0641	1.0600	1.0563	1.0528
4.0	1.1651	1.1521	1.1405	1.1300	1.1205	1.1119	1.1041	1.0969	1.0904	1.0844	1.0789	1.0737	1.0690	1.0646	1.0605
4.5	1.1915	1.1758	1.1618	1.1493	1.1380	1.1278	1.1186	1.1103	1.1027	1.0957	1.0894	1.0834	1.0779	1.0728	1.0681
5.0	1.2194	1.2005	1.1839	1.1691	1.1558	1.1441	1.1334	1.1238	1.1150	1.107J	1.0998	1.0930	1.0868	1.0811	1.0757
5.5	1.2486	1.2262	1.2067	1.1895	1.1742	1.1606	1.1484	1.1374	1.1274	1.1185	1.1103	1.1026	1.0956	1.0892	1.0832
6.0	1.2793	1.2530	1.2302	1.2104	1.1928	1.1773	1.1634	1.1510	1.1399	1.1298	1.1207	1.1122	1.1044	1.0972	1.0906

将已知参数代入计算公式,根据例题中给出的参数,计算工况下额定流量时,需分别计算四次。

计算 q_1 时,$p_1 = 401325 \text{Pa}$,$T_1 = 263.15 \text{K}(-10℃)$,查表得 $Z_1 = 1.0093$,$q_n = 450 \text{m}^3/\text{h}$。

$$q_1 = \frac{Z}{Z_n} \cdot \frac{p_n}{p} \cdot \frac{T}{T_n} \cdot q_n = \frac{1}{1.0093} \times \frac{101325}{401325} \times \frac{263.15}{293.15} \times 450 = 101 (\text{m}^3/\text{h})$$

计算 q_2 时,$p_2 = 401325 \text{Pa}$,$T_2 = 313.15 \text{K}(40℃)$,查表得 $Z_2 = 1.0051$,$q_n = 450 \text{m}^3/\text{h}$。

$$q_2 = \frac{Z}{Z_n} \cdot \frac{p_n}{p} \cdot \frac{T}{T_n} \cdot q_n = \frac{1}{1.0051} \times \frac{101325}{401325} \times \frac{313.15}{293.15} \times 450 = 121 (\text{m}^3/\text{h})$$

计算 q_3 时,$p_3 = 301325 \text{Pa}$,$T_3 = 263.15 \text{K}(-10℃)$,查表得 $Z_3 = 1.0061$,$q_n = 450 \text{m}^3/\text{h}$。

$$q_3 = \frac{Z}{Z_n} \cdot \frac{p_n}{p} \cdot \frac{T}{T_n} \cdot q_n = \frac{1}{1.0061} \times \frac{101325}{301325} \times \frac{263.15}{293.15} \times 450 = 135 (\text{m}^3/\text{h})$$

计算 q_4 时,$p_4 = 301325 \text{Pa}$,$T_4 = 313.15 \text{K}(40℃)$,查表得 $Z_4 = 1.0034$,$q_n = 450 \text{m}^3/\text{h}$。

$$q_4 = \frac{Z}{Z_n} \cdot \frac{p_n}{p} \cdot \frac{T}{T_n} \cdot q_n = \frac{1}{1.0034} \times \frac{101325}{301325} \times \frac{313.15}{293.15} \times 450 = 161 (\text{m}^3/\text{h})$$

2)下限流量计算

根据例题中给出的参数,计算工况下额定流量时,需分别计算四次。

计算 q_1 时,$p_1 = 401325 \text{Pa}$,$T_1 = 263.15 \text{K}(-10℃)$,查表得 $Z_1 = 1.0093$,$q_n = 20 \text{m}^3/\text{h}$。

$$q_1 = \frac{Z}{Z_n} \cdot \frac{p_n}{p} \cdot \frac{T}{T_n} \cdot q_n = \frac{1}{1.0093} \times \frac{101325}{401325} \times \frac{263.15}{293.15} \times 20 = 4.5 (\text{m}^3/\text{h})$$

计算 q_2 时,$p_2 = 401325 \text{Pa}$,$T_2 = 313.15 \text{K}(40℃)$,查表得 $Z_2 = 1.0051$,$q_n = 20 \text{m}^3/\text{h}$。

$$q_2 = \frac{Z}{Z_n} \cdot \frac{p_n}{p} \cdot \frac{T}{T_n} \cdot q_n = \frac{1}{1.0051} \times \frac{101325}{401325} \times \frac{313.15}{293.15} \times 20 = 5.4(\text{m}^3/\text{h})$$

计算 q_3 时，$p_3 = 301325\text{Pa}$，$T_3 = 263.15\text{K}(-10℃)$，查表得 $Z_3 = 1.0061$，$q_n = 20\text{m}^3/\text{h}$。

$$q_3 = \frac{Z}{Z_n} \cdot \frac{p_n}{p} \cdot \frac{T}{T_n} \cdot q_n = \frac{1}{1.0061} \times \frac{101325}{301325} \times \frac{263.15}{293.15} \times 20 = 6.0(\text{m}^3/\text{h})$$

计算 q_4 时，$p_4 = 301325\text{Pa}$，$T_4 = 313.15\text{K}(40℃)$，查表得 $Z_4 = 1.0034$，$q_n = 20\text{m}^3/\text{h}$。

$$q_3 = \frac{Z}{Z_n} \cdot \frac{p_n}{p} \cdot \frac{T}{T_n} \cdot q_n = \frac{1}{1.0034} \times \frac{101325}{301325} \times \frac{313.15}{293.15} \times 20 = 7.2(\text{m}^3/\text{h})$$

流量仪表工况流量计算数据汇总见表 1-5。

表 1-5　流量仪表工况流量计算数据汇总

项目	压力:401325Pa 温度:263.15K	压力:401325Pa 温度:313.15K	压力:301325Pa 温度:263.15K	压力:301325Pa 温度:313.15K
工况额定流量,m^3/h	101	121	135	161
工况下限流量,m^3/h	4.5	5.4	6.0	7.2

所选仪表的流量范围应该包含极限状态下的额定流量和下限流量，同时一般要保证额定流量处于仪表上限流量的 60% ~ 80%。

经查，涡轮流量计 80A 流量范围为 8 ~ 160m^3/h，涡轮流量计 80B 流量范围为 13 ~ 250m^3/h，可以看出，两种规格的涡轮流量计都不能包含流量下限，不能选用，但特殊情况（牺牲一部分流量下限的计量准确度）可以考虑选用 80B 型涡轮流量计，该规格仪表始动流量为 1.6m^3/h，161m^3/h 的额定流量处于仪表上限流量的 65% 处，使用较为理想。

经查，G100 腰轮流量计的流量范围为 0.66 ~ 160m^3/h，G160 腰轮流量计的流量范围为 1.73 ~ 250m^3/h，可以看出，G160 腰轮流量计完全符合使用要求，下限流量处在仪表的流量范围之中，额定流量处于仪表上限流量的 65% 处，使用极为理想。

因此，通过计算可以确定，不使用涡轮流量计而选用 G160 腰轮流量计是最佳选择。

（二）仪表安装与调试

选择了合适的计量仪表只是保证计量准确性的第一步，随之而来的安装施工也是一个重要环节，而很多不负责任的安装是造成计量仪表失准的主要原因，因此必须关注仪表的安装施工质量，严格按照设计文件和仪表的安装使用说明书进行施工。

仪表安装应端正牢固，横平竖直，一般有支撑，不受应力影响，且安装时应避免碰伤。严禁带表焊接法兰，严禁带表吹扫管线，严禁带表高压试漏，严禁野蛮装卸施工。无论是螺纹连接还是法兰连接，不允许强力对口，造成预应力存在。螺纹连接时应注意保护表嘴，法兰连接时密封垫不得伸入管道内。

安装前，应预制与仪表相同尺寸的管段，代替仪表进行安装，待焊接法兰、吹扫、打压、试漏等所有工作完毕后，再拆下管段，换上仪表，充分保护计量器具不受伤害。计量器具属精密仪器，价格昂贵，必须轻拿轻放，避免运输振动、磕碰、倾斜、倒置。

仪表安装时应及时加装合适的防护装置和其他封缄设施,避免仪表在使用前遭到人为破坏。仪表一般要求有压启动,防止流量急剧变化,同时避免高压窜入低压区,造成仪表损坏,管道压力不得超过仪表压力传感器的使用范围。

验收、通气置换时,应进行动态验收,应通气实流核对计量器具性能是否发生变化、计量器具是否遭到破坏、流量是否正常。

安装气体腰轮流量计时,表前必须配过滤器,一般设计为垂直安装,上进下出,不需要前后直管段。仪表安装完毕后加注润滑油到窗口刻线位置,拆表前应先排空润滑油,油位不足时及时补充。定期清洗过滤器,注意及时更换电池。

安装气体涡轮流量计时,表前必须配过滤器,一般设计为水平安装,需要前后直管段。定期加注润滑油,定期清洗过滤器,注意及时更换电池。

(三)仪表的检定

要保证燃气流量计量的准确度,除合理选型和正确安装与调试外,还必须对仪表进行首次强制检定和周期检定(简称周检)。进行仪表检定是计量法规的要求,同时可以剔除仪表使用前的故障状态,保证正常使用。在两次周检之间进行必要的在线实流校准,也可以发现仪表的故障情况或仪表系数变动情况,及时采取预防措施。

根据周检情况,及时调整仪表系数,必要时可以建立仪表系数的控制图,跟踪仪表的变化规律。在检定智能化的流量仪表的仪表系数时,还应根据检定规程,对其他参数进行检定,还应监督瞬时流量、累计流量、温度压力信号等是否正常。对于智能型流量计的检定,应检定压力传感器和温度传感器。对带有流量计算机的计量系统,还应检定流量计算机及其软件的准确性。

(四)仪表的使用和维护

在使用过程中,应注意观察仪表的异常情况,诸如瞬时流量、温度压力变化、外观、电池、油杯、防护装置、封缄、周检标识等。如果出现仪表流量超限、温度压力异常、电池无电等情况,应及时处理。

对于多数流量仪表,在使用过程中,还必须进行定期的维护和保养,这样才能延长仪表使用寿命,保持仪表计量性能。如:标准孔板流量计,要定期清洗孔板,检查取压管路是否畅通;涡轮流量计,要定期加油、清洗过滤器,智能化的仪表还要及时更换电池;腰轮流量计,应定期清洗腰轮和计量腔,更换润滑油,清洗过滤器和更换电池。

(五)计量仪表的检查

对于贸易结算的燃气计量仪表,不能忽视仪表的检查,通过定期和不定期的检查,可以发现仪表自身的故障及其他人为因素的影响,将故障消灭在萌芽状态。检查主要为了检查仪表计量性能及工作状态是否正常,燃气设施与计量仪表是否匹配,封缄及防护设施是否完好,流量和温度压力显示是否正常等。检查分为以下几方面:

1. 计量仪表设计选型是否适当

这一步应检查燃气具实际流量与仪表流量范围是否匹配,是否存在"大马拉小车"或"小马拉大车"等超限使用现象;仪表为扩大量程是否采取并联使用,造成单台仪表流量过载或超限使用;仪表设计位置是否不佳,不易抄表、拆装、维修;仪表露天安装使用,是否造成锈蚀损坏严重;一台流量仪表带多台锅炉等燃气设施,是否在单台锅炉使用时仪表超限使用;大流量时使用没有温度压力修正的 G65、G100 商用皮膜表,是否在冬季会产生较大输差;仪表前是否未设置过滤器(易造成仪表卡堵或损坏)。

2. 计量仪表安装施工是否出现异常

仪表带表焊接,造成仪表损坏,有些仪表直到下次周检时才发现故障,期间产生较大输差;高压气源窜入低压区,商用皮膜表破坏造成计量失准;仪表倾斜安装、强力对口产生预应力影响等现象,易造成仪表运转不正常和计量失准。

3. 计量仪表日常运行管理

日常管理非常重要,很多故障或异常是可以在日常检查过程中及时发现、及时处理的,如:计量仪表工作状态是否正常;抄表周期是否合理;仪表是否超期使用;是否存在异常情况,诸如瞬时流量、温度压力、铅封、表蒙、电池、油杯、防盗装置、表嘴锁卡、周检标识、调压柜旁通控制等。

4. 通过瞬时流量对计量仪表进行简易现场判定

对于一些纯机械式仪表,如膜式燃气表、无智能表头的腰轮流量计或涡轮流量计,在使用时,无法观察到瞬时流量,体积累积量靠机械计数器进行,仪表的运行情况不易准确观察,因此需要在日常检查过程中通过一定的技术手段进行仔细辨别。

首先启动燃气设备,使燃气计量仪表处于正常的使用状态,在某一时刻,启动秒表并记录计数器读数,运行一定时间,如 1min 或 5min,停止秒表,记录计数器读数,这时可以得到 1min 或 5min 通过的气体体积量,体积量除以通气时间,即可得到瞬时流量,根据实际耗气量判断计量仪表是否正常。对智能型流量计可以直接读取液晶显示瞬时流量进行判断。

燃气器具的额定耗气量与其热负荷有关,其标注方法有多种,如有的燃气器具直接标注额定耗气量,有的标注热负荷,有的标注锅炉额定蒸发量吨位,有的标注制热量或制冷量,有的标注功率;单位也不一样,有焦耳(J)、千卡(kcal)等。不管如何标注,最终需要通过消耗天然气的能量与天然气所含能力的一致性表现出来。为便于结算,天然气的能量需要转换为体积量。

常用燃气设备的额定耗气量简易计算公式为

$$L_g = \frac{3600Q}{\eta H_1} \tag{1-13}$$

式中,L_g 为燃气流量,m³/h;Q 为热负荷,kW;η 为热效率(一般为 0.9);H_1 为燃气低热值,kJ/m³,一般近似为 3600kJ/m³。

鉴于 1J≈0.24cal(或 1cal≈4.18J),简化后的近似公式为

$$L_g = 0.11Q$$

在通过计算或直接观察得到瞬时流量以后,与核实的燃气器具额定耗气量进行比较,可以观察到计量仪表是否异常。这种方法只能作为粗略估计,要想进行准确认定,还需要进行实验室检定。

第二节 燃气计量管理

我国《计量法》的立法宗旨是:加强计量监督管理,保障国家计量单位制的统一和量值的准确可靠。严格贯彻执行《计量法》,有利于生产、贸易和科学技术的发展,适应社会主义现代化建设的需要,维护国家、人民的利益。对于燃气企业,计量管理工作是不可或缺的一项基础性管理工作,必须符合国家法律法规要求,同时尽可能通过先进的技术手段维护企业的根本利益和保护消费者利益。计量管理是加快经济建设、促进技术进步及社会和谐发展的重要基石,是国家法制要求、企业组织要求和社会个人要求的基础管理工作。通过应用先进的科学技术和有效的监督管理,实现国家的单位统一和测量结果的量值准确。

计量是实现单位统一、量值准确可靠的活动。实现测量的统一和准确需要通过科学技术和监督管理手段。计量是在度量衡的基础上发展起来的,随着生产和科学技术的发展,需要测量的量值种类越来越多,原有的度量衡概念已远远不能适应社会发展的需要。随着微电子技术、传感器技术、计算机信息技术等的飞速发展,测量仪器不断创新,测量准确度不断提高,测量方法不断改进。同时,计量的范围不断扩大,计量的领域不断拓展,已经从传统的工程量、物理量、化学量延伸到社会量、生理量或心理量。目前,普遍开展的、较为传统和成熟的有十大专业计量领域:几何量计量、温度计量、力学计量、电磁计量、无线电计量、时间频率计量、光学计量、电离辐射计量、声学计量和化学计量等。

一、计量基础知识

(一)计量的分类

计量根据应用领域可分为科学计量、工程计量和法制计量三类,分别代表计量的基础、计量的应用和计量的国家管理三个方面。

1. 科学计量

科学计量是指计量领域的基础性、理论性、探索性的计量科学研究,通常包括计量单位与单位制的研究、计量学的基本物理量研究、计量基准的研制、量值溯源与传递研究等。

2. 工程计量

工程计量也称工业计量,是指普遍应用于各种工程、工业企业中的实用性计量,如零件加工、能源消耗、工业过程控制、质量监控等测量过程。

3. 法制计量

法制计量是指国家计量法律法规所关注的各类计量,如涉及对计量单位、计量器具、测量方法及测量实验室的法定要求,由政府或授权机构根据法制、技术和行政的需要进行强制管理,用法律法规来保证贸易结算、安全防护、医疗卫生、环境检测等有关国计民生的公正性和可靠性的强制性计量。

(二)计量的特点

1. 一致性

计量的本质特性首先表现为一致性,同时计量单位统一是计量的一致性要素。在统一计量单位的基础上,无论在何时何地采用何种方法,使用何种计量器具,以及由何人测量,只要符合有关的要求,其测量结果就应当具有一致性,测量结果应是可复现和可比较的。一致性主要包括在横向和纵向两个方面。横向主要指与国际计量单位的统一,计量量值与世界各国保持一致。纵向主要是指把全国各部门、各行业、各单位使用的不同准确度等级的计量器具,通过量值溯源或者量值传递,使其量值统一到国家计量基准上来。

2. 准确性

准确性是指测量结果与被测量真值的一致程度。准确性是计量的核心,也是一致性的基础。量值的准确可靠就是准确性要求,对于任何一个测量过程,由于测量误差的存在,在给出量值的同时必须给出适用的误差范围或者测量不确定度。量值的准确是在一定的不确定度或允许误差范围内的准确。

3. 溯源性

溯源性是源于计量的准确性要求,任一测量结果或计量标准的值,都可以通过一条具有规定不确定度的连续的比较链,与计量基准联系起来,按这条比较链通过校准向测量的源头追溯,也就是溯源到同一个计量基准(国家基准或国际基准),从而保证计量的准确性和一致性。

4. 法制性

法制性源于计量的社会性,为保证计量的统一性、准确性,不仅需要一定的技术手段来支撑,还需要国家用法律、法规和行政管理的形式进行规范、监督、管理计量行为。

二、计量管理体制

计量发展到今天,已不单单是一门科学技术,已日益成为集法制、组织、技术、管理和经济诸方面为一体的现代管理系统,成为国家事务管理的重要组成部分,成为国民经济管理的重要基础。计量管理体制主要包括计量法制体系、计量监管体系和计量技术体系等几方面。

（一）计量法制体系

计量法制体系是指以《中华人民共和国计量法》（简称《计量法》）为母法及从属于《计量法》的若干法规、规章所构成的体系。计量法制体系可以分为三个层次，表1-6列出了部分相关计量法律法规及规章。

表1-6 部分常用计量法律法规及规章

颁布或制定部门	计量法律体系	主要内容或法律项目
全国人大常委会	计量法律	《计量法》：计量基准器具和计量标准器具、计量检定、计量器具管理、计量监督、法律责任
国务院	计量行政法规	《中华人民共和国计量法实施细则》《中华人民共和国强制检定的工作计量器具检定管理办法》《中华人民共和国强制检定的工作计量器具明细目录》《关于在我国统一实行法定计量单位的命令》
国家质检总局、国务院有关部门、地方人民政府	计量规章	《中华人民共和国计量法条文解释》《计量标准考核办法》《全国计量检定人员考核规则》《法定计量检定机构监督管理办法》《社会公正计量行(站)监督管理办法》《计量违法行为处罚细则》《关于印发计量收费标准的通知》《计量器具新产品管理办法》《法定计量检定机构考核规范（JJF 1069—2012）》《计量标准考核规范（JJF 1033—2016）》《计量器具型式评价通用规范（JJF 1015—2014）》《计量标准物质管理办法》《计量监督员管理办法》《计量检定人员管理办法》《计量检定印、证管理办法》《计量授权管理办法》等

计量法律为《中华人民共和国计量法》，这是我国计量工作的最高法律依据。

计量法规包括国务院依据《计量法》制定或批准实施的《中华人民共和国计量法实施细则》《关于在我国统一实行法定计量单位的命令》《中华人民共和国强制检定的工作计量器具检定管理办法》等；各省、自治区、直辖市人大为实施《计量法》制定或批准施行的各种条例、规定或办法等。计量规章包括国务院计量行政部门制定的各种全国性的单项管理办法和技术规范、国务院有关主管部门制定的部门计量管理规章、地方人民政府及其所属计量行政部门制定的地方性计量管理办法或规定等。

（二）计量监督体系

计量监督是指为保证《计量法》有效实施而进行的计量法制管理，是计量管理的一种特殊形式。计量工作依法所进行的管理，都属于计量法制监督的范畴，是依照《计量法》的有关规定进行的强制性管理。

通过计量监督可以保障国家计量单位的统一和量值的准确可靠，有利于生产、贸易和科学技术的发展，为现代化建设提供计量保证，维护国家和群众的利益。加强计量监督一定要依法办事，只有做到有法必依、违法必究、公正执法，才能保证《计量法》的全面实施；只有正确运用法律赋予计量部门的职权，才能维护《计量法》的尊严，体现计量法律的强制力。

计量监管体系包括组织机构、监督形式、监督内容等方面。我国计量监督管理实行按行政区划统一领导、分级负责的形式。国务院计量行政部门负责实施统一监督管理全国的计量工作,省级人民政府计量行政部门是省级人民政府的计量监督管理机构,市(地)、县级计量行政部门是省级政府计量行政部门的直属机构。各有关部门设置的计量管理机构,负责监督计量法律、法规在本部门的贯彻实施。企业、事业单位根据生产、科研和经营管理的需要设置的计量机构,负责监督计量法律、法规在本单位的贯彻实施。

政府计量行政部门所进行的计量监督,是纵向和横向的行政执法性监督;部门计量管理机构对所属单位的监督和企业、事业单位的计量机构对单位的监督,则属于行政管理性监督,一般只对纵向发生效力。国家、部门、企业、事业单位的计量监督是相辅相成的,各有侧重,相互渗透,互为补充,构成一个有序的计量监督网络。部门和企业、事业单位只能给予行政处分,而政府计量行政部门对计量违法行为则可依法给予行政处罚,因为行政处罚是特定的、具有执行监督职能的政府计量行政部门行使的。

(三)计量技术体系

计量技术体系是计量法律法规所包含的技术性层面的限制性要求,是统一全国计量量值、实施计量法制管理的重要技术文件,主要包括国家计量检定系统表、计量检定规程、计量校准规范、计量技术规范、国家计量基准和副基准的操作技术规范、国际文件和国际建议等。

1. 国家计量检定系统表

国家计量检定系统表是指"在全国范围内,对给定量的计量器具一种有效的溯源等级图,它包括推荐(或允许)的比较方法和手段"。它对从计量基准到各级计量标准直至工作计量器具的检定程序做出了技术规定,由文字和框图构成,是为量值传递(或溯源)而制定的一种法定性技术文件。其作用是把实际用于测量的工作计量器具的量值和国家计量基准所复现的量值联系起来,构成一个完整、科学的从计量基准到计量标准直至工作计量器具的检定链。

2. 计量检定规程

计量检定规程是指对计量器具的计量性能、检定项目、检定条件、检定方法、检定周期以及检定数据处理等所做的技术规定。我国计量检定规程有国家、部门和地方计量检定规程之分。凡跨地区、跨部门需要在全国范围内执行的计量检定规程,由国务院计量行政部门制定国家计量检定规程。仅为某个部门、某个地区需要或暂时没有国家计量检定规程的,可制定部门或地方计量检定规程,在本部门或本行政区域内执行。

计量检定规程的主要作用在于统一测量方法,确保计量器具的准确一致,使全国的量值都能在规定的允差范围内溯源到计量基准。计量检定规程是计量监督人员对计量器具实施监督管理、执行检定工作的重要法定依据。检定规程编制的方法和内容要求可参考《国家计量检定规程编写规则》(JJF 1002—2010)。

3. 计量校准规范

计量校准规范是为进行计量器具校准而规定的技术文件。对于校准,应根据测量设备的校准要求选择适宜的国家计量校准规范。如无国家校准规范,可以自行制定计量校准规范。编制计量校准规范时可以参照国际标准、国际建议、国家标准或公开发表的文献,也可以参考相应的计量检定规程。校准规范编制的方法和内容要求可参考《国家计量校准规范编写规则》(JJF 1071—2010)。

4. 计量技术规范

计量技术规范是用于指导、约束、规范计量管理、测量技术、计量试验、计量测试等测量活动的普遍性、指导性、规范性技术文件。例如:有针对通用或者专业计量术语统一定义的《通用计量术语及定义》,有围绕计量检定规程编写明确规则的《国家计量检定规程编写规则》(JJF 1002—2010),有实施法制计量管理考核的《计量标准考核规范》(JJF 1033—2016),有用于计量器具型式评价的《计量器具型式评价通用规范》(JJF 1015—2014)等。

(四)计量技术保证体系

1. 量值溯源和传递

量值溯源和传递是通过对计量器具的检定或校准,将国家基准所复现的计量单位通过各级计量标准传递到工作计量器具,以保证对被测计量器具量值的准确和一致。开展量值传递是统一计量器具量值的重要手段,是保证计量结果准确可靠的基础,是维护计量立法宗旨,保障国家计量单位制的统一和量值准确可靠的具体措施及技术保证。组织量值传递是计量部门确保全国量值准确一致的主要任务之一,是实施技术监督的措施和保证。

2. 计量标准体系

计量标准是按国家规定的准确度等级,实际用于检定工作的计量器具,起到承上启下(溯源和传递)的作用。计量标准在国家检定系统中的地位在工作基准之下,按各类计量标准的法律地位、使用和管辖范围的不同分社会公用计量标准、部门计量标准、企业事业单位计量标准。

3. 计量技术机构体系

法定计量检定机构:是指各级质量技术监督部门依法设置或者授权建立并经质量技术监督部门组织考核合格的计量检定机构。机构分为依法设立和依法授权两种形式,如计量院和各级省市质检中心为依法设立,各大中型企业或社会检测部门为依法授权,这些机构均为法定计量检定机构。机构负责研究建立计量基准、社会公用计量标准,进行量值传递,执行强制检定和其他检定测试任务,起草技术规范,为实施计量监督提供技术保证,并承担有关计量监督工作。

产品质量检验机构:为社会提供公正数据的技术部门,产品质量检验机构需要通过政府计量行政部门的计量认证,经对其计量检定、测试能力和可靠性进行考核合格,取得计量认证合格证书,方可开展产品质量检验,使用统一计量认证标志,出具质量检验报告。

4. 计量器具管理体系

计量器具新产品管理:国家对计量器具新产品实施型式批准制度,凡制造的计量器具新产品必须申请型式批准,型式批准是承认计量器具的型式符合法定要求的决定。型式批准之前应对其进行型式评价,型式评价有时也称为定型鉴定,就是为确定计量器具型式是否予以批准,或是否应当签发拒绝批准文件,而对该计量器具型式进行的一种检查。型式评价由国家质检总局或省级质检技术监督部门授权的技术机构进行,型式评价依据型式评价大纲进行。

进口计量器具管理:凡进口或者在中国境内销售,列入《中华人民共和国进口计量器具型式审查目录》的计量器具,应当向国务院计量行政部门申请办理型式批准。未经型式批准的,不得进口或销售。在销售之前必须经省级以上计量行政部门检定,未经检定合格,不得销售。

制造、修理计量器具许可管理:《计量法》规定,"制造、修理计量器具的企业、事业单位,必须具备与所制造、修理的计量器具相适应的设施、人员和检定仪器设备,经县级以上人民政府计量行政部门考核合格,取得《制造计量器具许可证》或《修理计量器具许可证》"。申请许可应当具备的条件有:具有与所制造、修理计量器具相适应的固定生产场所及条件;相适应的技术人员和检验人员;保证量值准确的检验条件;相适应的技术文件;相应的质量管理制度和计量管理制度。许可的法律效力主要体现在项目效力、生产地效力、时间效力和委托加工效力四个方面。

三、量值溯源体系

(一)国际单位制

计量的核心是单位和量值,如果没有计量单位,计量就无法进行。为给定量制按规定规则确定的一组基本单位和导出单位称为计量单位制,量制是指"彼此间存在着确定关系的一组量",也就是说,量制是在科学技术领域中约定选取的基本量和与之存在确定关系的导出量的特定组合。量制通常以基本量符号的组合作为特定量制的缩写名称,如基本量为长度(l)、质量(m)和时间(t)的力学量制的缩写名称为 l,m,t 量制。

1960 年第十一届国际计量大会决定,以米、千克、秒、安培、开尔文和坎德拉这六个单位为基本单位的实用计量单位制,命名为"国际单位制",并规定其符号为"SI"。1971 年第十四届国际计量大会 CGPM 对国际单位制做了修改,增加了物质的量的单位摩尔,基本单位增为 7 个。

1. 国际单位制(SI)的特点

国际单位制是在米制的基础上发展起来的,它是米制的现代化形式,被国际上公认为较为先进的单位制。国际单位制具有统一性、简明性、实用性、合理性、科学性、继承性及世界性等优点,是比米制更加完善的一种单位制,是国际计量领域中的共同语言。

2. 国际单位制的构成

国际单位制(SI)由 SI 基本单位(7 个)和 SI 导出单位及 SI 单位的倍数单位构成。从国际单位制的构成可以看出,尽管国际单位制简称"SI",但不能将国际单位制单位简称为 SI 单位。"SI 单位"仅仅指 SI 基本单位和 SI 导出单位两部分。SI 单位是国际单位制中有特定含义单位的名称,而国际单位制单位不仅包括 SI 单位,还包括 SI 单位的倍数单位(即由词头与 SI 单位构成的单位)。

3. SI 基本单位

SI 基本单位是国际单位制基本单位的简称,如表 1-7 所示,包括长度、质量、时间、电流、热力学温度、物质的量、发光强度等7个基本量,除质量单位千克外,其余6个基本单位都是根据自然现象的永恒规律定义的。

表1-7 国际单位制基本单位

量的名称	单位名称	单位符号	SI基本单位的定义
长度	米	m	光在真空中于1/299792458s时间间隔内所经路径的长度
质量	千克(公斤)	kg	等于国际千克(公斤)原器的质量
时间	秒	s	铯-133原子基态的两个超精细能级之间跃迁相对应的辐射的9192631770个周期的持续时间
电流	安[培]	A	在真空中,截面面积可忽略的两根相距1m的无限长平行侧直导线内通以等量恒定电流时,若导线间相互作用力在每米长度上为2×10^{-7}N,则每根导线中的电流为1A
热力学温度	开[尔文]	K	水的三相点热力学温度的1/273.16
物质的量	摩[尔]	mol	一系统的物质的量,该系统中所包含的基本单元数与0.012kg碳-12的原子数目相等。使用摩尔时,基本单元应予指明,可以是原子、分子、离子、电子及其他粒子,或量这些粒子的特定组合
发光强度	坎[德拉]	Cd	一光源在给定方向上的发光强度,该光源发出频率为540×10^{12}Hz的单色辐射,且在此方向上的辐射强度为(1/683)W/sr

4. SI导出单位

SI的全部导出单位是通过比例因数为1的量的定义方程式由SI基本单位导出,并由SI基本单位以代数形式表示的单位。导出单位是组合形式的单位,它们是由两个以上基本单位所需的乘积来表示的。

SI导出单位中有些量的单位名称太长,读写不便。为了读写和实际应用的方便,国际计量组织选用了19个常用的导出单位,给定了专门名称。如力的SI导出单位$kg\cdot m/s^2$的专门名称为牛顿。

SI的两个辅助单位,即弧度和球面度是由长度单位导出的,在某些领域(如光度学和辐射度学)有着重要的应用,是一个独立而具体的单位。以前国际计量大会没有明确规定平面角、立体角单位是基本单位还是导出单位,而把这两个单位称为辅助单位,单独列为一类,像基本单位一样使用,现在归为具有专门名称的导出单位的一部分,包括SI辅助单位在内的具有专门名称的导出单位中常用的20个见表1-8。

表1-8 SI导出单位

量的名称	SI导出单位		
	单位名称	单位符号	用SI基本单位和SI导出单位表示
[平面]角	弧度	rad	$1rad=1m/m=1$
立体角	球面度	sr	$1sr=1m^2/m^2=1$
频率	赫[兹]	Hz	$1Hz=1s^{-1}$
力	牛[顿]	N	$1N=1kg\cdot m/s^2$
斥力,用强,应力	帕[斯卡]	Pa	$1Pa=1N/m^2$

续表

量的名称	SI 导出单位		
	单位名称	单位符号	用 SI 基本单位和 SI 导出单位表示
能[量],功,热	焦[耳]	J	1J = 1N·m
功率,辐[射能]通量	瓦[特]	W	1W = 1J/s
电荷[量]	库[仑]	C	1C = 1A·s
电压,电动势,电位,(电势)	伏[特]	V	1V = 1W/A
电容	法[拉]	F	1F = 1C/V
电阻	欧[姆]	Ω	1Ω = 1V/A
电导	西[门子]	S	1S = 1A/V
磁通[量]	韦[伯]	Wb	1Wb = 1V·s
磁通[域]密度,磁感应强度	特[斯拉]	T	1T = 1Wb/m²
电感	亨[利]	H	1H = 1Wb/A
摄氏温度	摄氏度	℃	1℃ = 1K
光通量	流[明]	lm	1lm = 1cd·sr
[光]照度	勒[克斯]	lx	1lx = 1lm/m²
吸收剂量,比授[予]能,比释动能	戈[瑞]	Gy	1Gy = 1J/kg
剂量当量	希[沃特]	Sv	1Sv = 1J/kg

5. SI 单位的倍数单位

由于量值的变化范围很宽,仅用 SI 单位来表示量值是很不方便的。为此 SI 中规定了 20 个构成十进倍数和分数单位的词头和所表示的因数,见表 1–9。这些词头不能单独使用,也不能重叠使用,它们仅用于与 SI 单位(kg 除外)构成 SI 单位的十进倍数和十进分数单位。

表 1–9 构成十进倍数和分数单位的词头

所表示的因数	词头名称	词头符号	所表示的因数	词头名称	词头符号
10^{24}	尧[它]	Y	10^{-1}	分	d
10^{21}	泽[它]	Z	10^{-2}	厘	c
10^{18}	艾[可萨]	E	10^{-3}	毫	m
10^{15}	拍[它]	P	10^{-6}	微	μ
10^{12}	太[拉]	T	10^{-9}	纳[诺]	n
10^{9}	吉[咖]	G	10^{-12}	皮[可]	p
10^{6}	兆	M	10^{-15}	飞[母托]	f
10^{3}	千	k	10^{-18}	阿[托]	a
10^{2}	百	h	10^{-21}	仄[普托]	z
10^{1}	十	da	10^{-24}	幺[科托]	y

例如:长度的 SI 单位为 m,它的倍数单位为 hm、km、Mm 等;分数单位为 dm、cm、mm、pm、nm 等。相应于因数 10^3(含 10^3)以下的符号必须用小写正体,等于或大于因数 10^6 的词头符号必须用大写正体,从 $10^3 \sim 10^{-3}$ 是十进位,其余是千进位。质量的 SI 单位名称"千克"中,已包

含了 SI 词头"千",所以质量倍数单位由词头加在"克"前组成,如用毫克(mg),而不得用微千克(μkg)。

(二)法定计量单位

法定计量单位是国家以法令形式强制使用或允许使用的计量单位。1984 年 2 月 27 日国务院发布了《关于在我国统一实行法定计量单位的命令》,规定我国的计量单位一律采用《中华人民共和国法定计量单位》中的单位。法定计量单位是以国际单位制为基础,同时选用了一些符合我国国情的非国际单位制单位所构成。

我国的法定计量单位(以下简称法定单位)包括:
(1)国际单位制(SI)的基本单位(见表 1-7);
(2)国际单位制(SI)中具有专门名称的、包括辅助单位在内的导出单位(见表 1-8);
(3)由以上单位构成的组合形式的单位;
(4)由词头和以上单位所构成的倍数单位(见表 1-9);
(5)国家选定的非国际单位制单位(见表 1-10)。

表 1-10　我国选定的非国际单位制单位

量的名称	单位名称	单位符号	换算关系说明
时间	分 [小]时 天(日)	min h d	1min = 60s 1h = 60min = 3600s 1d = 24h = 86400s
[平面]角	[角]秒 [角]分 度	″ ′ (°)	$1″ = (\pi/648000)$ rad $1′ = 60″ = (\pi/10800)$ rad $1° = 60′ = (\pi/180)$ rad(π 为圆周率)
体积	升	L	$1L = 1dm^3 = 10^{-3} m^3$
长度	海里	nmile	1nmile = 1852m(只用于航程)
速度	节	kn	$1kn = 1nmile/h = (1852/3600)$ m/s(只用于航行)
质量	吨 原子质量单位	t u	$1t = 10^3 kg$ $1u \approx 1.660540 \times 10^{-27} kg$
能	电子伏	eV	$1eV \approx 1.602177 \times 10^{-19} J$
旋转速度	转每分	r/min	$1r/min = (1/60)s^{-1}$
级差	分贝	dB	—
线密度	特[克斯]	tex	$1tex = 10^{-6} kg/m$(适用于纺织行业)
土地面积	公顷	hm²	$1hm^2 = 10^4 m^2$

考虑到我国历史原因及在一些特殊领域,仍有一些应用十分广泛且非常重要的非国际单位制单位不能废除,需要继续使用,因此我国选定 16 个不属于国际单位制单位,作为法定计量单位使用。在这些单位中,有 10 个是国际计量大会同意与国际单位制单位并用的,3 个暂时保留与"SI 单位"并用的(海里、节、公顷)。只有分贝、转每分、特克斯 3 个单位,是根据我国的具体情况选择确定的。

（三）量值传递和溯源

量值传递是通过检定或校准，将国家计量基准所复现的量值传递到工作计量器具的过程，一般由政府计量部门组织进行，量值传递在管理方面具有监督的强制性；在技术方面具有严密的科学性，具有较完整的国家计量基准体系、计量标准体系；在组织上需要一套相应的计量行政机构、计量技术机构及其他有关机构；还要有一大批熟悉计量业务工作的专门人才，这样才能形成国家量值传递体系。通过对计量器具的检定或校准，将国家基准所复现的量值通过各级计量标准传递到工作计量器具，以保证被测量值的准确和一致，保证全国在不同地区、不同场合、使用不同计量器具测量同一量值能得到相对一致的结果。

量值溯源是自下而上，将量器具的量值，通过不间断的比较链溯源到参考标准、国家基准或国际基准。测量的结果必须具有"溯源性"，被测对象的量值必须能够与国家计量基准或国际计量基准联系起来。也就是要求所用的工作计量器具必须经过相应的计量标准的检定，而该计量标准又能接受到上一等级的计量标准的检定，逐级往上追本溯源，最终追溯到国家计量基准或国际计量基准。二者是一个互逆的过程。

1. 计量检定系统表

计量检定系统表由国家计量行政部门组织制定、修订、批准、颁布，是为量值传递或量值溯源而制定的一种法定技术文件，其作用是把工作计量器具的量值和国家计量基准所复现的量值联系起来，构成一个完整的、科学的测量链条。基本上一项国家计量基准对应一个计量检定系统表。

2. 量值传递（溯源）的方法

1) 计量检定

计量检定是指"查明和确认计量器具是否符合法定要求的程序，它包括检查、加封标记和（或）出具检查证书"，它是计量人员利用计量标准、计量基准对新制造、使用中和修理后的计量器具进行的一系列实验技术操作，以判断其准确度、稳定度、灵敏度等计量特性是否符合法定要求，是否合格。计量检定是进行量值传递（溯源）的重要形式，是保证示值准确一致的重要措施。

检定对象：《中华人民共和国依法管理的计量器具目录》中的计量器具，包括计量标准器具和工作计量器具，或实物量具、测量仪器和测量系统。

检定目的：查明和确认计量器具是否符合有关的法定要求，法定要求是指按照《计量法》对依法管理的计量器具的技术和管理要求，这些要求反映在相应的国家、部门或地方检定规程中。

检定依据：国家计量检定规程，部门和地方计量检定规程。

检定内容：包括对计量器具进行检查，以及为确定计量器具是否符合法定要求所进行的操作，按照规程规定的检定条件、检定项目和检定方法进行实验操作和数据处理，最后按计量性能要求和通用技术要求进行验证、检查和评价，做出检定结论。

检定特点：对象是计量器具而不是其他产品；目的是保证量值的一致和准确可靠；主要作用是评定计量器具的计量性能是否符合法定要求；结论是确定计量器具是否合格和使用；具有

法制性,出具的计量检定证书具有法律效力。

按照管理性质还可将计量检定分为强制检定和非强制检定。

强制检定:是指对社会公用计量标准,部门和企业、事业单位使用的最高计量标准,以及用于贸易结算、安全防护、医疗卫生、环境监测等4个方面并列入强制检定目录的工作计量器具,由法定计量检定机构或者授权的计量技术机构进行定期定点检定。强制检定的特点是政府计量行政部门统管、法定技术机构执行、定点定时进行。

非强制检定:由使用单位对强制检定以外的其他计量标准和工作计量器具依法进行的检定。是法制检定的一种形式,其技术行为仍具有法制性,也要受法律约束,同样要执行计量检定规程。

计量检定按照管理环节可分为首次检定、后续检定、周期检定、仲裁检定等。

首次检定:对未曾检定过的新计量器具在使用前进行的检定,目的是确定计量器具计量性能是否符合型式批准时的规定要求。首次检定是强制检定计量器具使用前必须进行的工作。多数计量器具首次检定后还应进行后续检定,但有些计量器具只做首次检定,到期报废或到期更换。例如,水、电、气的计量仪表等工作计量器具,只做首次检定,限期使用,到期更换。

后续检定:计量器具首次检定后任何一种检定。包括强制性周期检定、修理后检定、周期检定有效期内的检定。后续检定的间隔一般在计量检定规程中规定。当使用者对计量器具的性能发生怀疑或觉察到功能失常,或当顾客对计量性能不满意时,可随时提出后续检定要求,特别是修理后及封印失效后必须重新检定。

周期检定:周期检定是按规定时间间隔和程序,对计量器具定期进行的检定。它是一种后续检定,是对使用中计量器具进行有效期管理的常用方式。

仲裁检定:以裁决为目的处理计量纠纷的检定,一般使用社会公用计量标准进行检定。

2) 计量校准

校准是"在规定条件下,为确定测量仪器或系统所指示的量值,或是实物量具或参考物质所代表的量值,与对应的由测量标准所复现的量值之间关系的一组操作"。校准结果既可以赋予被测量示值,又可以确定示值的修正值,还可以确定其他计量特性。

校准与检定均属于量值溯源的一种方法和手段,目的都是实现量值的溯源性,二者的区别在于:计量检定包含了计量、技术和行政管理三个方面要求,是对计量器具的计量特性的全面评定,必须严格按照检定系统表进行;而计量校准主要确定其量值。检定要对该计量器具做出合格与否的结论,具有法制性;校准不对计量器具合格与否做出判断,无法制性。计量校准具有一定的灵活性,不一定严格遵守逐级传递的原则。对于计量校准,可以根据测量的需要,确定溯源所用计量标准的准确度等级,甚至可以将一般测量设备直接向国家计量基准寻求溯源。除强制检定的计量器具之外,对测量设备采用计量校准方式保持其所需的计量要求,已成为一种重要的溯源方式。

校准对象:测量仪器或测量系统,实物器具或参考物质。

校准依据:国家计量校准规范,如果没有国家计量校准规范,应尽可能使用公开发布的,如国际的、地区的或国家的标准或技术规范,也可采用经确认的以下校准方法——由知名的技术组织、有关科学书籍或期刊公布的,设备制造商指定的,或实验室自编的校准方法,以及计量检定规程中的相关部分。自编校准方法需要依据《国家计量校准规范编写规则》(JJF 1071—2001)进行,确认后使用。确认的方法包括使用计量标准或标准物质进行校准;与其他方法得到的结果比较;实验室比对;对影响结果的因素作系统性评审;依据对方法理论原理和实践经验的科学理解,对结果不确定度进行评定。

校准目的:确定被校准对象的示值与对应的由计量标准所复现的量值之间的关系,以实现量值的溯源性。

校准内容:按照国家计量校准规范或其他经确认的校正技术文件所规定的校准条件、校准项目和校准方法,将被校对象与计量标准进行比较和数据处理。所得结果可以是给出被测量示值的校准值,也可以确定示值的修正值,或给出仪器的校准曲线或修正曲线,还可以确定被测量的其他计量特性。

3) 计量测试

计量测试是无法实现计量检定或者计量校准时,为确定被测对象的技术特性或功能而进行的带有试验性质的测量活动,其目的是为测量设备的使用者提供相关测试数据,供其对测量设备是否满足测量要求进行判定。计量测试也已成为当前对测量设备进行管理控制的一种方式。

4) 计量比对

计量比对是在规定条件下,对相同准确度等级或指定不确定度范围的同种测量仪器复现的量值之间比较的过程。计量比对活动可以保证测量设备量值的准确可靠并实现溯源要求,计量比对工作的组织、实施、评价可以参照《测量仪器比对规范》(JJF 1117—2010)进行。

5) 计量确认

计量确认为确保测量设备符合预期使用要求所需的一组操作,通常包括:校准或检定、各种必要的调整或维修及随后的再校准、与设备预期使用的计量要求相比较以及所要求的封印和标签。只有测量设备已被证实适合于预期使用要求并形成文件,计量确认才算完成。预期使用要求包括测量范围、分辨力、最大允许误差等。计量要求通常与产品要求不同,并不在产品要求中规定。

3. 量值传递(溯源)的原则

一般来说,所有在用的测量设备都要进行溯源。测量设备包括:测量仪器,计量器具,计量标准,标准物质,进行测量所必需的辅助设备,参与测试数据处理用的软件,检验中用的工卡器具、工艺装备定位器、标准样板、模具,监控记录设备,高低温试验、寿命试验、电磁干扰试验、可靠性试验相关设备,测试、试验或检验用的理化分析仪器等。

对无须出具量值的测量设备,或只需做首次检定的测量设备,或一次性使用的测量设备,或列入 C 类管理范围的测量设备,不一定强调必须进行定期溯源。

对于一些特殊的、没有明确比较链的量值溯源,可以采取一些特殊手段加以控制,如:与相关领域的其他检测标准建立测量联系;使用有证标准物质;组织测量设备比对;自行制定校准规范;采用统计技术进行数据控制;单参数溯源或分立元件溯源后再进行综合评价等。

对初:会公用计量标准器具,部门和企业、事业单位使用的最高计量标准器具,以及用于贸易结算、安全防护、医疗卫生、环境监测方面的列入强制检定目录的工作计量器具,也可以称为对"两标四强"实行强制检定。

强制检定由政府计量行政部门统一实施强制管理,指定法定或授权计量技术机构去具体执行;属于强制检定的计量器具,由当地县(市)级政府计量行政部门指定的计量技术机构进行检定,当地检定不了的,由上一级政府计量行政部门安排检定;强制检定计重器具的检定周期按照计量检定规程规定,结合实际使用频度、计量器具技术状况确定。属于强制检定的工作计量器具,未申请检定或检定不合格者,任何单位或者个人不得使用。

四、测量误差与数据处理

(一)测量误差

测量误差是测量结果与被测量真值的差,有时简称误差。真值是指"与给定的特定量的定义一致的值",由于被测量定义局限性、测量手段不完善,测量过程不可避免地会受到各种影响,测量结果只可能不断地逼近真值,但不可能达到真值。实际上,在各种测量过程中,用约定真值代替真值。约定真值是指"对于给定目的的具有适当不确定度的、赋予特定量的值",有时该值是约定采用的。

测量误差不可避免,研究测量误差的目的是减小误差的影响,提高测量准确度,其次是对测量结果的可靠性进行评估,即进行测量不确定度评定。

从误差的形式上来说,可分为绝对误差和相对误差;从误差的性质上来说,可分为系统误差和随机误差;从误差的主体上来说,可分为测量仪器的误差和测量结果的误差。

1. 绝对误差

误差有时也称为测量的绝对误差,在实际使用绝对误差概念时应注意,不要将绝对误差与误差的绝对值相混淆,后者为误差的模。

$$误差 = 测量结果 - 真值$$

误差表示一个差值而不是一个区间,具有确定的数学符号,既可以是正号,也可以是负号,但不可以是"±"号,绝对误差的符号是 Δ。

为使用方便,误差更为广义的定义为

$$误差 = 给出值 - (约定)真值$$

给出值包括测得值、测量结果、实验值、标称值、示值、计算近似值以及估读的值等。

获得特定量约定真值的方法通常有:理论真值、计量学约定真值、标准器相对真值。

示值误差(测量仪器的)为测量仪器示值与对应输入量的真值之差。由于真值不能确定,在实际应用时可以用"测量仪器所给出的量值(示值)"减去"被测量的实际值"来表示,即

$$示值误差 = 示值 - 实际值$$

2. 相对误差

相对误差的定义为:测量误差除以被测量的真值(约定真值),表征误差所占被测量真值的比例。因此,有

$$相对误差 = 误差 \div 真值$$

当误差较小时,有

$$相对误差 = 误差 \div 给出值$$

相对误差表示的是绝对误差占约定真值的百分比,是量纲为 1 的量或无量纲量,相对误差的符号为 δ。

当被测量的大小相近时,可用绝对误差对多个测量过程进行测量水平的比较;当被测量值相差较大时,用相对误差才能对多个测量过程进行有效的比较。

相对误差的表达方式有多种,例如 $a\%$,$b \times 10^{-n}$ 等。相对误差与绝对误差的不同在于:相对误差表示的是测量值所含有的误差率,绝对误差表示的是测量值与真值的差;相对误差只有大小和正负号,而无计量单位,绝对误差不仅有大小和正负号,还有计量单位。

3. 引用误差

在实际应用中,当绝对误差不变时,相对误差则随着被测量的量值增大而减小,如对测量仪表的表盘分度线上的相对误差就不一致,为了便于划分这类仪表的准确度级别,通常取某一被测量的量值为特定值,这一特定值一般称为引用值。

引用误差定义为测量仪器的误差除以仪器的特定值,即

$$引用误差 = 误差 / 特定值 = 绝对误差 / 特定值$$

引用误差一般用百分数(%)表示,也可以用 $b \times 10^{-n}$ 的形式表示,引用误差的符号为 γ。对计量器具而言,特定值一般为计量器具的量程或标称范围的最高值(或上限值)。以压力测量为例说明量程与标称范围的关系,见表 1-11。

表 1-11 压力测量量程与标称范围的关系   单位:MPa

标称范围	0~16	-0.1~0.3	-0.1~0	2~8
量程 χ_N	16	0.4	0.1	6
计算过程	|16-0|=16	|+0.3-(-0.1)|=0.4	|-0.1-0|=0.1	|8-2|=6

在计量检定中,最大引用误差不得超过计量技术规范、计量检定规程对给定测量仪器所允许的误差极限值(称为最大允许误差),否则该仪表就不合格。仪表的准确度级别就是根据它允许的最大引用误差来划分的。

【例 1-2】 某台标称范围为 0~150V 的电压表,当其示值为 100.0V 时,测得电压的实际值为 99.4V,求该电压表在示值为 100.0V 处引用误差。

解:
$$\gamma = \Delta / \chi_N = (100.0 - 99.4)/150 = +0.4\%$$

而 100.0V 处相对误差为

$$\delta = \Delta / \chi_0 = (100.0 - 99.4)/99.4 = +0.6\%$$

【例 1-3】 设某一被测电流约为 70mA,现有两块表,一块是 0.1 级,标称范围为 0~300mA,另一块是 0.2 级,标称范围为 0~100mA,问采用哪块表测量准确度高?

解: 对于第一块表,有

$$\gamma_1 = (\gamma_{max} \times \chi_N)/\chi = (0.1\% \times 300)/70 = 0.43\%$$

对于第二块表,有

$$\gamma_2 = (\gamma_{\max} \times \chi_N)/\chi = (0.2\% \times 100)/70 = 0.28\%$$

可见,测量 70mA 电流,只要量程选择得当,用 0.2 级表反而比用 0.1 级表测量相对误差小,更准确。

(二)误差的来源

只要有测量,就会有误差,误差无处不在,测量误差的来源主要有以下四个方面。

(1)标准器具误差:无论是计量基准还是计量标准,其本身所体现的量值包含有一定的误差,这主要是因为标准器具本身的结构、工艺水平、器件磨损老化等引起的。

(2)环境条件误差:由于实际环境条件与规定环境条件不一致而引起标准器具、测量系统和被测对象的变化所造成的误差,环境因素主要包括温度、大气压力、湿度、电磁场、振动等。

(3)人员误差:由于测量人员的固有习惯、分辨能力、感觉器官的生理变化、精神因素等所引起的误差。

(4)方法误差:由于测量方法不完善所引起的误差。

(三)误差的分类

按照误差的性质和特点,误差可分为系统误差和随机误差。

1. 系统误差

系统误差:在重复性条件下,对同一被测量进行无限多次测量所得结果的平均值与被测量的真值之差。

系统误差通常由固定不变或按一定规律变化的因素造成的,造成的系统误差也有定值和变值之分,如果系统误差保持不变,则称为定值系统误差;如果改变测量条件时误差按一定规律变化,则称为变值系统误差。标准装置本身的误差以不变的形式传递给被检计量器具,其误差为定值系统误差。由于重复性测量只能进行有限次,测量的真值只能用约定真值代替,所以实际中的系统误差也只是近似的估计值,即使通过修正值对系统误差进行修正,也是有限程度修正,不可能把系统误差修正到零。

系统误差 = 平均值 - 真值;系统误差 = 误差 - 随机误差

2. 随机误差

随机误差:测量结果与重复性条件下,对同一被测量进行无限多次测量所得结果的平均值之差。

随机误差 = 测量结果 - 平均值;随机误差 = 误差 - 系统误差

随机误差来源于影响量的"随机效应",在时间上和空间上是不可预知的。测量只能进行有限次数,可能确定的只是随机误差的估计值,对单个随机误差估计值而言,它没有确定的规律;但就整体而言,却服从一定的统计规律,可用统计方法估计其界限或它对测量结果的影响。测量误差与系统误差、随机误差的关系见图 1-3。

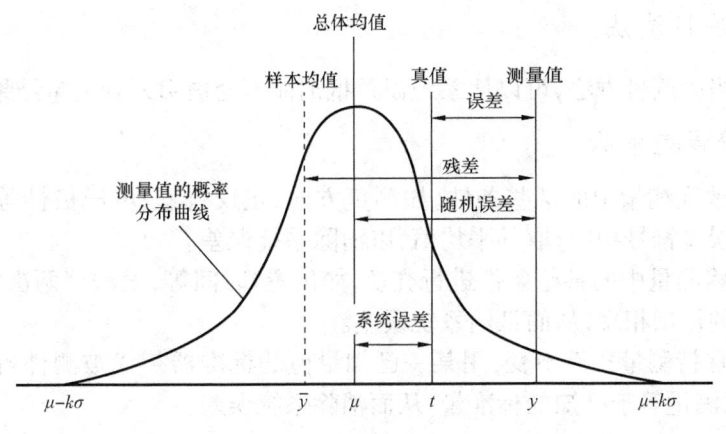

图 1-3 测量误差示意图

误差 = 测量结果 - 真值 = (测量结果 - 总体均值) + (总体均值 - 真值) = 随机误差 + 系统误差(代数和)

(四)系统误差的发现

系统误差的数值有时比较大,如果不及时发现和修正,往往会得到错误的测量结果,如何发现系统误差是一项困难和复杂的工作,常用的方法主要有以下两种。

1. 传递比较法

在规定的测量条件下多次测量同一被测量,从所得测量结果与计量标准所复现的量值之差可以发现并得到定值的系统误差估计值。

2. 影响因素模拟法

在改变了的测量条件下,如改变时间、环境温度、湿度等,其测量结果按一定规律变化(线性或非线性),就可以发现并得到变值的系统误差。

(五)系统误差的减小与消除方法

系统误差常用的减小和消除方法主要有以下几种。

1. 消除影响因素法

针对测量过程中的影响因素进行逐项排除,以减小和消除系统误差,如严格控制环境温度或标准器和被检表之间的温度差,仪器的调零、调平、阻尼、减振等。

2. 测量结果修正法

预先将测量仪器的系统误差通过检定或校准确定,作为以后再次使用时的修正值,实际的测量结果通过修正值来消除系统误差,修正值也可以是修正因子或修正曲线。

3. 测量方法抵消法

通过选择适当的测量方法,可以使系统误差抵消而不会被引入到测量结果中。

1) 定值系统误差消除

(1) 异号法:改变测量中的某些条件,如测量方向、正反行程、电压极性等,使两种条件下的测量结果中的误差符号相反,取其平均值,以消除系统误差。

(2) 交换法:将测量中的某些条件进行交换,如位置、时间等,设法使两次测量结果中的误差源对测量结果的作用相反,从而抵消系统误差。

(3) 替代法:保持测量条件不变,用某一已知量值的标准器替代被测件再作测量,使结果显示不变,这时被测量等于已知的标准量,从而消除系统误差。

2) 变值系统误差消除

(1) 对称测量法消除线性变化系统误差:在连续时间内,交替而有规则地测量标准器和被测件,当系统误差线性变化时,可以分别使用二者的测量结果的差值来消除系统误差。

(2) 半周期偶数测量法消除周期性系统误差:周期性系统误差可以用正弦或余弦来表示,利用相隔 $T/2$ 周期的两个测量结果中的误差大小相等、符号相反的规律,所以凡相隔 $T/2$ 周期时的测量值的均值中不再含有此项系统误差。

五、计量的法制管理与监督

计量法制管理是计量的法制性体现。对涉及计量领域的重点内容进行法制性管理,主要包括计量(基)标准管理、计量检定人员管理、计量检定机构管理、计量授权管理、计量器具许可证管理等。

(一) 计量(基)标准的管理和建立

1. 计量(基)标准的管理

计量(基)标准是保证量值传递和溯源的重要环节,按照《计量标准考核规范》(JJF 1033—2016)的要求,社会公用计量标准,部门和企业、事业单位的最高计量标准,必须经过考核合格,才有资格进行量值传递。计量标准考核制度属于技术认证的性质,是计量法制监督的一项重要内容,也是《计量法》赋予计量行政部门的一项重要工作。计量标准考核属于国家行政许可的管理范畴,是对计量标准测量能力的评定和开展量值传递资格的确认,其核心是计量标准溯源性和计量特性的保持。

计量(基)标准是为定义、实现、保存或复现量的单位或一个或多个量值,用作参考的实物量具、测量仪器、参考(标准)物质或测量系统。计量标准在保证计量单位制统一和量值准确可靠中起着承上启下的作用,它将计量基准复现的单位量值,通过不间断的比较链传递到测量现场使用的测量设备,使测量结果的量值与国家计量基准复现的量值联系起来而保持统一。

2. 计量标准的建立

购置计量标准装置:根据需要购置或自建计量标准装置系统,计量技术指标应当满足国家计量检定系统表和计量检定规程(或计量技术规范)的要求。计量标准装置的标准器要送法定计量检定机构检定合格,主要配套设备可由本单位建立的计量标准检定合格或法定计量检定机构检定合格。

撰写《计量标准技术报告》:计量标准器和配套设备一般应试运行半年时间,在此期间计量标准负责人应完成计量标准的稳定性、测量重复性的考核,撰写《计量标准技术报告》。计量标准负责人为该检定/校准项目的技术负责人,国家实施计量技术人员执业资格制度后应取得注册计量师资格。

制定计量标准管理制度:为了保证计量标准的正常运行,建标单位至少要制定以下8个方面的管理制度。

(1)实验室岗位管理制度:明确实验室管理人员、检定/校准以及核验人员之间的具体分工和职责。

(2)计量标准使用维护管理制度:明确计量标准负责人和计量标准的保存、维护、使用、修理、更换、封存及撤销等工作的具体要求与办理程序。当计量标准出现偏离后应采取的处理措施。

(3)量值溯源管理制度:明确在用计量标准器和配套设备周期检定计划的制定及执行要求。

(4)环境条件及设施管理制度:明确计量标准适用的环境条件,包括温度、湿度、照明、供电等,并对配备必要的设施和监控设备及对温度、湿度进行监测与记录。

(5)计量检定规程或技术规范管理制度:明确计量检定规程或技术规范的收集、管理、使用的工作程序,保证计量检定/校准工作使用有效的计量检定规程或技术规范。

(6)原始记录及证书管理制度:明确检定/校准过程中实际操作、原始记录、数据处理、证书填写、数据复核和证书签发各环节的办理程序及要求。

(7)事故报告制度:明确仪器设备、人员安全和工作责任事故,以及事故发现、报告、处理的程序规定。

(8)计量标准文件集管理制度:明确计量标准文件集的管理内容。指定专人负责,确定收集、保存、借阅等方面的具体要求。

(二)计量检定人员管理

计量检定人员作为计量检定的主体,在计量检定中起着重要作用,计量检定人员从事的工作具有法制性、技术性以及公正性和保密性,需要有一定的专业知识和操作技能。国家出台了《计量检定人员管理办法》和"注册计量师制度",对检定人员提出了具体要求。

计量检定人员的资格:具有中专以上文化程度,连续从事计量专业技术工作满一年并具有6个月以上本项目工作经历,具备相应计量法律、法规和计量基础知识及计量专业知识,能熟练掌握所从事的计量检定项目有关知识和操作技能。

计量检定人员的职责:正确使用计量基准、计量标准,负责维护保养并使其保持良好工作状态;按照计量技术法规进行计量检定工作;保证计量检定原始数据和有关技术资料的真实与完整。

计量检定人员的法律责任:检定人员不得伪造计量检定数据,不得违反计量技术犯规举行检定,不得使用未经考核合格的计量标准。

(三)计量检定机构管理

计量检定机构是指承担计量检定工作的有关技术机构。其主要工作是评定计量器具的计量性能,确定其是否合格。

按照其职责及法律地位,计量检定机构可以分为法定计量检定机构和一般计量检定机构。法定计量检定机构是指县级以上人民政府计量行政部门所属的计量检定机构和授权有关部门建立的专业性、区域性计量检定机构。一般计量检定机构是指其他部门或企业、事业单位根据需要建立的计量检定机构。

法定计量检定机构的职责:负责研究建立计量基准、社会公用计量标准;进行量值传递,执行强制检定和法律规定的其他检定、测试任务;起草技术规范,为实施计量监督管理提供技术保证;承办政府计量行政部门委托的有关计量监督工作。

(四)计量授权管理

计量授权原则:计量授权是指政府计量行政部门通过履行一定的法律程序,将贯彻实施计量法所进行的计量检定、技术考核、型式评价、计量认证、仲裁检定等技术监督管理权限授予经过考核合格的相关技术机构。

计量授权管理具有以下两个特点:一是社会性,即覆盖面广量大;二是科学性,即必须具有较强的技术手段。政府计量行政部门设置的计量检定机构作为法定的计量技术机构,是实施计量检定、测试任务的基本保证。

(五)计量器具产品管理

1. 计量器具许可证管理

对制造计量器具实行许可证制度,实质上是由计量行政部门对制造计量器具的企业是否具有制造计量器具的能力和资格而进行的一种认证和认可,是一种法制性监督管理,具有法制性、权威性和强制性。

各级人民政府计量行政部门为制造计量器具许可证发证机关,国家计量行政部门负责统一监督管理全国制造许可证工作,省、自治区、直辖市计量行政部门负责本行政区内制造许可证监督管理工作,市、县计量行政部门负责本行政区内制造许可证监督管理工作。

国家计量行政部门的管理权限:负责统一监督管理全国制造计量器具许可证工作。制定有关计量器具管理的政策、法规,拟定计量器具许可证实施目录,颁布计量器具制造许可证考核规范,发布计量器具生产条件及能力要求,培训计量器具生产条件考评员,组织对计量器具产品质量进行监督检查。规定了用于贸易结算的六种强制检定的计量器具为首批重点管理的计量器具。这六种计量器具为电能表、水表、燃气表、衡器(不含杆秤)、加油机(含加油机税控装置)、出租汽车计价器。

根据《制造计量器具许可考核通用规范》(JJF 1246—2010)规定,考核内容包括计量法制管理、产品质量和生产条件3个方面。在申请许可证时需提供型式批准证书和型式评价报告,型式批准是指计量行政部门对计量器具的型式是否符合法定要求而进行的行政许可活动,包括型式评价和型式批准两个环节。单位研发制造计量器具新产品,在申请制造计量器具许可证前,应向当地质量技术监督部门申请型式批准,提交的资料除型式批准申请书和营业执照等合法身份证明外,还应提供以下技术资料:样机照片、产品标准、总装图、电路图、主要零部件图、使用说明书、试验报告等。许可证标志为 CMC。

2. 计量器具新产品管理

计量器具新产品是指本单位从未生产过的计量器具,包括对原有产品在结构、材质等方面做了重大改进导致计量性能、技术特征发生变更的计量器具。国内以销售为目的的计量器具新产品必须遵守《计量器具新产品管理办法》。

凡制造计量器具新产品,必须申请型式批准,型式批准是"承认计量器具的型式符合法定要求的决定"。型式评价是"为确定计量器具型式可否予以批准,或是否应当签发拒绝批准文件,而对该计量器具型式进行的一种检查"。型式评价有时称为定型鉴定。

国家质检总局负责统一监督管理全国的计量器具新产品型式批准工作,省级质量技术监督局负责本地区的计量器具新产品型式批准工作。列入国家质检总局重点管理目录的计量器具,型式评价由国家质检总局授权的技术机构进行;其他计量器具的型式评价由国家质检总局或省级质量技术监督部门授权的技术机构进行。

3. 进口计量器具管理

国家《计量法》第十六条规定:"进口计量器具,必须经省级以上人民政府计量行政部门检定合格后方可销售。"凡进口或者在中国境内销售,列入《中华人民共和国进口计量器具型式审查目录》的计量器具,应当向国务院计量行政部门申请办理型式批准,未经型式批准的,不得进口或销售。进口计量器具在销售前必须经省级政府计量行政部门检定,当地不能检定的,向国务院计量行政部门申请检定,未经检定合格的,不得销售。

(六)计量监督管理

计量监督是指为保证计量法的有效实施进行的计量法制管理,它是计量管理的一种特殊形式。计量工作依法所进行的管理,都属于计量监督的范畴。所谓计量法制监督,就是依照计量法的有关规定所进行的强制性管理,或称为计量法制管理。

一项法律、法规制定以后,要想得到有效的实施,必须采取两项有力措施:一是在法律、法规的执行过程中严格进行监督;二是对违反法律、法规的行为依法给予惩处。

计量监督是计量管理的一个重要组成部分。在计量法颁布以后,各级政府计量行政部门的工作重心应当是组织和监督计量法律、法规在本行政区域内的贯彻实施。计量监督体制是指计量监督工作的具体组织形式。它体现国家与地方各级政府计量行政部门之间,各主管部门、各企业和事业单位之间的计量监督的关系。

计量监督管理主要有以下几种形式:对社会公用计量标准部门和企业、事业单位的最高计量标准,实施技术考核和强制检定;对用于贸易结算、安全防护、医疗卫生、环境监测方面列入强制检定目录的工作计量器具实施强制检定。对计量器具的新产品及以销售为目的的进口计量器具,实行型式批准,进行定型鉴定或样机试验。对制造、修理计量器具的企业、事业单位和个体工商户实施考核,发放制造、修理计量器具许可证。对为社会提供公证数据的产品质量检验机构,实施计量认证制度。对计量违法行为实施行政处罚。

六、企业计量管理体系

企业计量管理体系确保测量设备和测量过程适应预期用途,它对实现产品质量目标和管理不正确测量结果的风险是重要的。管理体系的目标是管理由于测量设备和测量过程可能产生的不正确结果而影响产品质量的风险。用于管理体系的方法包括从基本的测量设备的验证到测量过程控制中统计技术的应用等。

(一)企业计量管理体系构成

1. 测量过程管理

确定量值的一组操作称为测量过程。测量过程一般贯穿于组织的设计、生产、检测、检验等过程领域。测量过程是企业计量管理体系的重要组成部分,是企业计量管理工作的主要内容,测量过程包括过程的识别、策划、设计、实施和控制等环节。

测量过程的策划致力于确定测量过程目标,规定必要的运行过程和相关资源。策划的输出是测量过程方案或测量过程计划。策划应识别和考虑的因素影响量,确认设计的测量过程满足特定的预期用途或应用要求。测量过程要有完整的规范文件,包含测量设备、测量程序、测量软件、使用条件、操作技能或其他可能影响测量结果可靠性的因素,以文件化的程序控制测量过程的实施。

实现测量过程的基本步骤:识别测量过程,确定测量过程的顺序和相互作用,确定为确保测量过程的有效运行和控制所需要的准则与方法,配备必要的资源,实施、监视和分析测量过程,实施必要的持续改进措施。

2. 测量设备管理

测量设备是实现测量过程所必需的测量仪器、软件、测量标准、标准样品(标准物质)或辅助设备或它们的组合。应提供并标识满足规定的计量要求所需的所有测量设备。测量设备在确认有效前应处于有效的校准状态,测量设备应在受控的或已经满足需要的环境中使用,以确保有效的测量结果。应建立、保持和使用形成文件的程序来接收、处置、搬运、储存和发放测量设备,以防误用、错用、损坏和改变其计量特性。测量设备的计量特性包括以下两方面。

测量仪器方面:量程、标称值、测量范围(工作范围)、额定操作条件、极限条件、偏移、重复性、稳定性、滞后、漂移、分辨力、鉴别力[阈]、准确度等级、死区等。

被测量方面:工作范围、测量结果、测量不确定度、测量结果的重复性、测量结果的复现性、实验标准偏差、最大允许误差等。

测量设备的配备,应满足规定的计量要求所需的所有测量设备;配备方案不允许随意修改;所选测量设备的计量特性指标,应与测量过程设计的测量设备的计量要求相符;采购人员、使用人员不得随意更改。

3. 测量数据管理

计量数据采集和管理是生产过程不可缺少的重要组成部分。企业的计量数据贯穿企业生产、经营管理的各个领域、各个过程,情况复杂,数据繁多,而各种数据的重要程度又各不相同,应先抓住重点进行管理。测量数据管理主要包括:物资管理方面的大宗物资和稀有、贵重金属物资计量,能源管理方面的主要能源计量,确定工艺和产品质量方面的主要、关键计量检测参数,强检计量器具检测的主要计量数据,控制产品内在质量方面的物理量、化学量、无损检测计量数据。

(二)量值溯源管理

量值溯源是通过具有规定的测量不确定度的连续比较链(溯源链),使测量结果或标准的量值能够与有关计量标准(通常是国际或国家计量基准)联系起来的过程。

一般情况下,测量结果应溯源到国家计量基准或者溯源到社会公用计量标准,并通过社会公用计量标准溯源到国家计量基准。特殊情况下,某些量值不存在 SI 单位以及相应的自然常数,不能按照上述方式进行溯源。在这种情况下,才允许经双方同意,可在合同条件下,使用公认的有关计量标准进行溯源,或者按照有关法律法规规定的合法标准进行溯源。

测量设备的溯源分为企业内部溯源和到外部溯源两种。一般来说,要确定测量设备的溯源方式,首先应了解企业测量过程设计中对测量设备的计量特性有哪些具体要求,实施溯源需要花多少成本,然后根据测量设备计量特性的技术要求及成本,考虑选择是否由本单位对该测量设备进行溯源。

溯源有效性的评价:企业的测量设备往往不会直接溯源到国际或国家计量基准,企业的溯源链中并没有该测量结果是否能溯源到国际或国家计量基准的反映。但作为企业来说,可以采取以下方法提高测量设备溯源到基准的可信度:

(1)溯源到资质齐全、检测能力强的计量技术机构。往往法定计量检定机构可信度高,高层次的法定检定机构比低层次的可信度要高。

(2)获取高质量的计量检定/校准证书。高质量的证书数据齐全、信息量大,有明确溯源到基准的说明。

(3)绘制量值溯源图。企业的溯源图与上一级技术机构溯源关系联系起来,可以逐级反映出溯源到什么地方,溯源链是否连接到基准。

(三)人员管理

企业应保证所有的计量工作都由具备相应资格、受过培训、有经验、有才能的人员来实施,并有人对其工作进行监督。企业计量人员的配备必须与企业生产和经营管理要求相适应。计量人员配备的数量要满足工作量的需要,人员结构要合理,人员素质要高,能满足各类计量活动的要求。计量人员中既要配备管理人员和专业技术人员,还要配备相当数量技术熟练的计量工人。计量人员队伍应保持稳定,有计划地进行技术业务的培训,不断提高技术业务水平,建立起一支法制观念强、技术业务精、工作效率高的计量队伍。

(四)记录管理

记录可以提供体系有效运行以及过程和测量结果符合要求的证据。记录包括体系管理的信息、测量设备计量确认信息、测量过程测量信息和测量过程控制信息,如确认结果、测量结果、测量设备采购、操作数据、不符合数据、顾客抱怨、培训、资格证明或任何其他支持测量过程的历史数据等。应设置程序,规范计量管理体系运行信息记录的标识、储存、保护、检索、保存期限和处置。

(五)体系的分析和持续改进

计量职能机构应策划和实施所需的对计量管理体系的监视、分析和改进,以确保建立的计量管理体系符合国家相关标准,同时坚持持续改进所建体系,应利用审核、监视和其他适用技术,以确定体系的适用性、有效性,应用审核结果、来自客户的信息、数据分析、纠正措施和预防措施以及管理评审,达到对质量运行体系持续改进,保证管理体系有效性。

第二章 温度计量

温度是燃气计量中的一个重要参数,压力计量和流量计量都离不开温度这一参数。温度表征物体的冷热程度,在流量贸易结算计量过程中,气体易受温度变化的影响,必须要纳入考虑,才能保证计量准确。在很多场站,如调压站、储配站、加气站、增压站等,需要对设备、环境、气体等的温度加以监控和测量,防止出现异常或超限。温度的测量方法分为接触测温和非接触测温两大类,接触测温仪器主要有膨胀式温度计、电阻温度计、热电偶温度计等;非接触测温也称辐射测温,又分为亮度测温、全辐射测温及颜色测温三类,其测温仪器主要有光学高温计、光电高温计、比色温度计、红外辐射温度计等。

第一节 温度计量基本知识

一、温度的定义

温度是描述物体冷热程度的物理量。它是国际单位制的一个基本单位,也是过程测量三大参数(温度、压力、流量)之一,在燃气计量领域,温度也是一个重要参数,除贸易计量需要外,在各输配场站均有大量使用,如玻璃温度计、电阻温度计及热电偶等。

温度概念的建立以及温度量值的测量,是以热平衡现象为基础进行的。两个冷热程度不同的物体,当它们互相接触以后就会产生热量交换,使原有的平衡状态受到破坏,较热的物体逐渐变冷,较冷的物体逐渐变热,经过一段时间以后,就不再发生热量交换,两个物体处于同样的冷热状态,即处于热平衡状态。

如果两个物体分别和第三个物体处于相同的热平衡状态,则将这两个物体互相接触时也必然处于同样的热平衡状态,这就是热平衡定律。由定律可以得知,处于同一热平衡状态的物体具有相同的温度,这是温度最基本的性质。在比较每个物体温度的时候,不必让它们互相接触,只要将一个被选做"标准"的物体分别与每个物体接触就可以,这个被选做标准的物体就是测量物体温度的温度计,这就是温度测量的基本原理。

温度的定义仅仅是定性的,完全的定义还应当包括温度的数值表示方法。温度参数还有一个特性,那就是温度本身具有的标志性。两个受热状态不同的物体,它们只能被标识成温度的高低不同,而不能说某物体的温度是另一物体温度的几倍,两物体之间的温度值也不能相加。

热力学温度的单位是开尔文(K)。1K 等于水三相点热力学温度的 1/273.16。

设有一定质量的理想气体被封闭在处于平衡状态的容器内,其压力与各分子运动速率有关,理想气体作用在容器边界上的压力为

$$p = \frac{2}{3} n \cdot \frac{\overline{m} \cdot \overline{v}^2}{2} \tag{2-1}$$

式中,p 为绝对压力;n 为单位体积分子量($n = N/V$,N 为容器内气体分子总数,V 为容器容积);$\overline{m}$ 为单个气体分子质量;$\overline{v}$ 为气体分子运动平均速率;$\dfrac{\overline{m}\cdot\overline{v}^2}{2}$ 为每个分子作平移运动的平均动能。

气体分子运动的速率与其状态有关,通常在容器内每个分子都不断地和其他分子发生无规则碰撞,故每个气体分子的速率都是随机变化的。而从统计意义上来看,气体分子速率会遵守一定的规律:在一定的条件下,气体分子速率的分布是一定的,也即速率分布函数具有确定的形式。

早在1860年,麦克斯韦从理论上得出在平衡状态下气体分子的速率分布定律,表达式为

$$\frac{1}{2}\overline{m}\cdot\overline{v}^2 = \frac{3kT}{2} = \overline{\varepsilon} \qquad (2-2)$$

式中,k 为玻耳兹曼常数;$\overline{\varepsilon}$ 为气体分子运动平均动能;T 为热力学温度。式(2-2)可化为

$$T = \frac{\overline{m}\overline{v}^2}{3k} \qquad (2-3)$$

上式表明:理想气体分子均平动能与热力学温度成正比。温度标志着物体内部分子无序运动的剧烈程度,这种剧烈程度可用 $\overline{\varepsilon}$ 和 $\overline{v}^2$ 的大小表示。公式把温度和统计平均值联系起来,表达了温度的微观意义。同时,宏观物理量温度 T 通过基本物理常数 k 与微观量分子的平均动能 $\overline{\varepsilon}$ 或分子平均速率 $\overline{v}$ 联系了起来,从而为用基本物理常数来精确地确定温度单位提供了理论依据。

一般说来,温度是用来表征物体热状态的物理量。热状态表达了宏观上系统所含内能的多少,热状态也描述了微观上物体内部分子无序运动的剧烈程度。但是,任何物体的热状态都不是孤立的,无论是热状态的保持,还是热状态的改变,都需要与周围的物体进行热交换,达到热平衡来实现。所以,确切地讲,温度是用来表征系统热平衡状态的物理量。

二、温标的定义

物体的冷热程度可以定量表示,其数值即为温度值。用数值表示温度的方法称为温度标尺,简称温标。建立温标,就是采用一套方法和规则来定义温度的数值。确定温标之后,表示两个系统之间达到热平衡的标志就是它们具有相同的温度数值。温标的建立要遵循一定的规律和要求,温标必须具备三个条件,也称为三要素,即固定温度点、测温仪器和温标方程。

固定温度点:物质由分子组成,通常呈现为固体、液体或气体三种不同状态,称为物质的三"态"或三"相"。相是系统中物理和化学性质完全均匀的部分,是物质分子集结的特定形式。在一定条件下物质的三相可以互相转化,或是维持在两相或三相共存的平衡状态。利用一些物质的"相"平衡温度(如水的气相和液相平衡温度是水沸点,水的液相和固相平衡温度为冰点等)作为温标基本点,并对每个点的温度赋予确定的数值,这些赋值点就称为固定温度点。固定温度点的数值应当恒定,固定温度点的实现装置也应当便于制造和复现。

测温仪器:利用物质的物理性质随温度的改变而变化的特性进行温度测量。这种被用来测定温度的物质称为测温质,用来测定温度的物理量称为测温量。例如,利用水银体积随温度

的变化来测定温度的水银温度计和利用铂丝电阻值随温度的变化来测定温度的热电阻等,其中水银和铂丝就是测温质,而热膨胀的高低和热电阻随温度的变化量则是测温量。水银温度计和温度变送器属于测温仪器。

温标方程:不同的测温仪器具有不同的特性曲线,温标方程是用来确定各固定点之间任意点温度数值的函数关系式,这种函数关系多种多样,有线性和非线性之分。非线性关系比较复杂,可以通过一些经验公式或实测得到函数关系,如果测温仪器温标方程为线性关系,则可表示为通用方程:$y = kt + C$,式中 k 为比例系数;C 为取决于初始值的常数。如果确定两个已知温度数值 t_1、t_2 的固定温度点,则有

$$y_1 = kt_1 + C; y_2 = kt_2 + C$$

整理即可以求出常数 k 和 C,有

$$k = (y_2 - y_1)/(t_2 - t_1); C = y_1 - [(y_2 - y_1)/(t_2 - t_1)]$$

将 k、C 值代入通用方程,可得到线性温标方程

$$y = (y_2 - y_1)/(t_2 - t_1)t + y_1 - [(y_2 - y_1)/(t_2 - t_1)] \tag{2-4}$$

(一)经验温标

由特定测温质、特定测温量所确定的温标称为经验温标,是借助某些物质的物理量与温度的变化关系,用试验方法和经验公式构成的温标。17 世纪初,伽利略制作的测温器是最早的一种经验温标,其后又有很多人提出不同形式的温标,其中使用最多的是摄氏温标和华氏温标。1714 年德国人 Fahrenheit 制造了玻璃水银温度计,他规定水的沸腾温度为 212 度,氯化氨和冰的混合物为 0 度,水银温度计两固定温度点之间的距离等分为 212 份,每一等份称为华氏 1 度,记做 1°F,这种标定温度的方法称为华氏温标,冰的融化温度相当于 32°F。1740 年瑞典人 Celsius 将冰的融化温度规定为 0℃,把水的沸腾温度规定为 100℃,将水银温度计两固定温度点之间的距离等分为 100 份,每一等份称为摄氏 1 度,记做 1℃。这种标定温度的方法称为摄氏温标。

华氏度 t_F 与摄氏度 t_C 的换算关系如下:

$$\frac{t_C}{t_F - 32} = \frac{100}{212 - 32}$$

有

$$t_C = \frac{5}{9}(t_F - 32) \text{ 或 } t_F = \frac{9}{5}t_C + 32 \tag{2-5}$$

(二)热力学温标

经验温标的缺点是存在局限性和任意性,如果温标选定的温度计是玻璃水银温度计,就不能用玻璃酒精温度计去测定温度;经验温标的范围非常有限,如果超过规定值,就不能标定温度。

只有不依赖任何特定物质,由自然规律所决定的温标,才是科学意义上的温标,才能普遍

适用。1848 年英国物理学家开尔文(Kelvin)提出以热力学第二定律为基础建立与测温物质无关的温标,即热力学温度,于 1967 年第 13 届国际计量大会上被正式肯定,并将热力学温度的单位开尔文(符号 K)列为国际单位制(SI)7 个基本单位之一。

热力学第一定律的实质是能量守恒和转化定律在热现象上的应用,可简略概括为:热是能的一种,当它与另外形式的能或功之间转换时,总量不变。热力学第一定律指明,不消耗任何能量而做功或用较少能量而做较多功的机器不可能实现。该定律指出了热过程的能量关系,但没有说明热过程进行的方向,热力学第二定律指明了热过程进行的方向。不可能制造出一种循环动作的机器,将热量自低温物体传送到高温物体,而且不消耗其他形式的能量。开尔文提出:不可能制造出一种循环动作的机器,它只使一个热源冷却而动作,而使其他物体不发生任何变化。卡诺定理指出:所有工作于两个恒定温度热源之间的热机,以可逆热机的效率最高,并且所有可逆热机效率相等。遵守卡诺定理的可逆热机热效率 η 的计算式为

$$\eta = \frac{W}{Q_1} = \frac{Q_1 - Q_2}{Q_1} = \frac{T_1 - T_2}{T_1} \quad (2-6)$$

式中,Q_1 为卡诺热机从高温热源吸收的热量;Q_2 为卡诺热机向低温热源发出的热量;W 为卡诺热机所做的功;T_1 为高温热源的温度;T_2 为低温热源的温度。简化后可得

$$\frac{Q_1}{Q_2} = \frac{T_1}{T_2} \quad (2-7)$$

上式表明,工作于两热源之间的卡诺热机,其与两热源之间交换热量之比等于两热源温度之比。

1848 年,开尔文建议利用卡诺定理及其推论,可以建立一个与测温质无关的温标,即热力学温标,所确定的温度数值称为热力学温度,亦称绝对温度,用符号 K 表示,它选用卡诺热机作为测温质,而选择热量比作为测温量。

人们发现水的三相点(273.16K)的稳定性能长期维持在 0.1mK 范围内,1954 年第 10 届国际计量大会决定采用水的三相点作为热力学温标的基本固定点,此温标的表达式为

$$T = 273.16 \frac{Q_1}{Q_2} \quad (2-8)$$

这种温标的最大特点是与选用的测温介质性质无关,克服了经验温标随测温介质而变的缺陷,故称它为科学温标或绝对热力学温标,由此而得的温度称为热力学温度。

可以证明,理想气体温标与热力学温标是完全等值的,热力学温标的实现可以借助于理想气体温标。在一定范围内的热力学温度可直接由气体温度计进行测量,超出这一范围,气体温度计不能正常工作,因而在极高温区是以黑体辐射的普朗克公式来确定温度的,而在极低温区则采用声学测温法和磁学测温法来确定温度的,它们同样是以热力学第二定律为基础导出的,所以仍然称为热力学温度。

由于历史原因,联系到温标原始定义的方法,仍然保留了摄氏温标的形式,给予热力学温度以第二种表示方法——摄氏温度(符号℃)。摄氏温度的单位是摄氏度,符号为℃,该单位与开尔文完全是等值的。表示温度差时可用开尔文表示,也可用摄氏度表示:

$$\Delta T(K) = \Delta t(℃)$$

$$t = T - 273.15K \text{ 或 } T = t + 273.15$$

通常在0℃以下习惯用开尔文表示,而在0℃以上用摄氏度表示,这样可以避免使用负值。

(三)国际温标

由于热力学温标实现起来比较繁杂,为了使用方便,国际上协商决定建立一种既使用方便,又以当代先进科技水平接近热力学温标的装置和方法,这就是国际温标,国际温标的形成可以实现温度量值统一。

国际温标通常应具备以下条件:尽可能接近热力学温标;复现准确度高,各国都能以很高的准确度复现同一温标,确保温度量值的统一;用于复现温标的标准温度计易于得到、使用方便、性能稳定。

根据上述条件建立的国际温标,需要进行三个方面的工作:确定一些物质可复现的平衡态,并给定温度值作为定义固定点;分段规定测温仪器,并在定义固定点上分度;确定各定义固定点间的内插公式。自采用国际温标以来,已经做过多次重大的修改,主要原因是上述温标三项工作在具体内容上的变化。

1. 1990 年国际温标(ITS—90)介绍

ITS—90 热力学温度记为 T,为区别以前的温标,用 T_{90} 代表新温标的热力学温度,单位为开尔文(符号为 K),定义为水三相点热力学温度的 1/273.16。与此并用的摄氏温度记为 t_{90},单位是摄氏度(符号为℃)。T_{90} 与 t_{90} 的关系为:$t_{90}(℃) = T_{90}(K) - 273.15$。1990 年国际温标,根据给定固定点温度值以及在这些固定点上分度过的标准仪器来实现热力学温标,各固定点间温度依据内插公式使标准仪器的示值与热力学温标的温度值相联系。

ITS—90 定义固定温度点共有 17 个,如表 2-1 所示。

表 2-1 ITS—90 定义固定温度点

序号	温度		物质	状态	参考函数 $W_r(T_{90})$
	T_{90}, K	t_{90}, ℃			
1	3~5	-270.15 ~ -268.15	氦 He	蒸气压点	
2	13.8033	-259.3467	$e-H_2$	三相点	0.00119007
3	≈17	≈ -256.15	$e-H_2$ 或 He	V 或 C	
4	≈20.3	≈ -252.85	$e-H_2$ 或 He	V 或 C	
5	24.5561	-248.5939	氖 Ne	三相点	0.00844074
6	54.3584	-218.7916	氧 O_2	三相点	0.09171804
7	83.8058	-189.3442	氩 Ar	三相点	0.21585975
8	234.3156	-38.8344	汞 Hg	三相点	0.84414211
9	273.16	0.01	水 H_2O	三相点	1.00000000
10	302.9146	29.7646	镓 Ga	熔点	1.11813889
11	429.7485	156.5985	铟 In	凝固点	1.60980185

续表

序号	温度 T_{90}, K	温度 t_{90}, ℃	物质	状态	参考函数 $W_r(T_{90})$
12	505.078	231.928	锡 Sn	凝固点	1.89279768
13	692.677	419.527	锌 Zn	凝固点	2.56891730
14	933.473	660.323	铝 Al	凝固点	3.37600860
15	1234.93	961.78	银 Ag	凝固点	4.28642053
16	1337.33	1064.18	金 Au	凝固点	
17	1357.77	1084.62	铜 Cu	凝固点	

注：e-H_2 为平衡氢，即正、仲氢的分子态处于平衡浓度；V 为蒸气压温度计测量点；C 为定容气体温度计测量点。

2. 三相点

单组分物质中有固相、液相和气相在平衡共存时的温度和压强称为三相点。三相共存只出现在固定的压强和温度下，当外界温度对三相共存的系统发生有限变化时，只要内部还存在三相，该系统只会发生各相的相对变化，不可能产生温度和压强的变化。由此可见，经过很好制备、保护的三相点是一种稳定可靠的固定点。ITS—90 选用做三相点的物质有水、氢、氮、氧、氖、汞。这些物质在三相共存时有很好的复现性，一般能达 0.2mK，其中三相点的复现性可达 0.01mK。

水三相点复现方法如下：将水三相点瓶放在盛有冰水混合物的广口槽中预冷 2～3h，制冷剂采用干冰或液氮，也可以采用冰盐混合物。开始冻制时，先向水三相点瓶的内管中注入少量酒精，然后加入干冰，并视其蒸发情况不断加入干冰，与液氮冻制方法相同，用冰盐混合物冻制时，以 3:1 的冰盐混合物放入内管中，并视其溶解情况不断取出水盐溶液，加入新的冰盐混合物，直至内管周围形成 10mm 左右的冰层，然后在内管中加入略高于 0℃的水进行内融，转动时可以看出冰层在旋转，此时应立即倒出高于 0℃的水，并加入 0℃的水，保存在装有冰水混合物的保温瓶内，待瓶内热平衡后，水的三相点就获得了。

3. 凝固点和熔点

晶态物质凝固时固、液相在压力为 101325Pa 下的平衡温度称为凝固点。ITS—90 用作凝固点的高纯物质有铟、锡、锌、铝、银、金、铜等。这些高纯物质在严格的操作下均能获得较高的复现性，最高接近于 0.1mK。

4. ITS—90 温标规定的标准测温仪器

(1) 氦蒸气压温度计：用于 0.65K 到 5.0K 温区温标的复现。对氦蒸气压温度计的基本要求为有一个容器，使纯液体与蒸气相呈热平衡；可实现界面处压力的绝对测量。

(2) 气体温度计：用于 3.0K 到氖三相点（24.5561K）温区温标的复现。设计气体温度计需要注意工作流体、温泡、温泡中气体压力的测定、传压管容积以及室温测压系统的影响。

(3) 铂电阻温度计：用于平衡氢三相点（13.8033K）到银凝固点（961.78℃）温区温标的复现。温度值 T_{90} 由该温度时的电阻 $R(T_{90})$ 与水三相点时的电阻 R（273.16K）之比来求得。比值为 $W(T_{90}) = R(T_{90})/R$（273.16K）。铂电阻温度计必须由无应力的纯铂丝做成，并且至少

应满足下列两个关系式之一,即

$$W(29.7646℃) \geqslant 1.11807 \text{ 或 } W(-38.8344℃) \leqslant 0.844235$$

用于银凝固点的铂电阻温度计还必须满足 $W(961.78℃) \geqslant 4.2844$。常用铂电阻温度计有套管式铂电阻温度计、长杆低温或中温铂电阻温度计、长杆高温铂电阻温度计。

(4)辐射温度计:用于银凝固点(961.78℃)以上温区温标的复现。辐射温度计要具备有效的单色性能。

第二节 膨胀式温度计

膨胀式温度计是利用物质受热膨胀的性质进行温度测量的。按制造温度计的材质可分为液体膨胀式(如玻璃液体温度计)、气体膨胀式(如压力式温度计)和固体膨胀式(如双金属温度计)三大类。特点是结构简单、使用方便、测温范围广(-200~+600℃)、测温准确度较高、成本低廉等,在城市燃气中有广泛的应用。

一、玻璃液体温度计

玻璃液体温度计是一种直接指示式温度计量仪器,测量范围为-100~+600℃,具有结构简单、读数直观、使用方便、价格便宜等优点,是目前应用最广泛的温度测量仪器之一。

(一)玻璃液体温度计工作原理

玻璃液体温度计的工作原理是基于液体在透明玻璃外壳中的热胀冷缩作用来实现温度测量。由液体贮囊(常称为感温泡)与毛细管熔接而成,液体充满全部贮囊和毛细管的一部分。当温度变化时,液体和贮囊体积随之发生变化,毛细管中液体柱的弯月面也就随之升高或降低,通过温度标尺即可读出温度数值。

物质受热后,热膨胀包括体积膨胀与压力膨胀,这里只考虑体积膨胀。体积膨胀的现象称为体膨胀,描述体膨胀大小的量称为体膨胀系数。通常把温度变化1℃所引起的物质体积的变化与它在0℃时体积之比,称为平均体膨胀系数,用 α 来表示:

$$\alpha_{t_1,t_2} = \frac{V_{t_1} - V_{t_2}}{(t_2 - t_1)V_0} \quad (2-9)$$

式中,V_{t_1},V_{t_2} 分别为温度为 t_1 和 t_2 时工作物质的体积;V_0 为0℃时工作物质的体积。当 $t_1 = 0$ 时,上式转化为

$$\alpha_{t_1,t_2} = \frac{V_t - V_0}{V_0 t} \text{ 或 } V_t = V_0(1 + \alpha_{t_1,t_2}) \quad (2-10)$$

由于温度计加热时贮囊热膨胀的结果,使得毛细管内的液柱移动产生相反的作用。例如,当温度升高时,液体体积的膨胀使毛细管内液柱升高,而贮囊的膨胀则使液柱下降。因此,我们观察到的毛细管内液柱的升高,实际上代表了液体膨胀与贮囊膨胀之差,将液体膨胀与贮囊膨胀

体积变化之差称为视膨胀系数,用 γ 表示。

令 Δt 代表温度升高,ΔV_β 代表贮囊容积的膨胀,ΔV_α 代表液体体积的膨胀,液体在贮囊内的视膨胀为 ΔV_γ,三者关系为 $\Delta V_\gamma = \Delta V_\alpha - \Delta V_\beta$,两端同除以 $\Delta t V_0$ 可得下式:

$$\frac{\Delta V_\gamma}{\Delta t V_0} = \frac{\Delta V_\alpha}{\Delta t V_0} - \frac{\Delta V_\beta}{\Delta t V_0} \tag{2-11}$$

由膨胀系数定义可得近似等式

$$\gamma = \alpha - \beta$$

式中,γ 为液体在玻璃内的视膨胀系数;α 为液体的体膨胀系数;β 为玻璃的体膨胀系数。表 2-2 为常用感温液体的膨胀系数。

表 2-2 常见感温液体的膨胀系数

工作液体	使用范围,℃	体膨胀系数	视膨胀系数
水银	-30 ~ +600	0.00018	0.00016
汞铊	-60 ~ -0	0.000177	0.000157
甲苯	-80 ~ +100	0.00109	0.00107
乙醇	-80 ~ +80	0.00105	0.00103
煤油	0 ~ +200	0.00095	0.00093
石油醚	-120 ~ +20	0.00142	0.00140
戊烷	-200 ~ +20	0.00092	0.00090

(二)玻璃液体温度计结构与分类

1. 玻璃液体温度计结构

玻璃液体温度计由装有感温液(或称测温介质、工作介质)的感温泡(也称为贮液泡、贮囊)、玻璃毛细管和刻度标尺三部分组成,如图 2-1 所示。不同用途的温度计,其结构也不完全相同,例如,有的温度计在玻璃毛细管上有安全泡与中间泡。

感温泡位于温度计的下端,是玻璃液体温度计的感温部分,可容纳绝大部分的感温液。感温泡直接由玻璃毛细管加工制成或由焊接一段薄壁玻璃管制成。感温液是封装在温度计感温泡内的测温介质。玻璃毛细管是连接在感温泡上的空心细玻璃管,感温液体随温度的变化在其内部移动。标尺是将分度线直接刻在毛细管表面上或单独刻在白瓷板上而衬托在毛细管背面,同时标尺上标有数字和温度单位符号。安全泡是指位于玻璃毛细管顶端的扩大泡,其作用有两个:一是可以防止由于温度过高而使液体膨胀冲破温度计;二是便于接上中断的液体,安全泡的容积大约为毛细管容积的 1/3。中间泡是为了提高示值的准确度,在感温泡和标尺下限刻度之间制作的一个贮液泡,目的是能容纳上升到温度计下限刻线时膨胀的液体,可以使测量温度上限高的温度计的标尺缩短。比较精密的温度计中还设有辅助标尺,即在中间泡下面刻有零位线,以便检查温度计的零位变化。

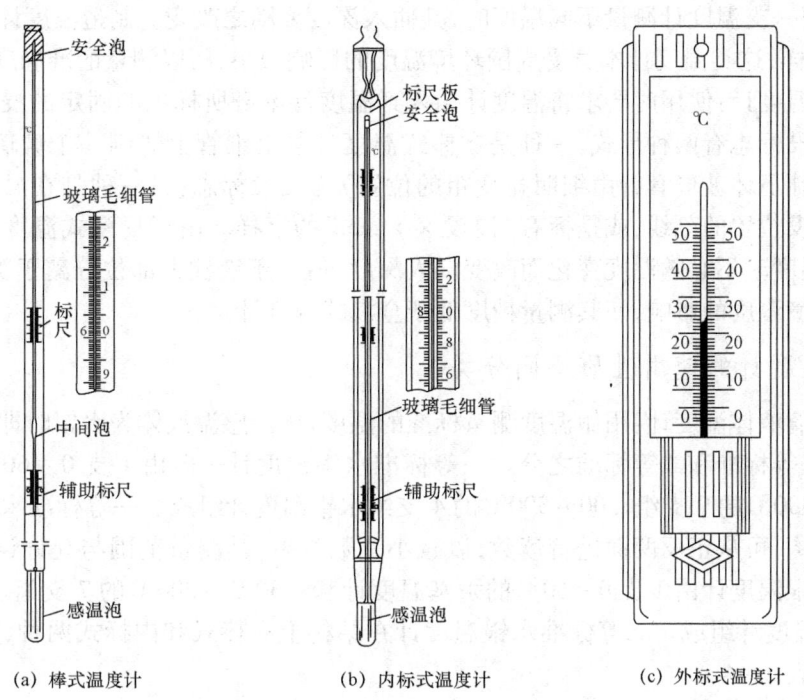

(a) 棒式温度计　　(b) 内标式温度计　　(c) 外标式温度计

图 2-1　玻璃液体温度计结构示意图

2. 玻璃液体温度计分类

1) 按基本结构形式分类

棒式温度计：是将玻璃毛细管同贮囊熔焊在一起，在玻璃毛细管的外壁刻有温度标尺，贮囊的外径等于或小于毛细管的外径，见图 2-1(a)。

内标式温度计：其标尺板是用乳白色玻璃制成的长方形薄片，置于玻璃毛细管的后面。毛细管与标尺板同装在与贮囊熔焊在一起的玻璃套管内，标尺板的下部靠在玻璃套管的收缩处或特制的玻璃底座处，而标尺板顶部则是通过特制的玻璃顶座与玻璃套管固定在一起，为了减小毛细管与标板尺间的间隙，常用不易生锈的金属细丝将两者固定在一起，见图 2-1(b)。

外标式温度计：是将熔焊有贮囊的毛细管直接固定在刻有温度标尺的塑料、木料、金属或其他材料所制成的板上，见图 2-1(c)。这类温度计的精度较低，但读数更为清晰，一般只适于制作寒暑表，也可做成造型美观的装饰品，为避免读数时人体呼吸对读数的影响，寒暑表的贮囊多为球形，以使其灵敏度最低。

2) 按感温液体的不同分类

水银温度计：其感温液体为汞或汞铊合金等。

有机液体温度计：感温液体为有机液体。为便于读数，常在这些无色的有机液体中放入颜料，使液柱呈现蓝色或红色，有时也采用在毛细管中熔有白色或彩色瓷釉带的方法来改善视度。

3) 按温度计浸没方式不同分类

全浸式温度计：使用时要求温度计插入被测介质的深度，应当接近于液柱弯月面所指示的位置,因此用一支温度计测量不同温度时,其插入深度要随之改变。制造温度计时应在背面标有"全浸"字样,这类温度计本身受周围环境温度的影响很小,所以测量的准确度较高。

局浸式温度计:使用时要求将温度计插入到温度计本身所标志的固定的浸没位置。这种温度计的浸没标志有两种形式,一种是在棒式温度计的毛细管上烧制一个玻璃凸起环(或是内标式温度计下体玻璃套管由细明显变粗的位置)为浸没标志;另一种是在温度计背面刻有一条指示浸没位置的刻线,或是标有"浸没××mm"的字样。由于局浸式温度计浸没深度固定,故测量温度时不必随温度变化而改变浸入深度,但由于液柱大部位分露于被测介质之外,故受周围环境温度的影响,使其测量精度低于全浸式温度计。

4)按温度计的使用性质不同分类

标准玻璃液体温度计:用做温度测量标准的温度计,当感温液体为水银时即为标准水银温度计,它有一等标准和二等标准之分。一等标准水银温度计一般由1支0~60℃的汞基温度计和-30~300℃的9支组、300~500℃的4支组水银温度计组成。一等标准水银温度计采用透明棒式结构,可从正反两面进行读数,以减小读数视差,其测量范围与允许误差见表2-3。二等标准水银温度计由1支0~60℃的汞基温度计和-30℃~300℃的7支组、300~600℃的4支组水银温度计组成。二等标准水银温度计在结构上有棒式和内标式两种,其测量范围与允许误差见表2-4。

表2-3 一等标准水银温度计测量范围与允许误差

测量范围,℃		0℃辅助标尺测量范围		最小分度值,℃	允许误差,℃	检定点间隔,℃
起	止	起	止			
-60	0	—	—	0.1	±0.20	10
-30	20	—	—	0.1	±0.15	10
0	25	—	—	0.05	±0.10	5
25	50	-0.5	+0.5	0.05	±0.10	5
50	75	-0.5	+0.5	0.05	±0.10	5
75	100	-0.5	+0.5	0.05	±0.10	5
100	150	-1	+1	0.1	±0.20	10
150	200	-1	+1	0.1	±0.20	10
200	250	-1	+1	0.1	±0.25	10
250	300	-1	+1	0.1	±0.25	10
300	350	-1	+1	0.1	±0.50	10
350	400	-1	+1	0.1	±0.50	10
400	450	-1	+1	0.1	±0.50	10
450	500	-1	+1	0.1	±0.50	10

为便于观察温度计示值变化,每支标准温度计上都有0℃刻线。结构上通常多采用缩短标尺的结构形式,其标尺的下限可以从温度标尺的任何一点开始,在贮囊与标尺的起始刻度线之间的毛细管上制有膨胀部分(称为中间泡),膨胀部分能容纳从0℃到标尺起始点整个水银柱的水银量,有时也可采取较粗的毛细管代替毛细管中的膨胀部分。

表2-4 二等标准水银温度计测量范围与允许误差

测量范围,℃		0℃辅助标尺测量范围,℃		最小分度值 ℃	允许误差,℃		检定点间隔 ℃
起	止	起	止		新制的	使用中的	
-60	0	—	—	0.1	±0.20	±0.25	10
-30	20	—	—	0.1	±0.15	±0.20	10
0	50	—	—	0.1	±0.15	±0.20	10
50	100	-1	+1	0.1	±0.15	±0.20	10
100	150	-1	+1	0.1	±0.15	±0.25	10
150	200	-1	+1	0.1	±0.20	±0.25	10
200	250	-1	+1	0.1	±0.25	±0.40	10
250	300	-1	+1	0.1	±0.25	±0.40	10
300	350	-1	+1	0.1	±0.50	±0.70	10
350	400	-1	+1	0.1	±0.50	±0.70	10
400	450	-1	+1	0.1	±0.50	±0.70	10
450	500	-1	+1	0.1	±0.50	±0.70	10

工作用玻璃液体温度计:直接用于生产科研工作中进行温度测量的普通温度计,一般包括实验室用温度计和工业用温度计两种。实验室用温度计的准确度比较高,有内标式和棒式两种(图2-2)。温度计标尺板最小刻度值为0.01℃、0.02℃、0.1℃、0.2℃、0.5℃等。如量热计式温度计标尺板的最小分度值为0.01℃,这种温度计主要用来测量温度差,标尺板温度示值上下限的差一般不超过12℃,对微小温差的分辨能力可达0.001℃。为了考查温度计示值的稳定性,此种温度计还刻有零度辅标。

另一种测量微小温差的温度计称为贝克曼温度计,这种温度计能测量-20~+150℃温度范围内任意5~6℃间的微小温差,它的结构特点是有两个贮囊(主贮囊和辅助贮囊)和两个标尺(主标尺和辅助标尺)。温度计主贮囊中的水银最可以根据需要而调节,将多余的水银量借助辅助标尺的指示,移注到毛细管顶部回旋形状的辅助贮囊中,还可以从辅助贮囊审将水银流回到主贮囊中,辅助标尺的温度范围为-20~+150℃,分度值为5℃,主标尺的温度范围一般为5~6℃,分度值为0.01℃或更小。

工业用温度计:这类温度计的种类繁多,常因不同的用途而有不同的名称,如石油用温度计、粮食用温度计、孵卵用温度计、气象用温度计、松香用温度计等。这类温度计中局浸式的相当多,分度值从0.1~5℃不等。为了使用方便,有的还将温度计尾部弯成不同的角度(90°、135°等),如图2-2所示。

最低温度计一般选用无色透明的液体(无水乙醇等)做感温液体,并有一个用暗色玻璃制成的指示杆沉在毛细管液柱里,当液柱下降时,由于液体的表面张力使指示杆与液柱弯月面同时移动,当温度上升时,液柱继续上升,而指示杆则停留不动,所以指示杆与弯月面接触的一端指示的温度就是在一定时间内的最低温度,使用时要注意将温度计水平放置。

电接点温度计主要用在温度控制设备中,与一电极相连的钨丝可通过调节磁钢使其上下移动到所需温度位置,与另一电极相连的毛细管内的水银柱,受热上升后与钨丝顶端接触使电路接通。它与中间继电器配套使用,能实现自动控温和自动报警等多种功能,这种温度计称为可调电接点温度计,此外还有固定温度的电接点温度计。

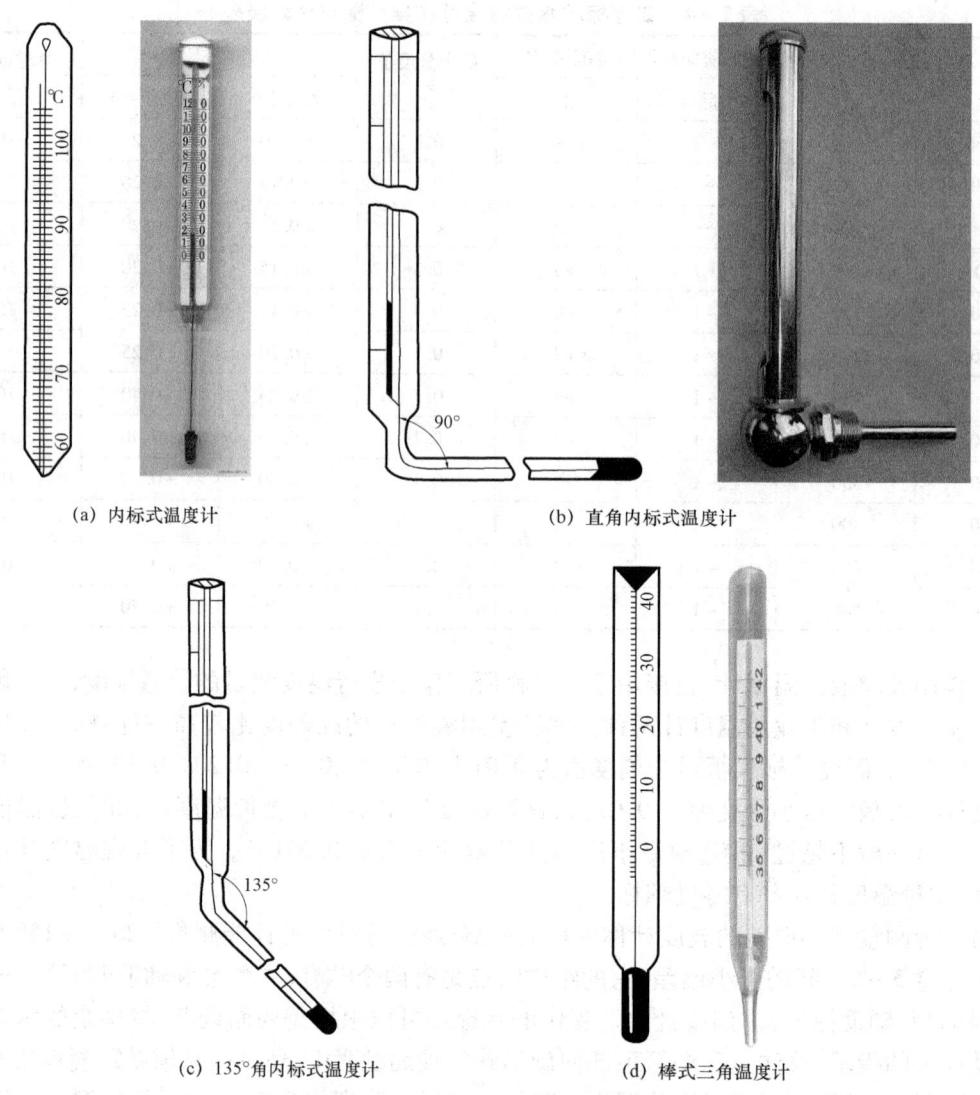

(a) 内标式温度计 (b) 直角内标式温度计

(c) 135°角内标式温度计 (d) 棒式三角温度计

图 2-2 工业常用玻璃液体温度计

（三）玻璃液体温度计测量误差

温度计测量误差的来源主要有两类：一类是玻璃液体温度计在分度或检定时由标准器和标准检定设备带来的，标准器的误差是指标准器本身的不确定度、检定设备的误差，包括电测设备的不确定度、恒温槽的温场不均匀性等，这类误差是可以估算的；另一类是玻璃液体温度计的结构特性及测试方法所引起的，这方面的影响有零点位移、标尺位移、液柱断裂、滞后误差、露出液柱误差、修正误差、读数误差和压强的影响等。下面就介绍各项误差的来源及消除方法。

（1）零点位移：零点位移是在反复使用后，零度时液柱不能回到零点的现象，通常是由于玻璃的热后效和人工老化工艺欠佳引起的。当玻璃贮液泡的温度逐渐升高时，玻璃分子也随之重新进行排列，温度越高，玻璃分子的活动越剧烈，重新排列也进行得越快，温度升高使玻璃贮液泡的体积增大,这时如果将温度计从高温介质中取出,突然降温,玻璃分子就会由于重新排列而跟不上温度变化,故玻璃贮液泡的体积就不能很快地恢复原状,这就是玻璃的热后效。由于贮液泡在热后效作用时的体积要比使用以前稍微增大一些,这时测定零位,就会比使用以前要低,这个零位的低降是临时的,称为临时低降,随着玻璃分子的结构缓慢地恢复,贮液泡的体积也会逐渐恢复,但这是一个比较缓慢的过程。还有一种零点位移是永久性上升,一般经过充分人工老化处理的玻璃,其零位永久上升可减少到最小,但总是难以完全消除。由于零位临时低降和永久上升,对于标准温度计和实验室用精密温度计,要经常检查零位,尤其是使用标准温度计时,每次使用以后应立即测定它的零位。对于一等标准水银温度计来说,零位变化带来的误差,可以在计算过程中直接剔除;对于二等标准水银温度计,则应将零位的变化加到修正值内,以消除零点位移带来的误差。

(2)标尺位移:由于温度计玻璃发生热膨胀的缘故,内标式温度计的标尺与毛细管的相对位置会发生很小的变化。如果标尺基本固定,则这个微小变化对示值影响不大,所以通常热膨胀引起的相对位移带来的影响忽略不计,但如果是由于标尺固定位置的移动与损坏而引起的位移,将给温度计带来较大的误差。

(3)读数误差:在读取温度计示值时,如果视线不与温度计刻度相垂直,即会产生视差,由于视差的存在,将会给温度计示值读数造成误差。读数时眼睛应处于与刻度面相垂直的位置,为了保证示值读数的准确性,读数时经常借助于读数望远镜来保证视线与刻度面相垂直,对于透明棒式温度计,还可采取对温度计进行正反两面读数然后取平均值的办法。

(4)液柱升降过程误差:温度计液柱在升降温过程中由于"断柱""升华""挂壁"以及"机械惯性"等现象都会使示值读数造成偏差。使用温度计之前应首先检查有无断柱现象产生(振动、气泡、升华等均可产生断柱),如发现断柱,必须连接好断柱再使用。常用的连接断柱的方法有热接法(将温度计放在热水中或在酒精灯上加热,一直到断柱连接到液柱整体上,若有气泡存在,连接断柱需在安全泡中进行)、冷接法(对测量较高温度的温度计不宜于用热接法,而是采用较低温度的介质使温度计贮囊冷却,并轻轻弹动温度计,使断柱与整体在贮囊内接合)、振动法(将温度计贮囊在垫有硬橡皮的工作台上沿垂直方向轻轻振动)、离心法(将断节的温度计放在专用离心机里,由于离心作用,使断节液柱与主体连接起来)。修复液柱断节应注意,当断节的液滴处于安全泡顶部位置时,修复比较困难,稍不注意,就会使温泡炸裂,所以修复时要加倍小心,一般这种情况不采取热接法。"挂壁"现象产生的内因是有机液体附着力较大,在移动过程中极易沾附在毛细管壁上,其外因则是降温速度过快。在使用这类温度计时要注意事先预冷,不要突然将温度计插入较冷的介质中。"机械惯性"的产生是由于较细的毛细管中有的地方横截面突然变小,水银柱移动到此处不能断续平稳地升降,产生了跳跃现象,从而影响了示值读数。为了部分地消除这一误差,宜于选用升温检定的方法,同时,在读取示值之前用带橡皮头的木棒沿着温度计轻轻敲动。

(5)滞后误差:滞后误差主要以时间常数表示,时间常数就是达到最终值和初始值之差的63.2%所需的持续时间,它与温度计的种类、长短,感温泡的形状及玻璃的壁厚有关,同时与被测介质种类、均匀程度、流动状态等因素有关。此外,毛细管壁与工作液柱间的摩擦力以及液柱的表面张力可产生一定的滞后影响,尤其是在缓慢降温时这方面的影响较大。在使用温度计测温或检定时,消除滞后的最好方法是在温度计与被测介质间真正达到热平衡时,再进行读数。为了消除表面张力与毛细管间的摩擦力的影响,读数时温度计应处在恒温或缓慢升温状态,并且读数前应轻敲温度计。

(6)露出液柱误差：当全浸式温度计由于条件限制而无法全浸使用时，就会因露出液柱的影响而造成测量误差，需要对露出液柱进行修正，有计算式

$$\Delta t = \gamma n(t - t_1) \qquad (2-12)$$

式中，Δt 为露出液柱的温度误差修正值；γ 为感温液体的视膨胀系数；n 为露出液柱度数；t_1 为借助辅助温度计测出的露出液柱平均温度（辅助温度计放在露出液柱的下部1/4处，和被测部位很好地接触）；t 为浸入介质的温度，一般由该温度计示值代替。局浸式温度计在使用时，若露出液柱温度与规定露出液柱温度不符，也需要进行修正，有

$$\Delta t = \gamma n(t' - t'') \qquad (2-13)$$

式中，t'' 为使用时露出液柱的环境温度；t' 为分度检定时露出液柱的环境温度。在使用温度计时应先看清是全浸式还是局浸式，若属全浸式，应尽可能满足要求，露出液柱只要不影响读数即可；对局浸式温度计，则应按照局浸标志将温度计插到规定深度。

(7)修正误差：玻璃液体温度计一般都是采用与标准温度计比较的方法，在几个规定的点上分度与检定的，这就等于把毛细管看成是均匀的，这与实际情况不符。在使用温度计测温时，若温度计的示值在两个被检点之间，则引用修正值须采用线性插值法。例如，一支温度计30℃点的修正值为 +0.03℃，35℃点的修正值为0.05℃，则33℃的修正值只能通过插值得到，有

$$0.03 + \frac{0.05 - 0.03}{5} \times 3 = +0.042(℃) \approx 0.04(℃)$$

用此种方法来对中间温度进行修正，同样是假定毛细管是均匀的，这样就会带来修正误差。为了防止引入这种误差，在玻璃液体温度计的检定规程中都有明确的规定，即对规定点之间的任意点或中间点进行抽检，其示值必须符合允许误差要求。使用玻璃液体温度计必须注意：温度计玻璃有无破裂，液柱有无中断；按规定的浸没深度使用，否则要加以修正；测量零上较高温度或零下较低温度时要注意事先将温度计预热或预冷；在读取示值之前沿温度计方向轻轻敲动，水银温度计要按凸形弯月面顶点切线方向进行读数，有机液体温度计则按凹形弯月面最低点的切线方向进行读数；被测物质的容量应超过温度计贮囊液体容量的几百倍；温度计插入恒温介质中一般要经过5~10min方可读数；测量变动温度时要考虑热惯性的修正，还应注意不宜承受剧烈的温度变化；使用时注意轻拿轻放，避免剧烈振动；使用完毕要放在盒子里，不可将贮囊向上放置。

二、双金属温度计

双金属温度计是利用由不同膨胀系数的两种金属构成的双金属敏感元件来测量温度的仪器。它具有无汞害、测量范围宽（一般为 -80 ~ +600℃）、使用和保养方便、坚固耐振等优点，在许多场合可以替代工业用玻璃液体温度计，应用较广泛。

(一)双金属温度计工作原理

如图2-3所示，两种不同膨胀系数的金属片A和B叠焊在一起，并将一端固定，当温度升高时，膨胀系数较大的金属片B伸长较多，必然会向膨胀系数小的一面弯曲，且温度越高弯

曲越大,根据双金属片的弯曲变形程度大小可以表示出温度的高低。通常把膨胀较小的金属片称被动层,膨胀系数较大的金属片称为主动层。

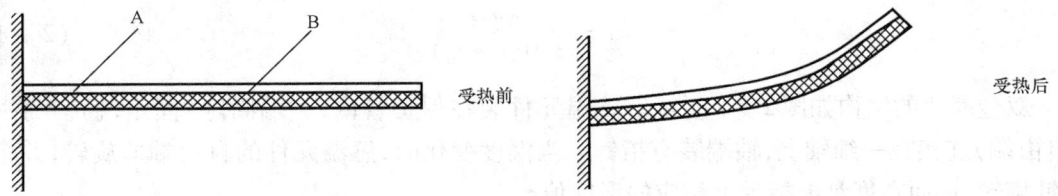

图 2-3 双金属片受热变形图

双金属温度计主要技术参数如下:

1. 双金属片的偏转角 φ

双金属片的偏转角的计算式为

$$\phi = \frac{3}{2} \frac{L(\alpha_2 - \alpha_1)}{\alpha}(t - t_0) \qquad (2-14)$$

式中,α_1、α_2 为被动层和主动层的膨胀系数;α 为双金属片厚度;L 为金属片长度。当 α、L 的尺寸一定,并且 α_1、α_2 在规定的温度范围内保持常数时,ϕ 与 t 的关系呈线性。其温度范围的大小是由组合材料的膨胀性能所决定的。

2. 比弯曲

单位厚度的双金属片,当温度变化 1℃ 时曲率变化的 1/2 为双金属片的比弯曲,以 K 表示,计算式为

$$K = \frac{1}{2} \frac{\alpha}{t - t_0} \left(\frac{1}{R} - \frac{1}{R_0} \right) \qquad (2-15)$$

式中,α 为双金属片厚度;R、R_0 为曲率半径。

当 $t = t_0$ 时,双金属片没有弯曲,即 $R_0 = \infty$,$1/R_0 = 0$,故上式可简化为

$$K = \frac{1}{2R} \frac{\alpha}{(t - t_0)} \qquad (2-16)$$

比弯曲是双金属片的一项重要指标,它表征着双金属片的感温性能。

(二)双金属温度计结构

为提高双金属温度计的灵敏度,需要弯曲变形显著,应尽量增加双金属片的长度,在制造时把双金属片制成螺旋形状,分为平螺旋和直螺旋两种,如图 2-4 所示。

在无外力作用时,感温元件由 t_0 变到 t 的偏转角 ϕ 的计算式为

$$\phi = \frac{360}{\pi} \cdot K \frac{(t - t_0)L}{\alpha} \qquad (2-17)$$

式中,K 为比弯曲;$t - t_0$ 为温度变化量;L 为双金属片有效展开长度;α 为双金属片厚度。

由式(2-17)可以看出,如果设计之前已知双金属片的偏转角 ϕ、量限($t \sim t_0$)及厚度 α、比弯曲 K,则可求出双金属片的有效长度 L 为

$$L = \frac{\pi \phi \alpha}{360(t - t_0)} \qquad (2-18)$$

双金属片的结构如图2-4所示。感温元件装在保护管内,一端固定(固定端)。另一端(自由端)连接在一细轴上,轴端装有指针。当温度变化时,感温元件的自由端即旋转,并带动指针旋转,从而在度盘上指示出相应的温度值。

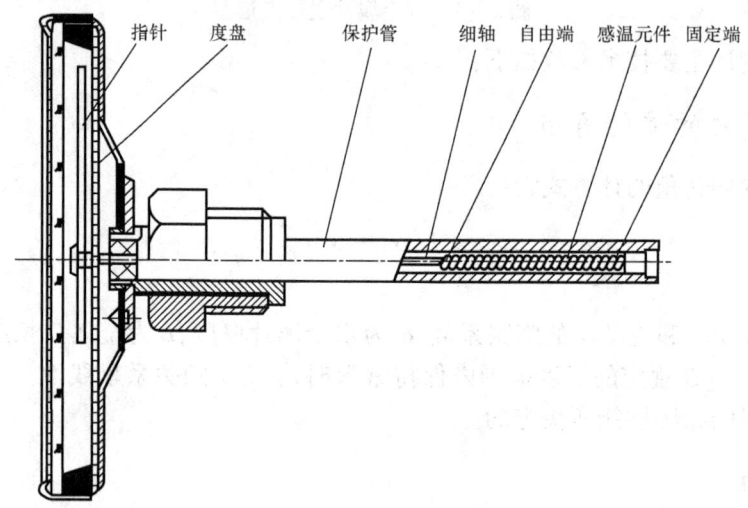

图2-4 双金属片的结构

动态图2 固体膨胀式温度计

动态图3 双金属液体压力式温度计

三、压力式温度计

压力式温度计的工作原理是利用封闭在固定容器中的气体、液体或低沸点液体的饱和蒸汽受热体积膨胀时压力的变化特性来测量温度的。压力式温度计是膨胀式温度计的一种,测量范围为 $-80 \sim +600$℃,有如下优点:可以实现远传温度显示、结构简单、读数方便清晰、可不带电源。压力式温度计有以下缺点:测量准确度较低,压力式温度计的热惯性较大。

当温度变化时,感温泡内的工作介质因受热体积膨胀而导致压力增加,该压力的变化经毛细管传给弹簧管,使弹簧管发生变形,其自由端通过传动机构带动指针偏转,在标盘上指示出相应温度值。

(一)压力式温度计结构

压力式温度计主要由感温泡、毛细管、弹簧管和指示仪表组成。

感温泡:直接和被测介质接触感受温度变化的感温元件。一般用导热系数较大的材料制造感温泡,同时为防腐蚀,常用黄铜或不锈钢等材料来制作。感温泡的容积应根据温度计的测量范围和允许误差来设计,温泡过大会增加热惰性,温泡过小则温度较高时可能会因内压过高而产生高压蠕变,使温泡容积变大造成零点漂移。

毛细管:用来连接感温泡与弹性元件(如弹簧管)并传递压力的导管。是用铜或不锈钢冷拉而成的无缝圆管,内径通常为0.4mm,外径为1.2mm,长度一般为20~60mm。毛细管易损坏,一般用铜丝或镀锌钢丝编织成外保护皮,也可用金属软管制成外保护层加以保护。

弹簧管:是温度计的压力敏感元件。由于密闭系统内压力的变化而使其自由端产生位移,通过连杆和传动机构带动指针动作。

(二)压力式温度计分类

按感温介质的不同,压力式温度计可分为三类。

1. 气体压力式温度计

此类温度计密闭系统中全部充满工作气体,当温度变化时,根据查理定律:$p_t = p_0(1+\alpha t)$,若初始值不为0℃,即p_0不是气体在0℃的压力,则

$$p_t = p_0[1 + \alpha(t - t_0)] \qquad (2-19)$$

压力与温度之间呈线性关系,其刻度标尺均匀等分。实际上充填于密闭系统中的气体并不是理想气体,但每一分度范围所取的温度非常接近,可以近似为理想气体,其误差可以在分度时消除,故对非理想气体时其刻度仍可以是均匀等分。

由式(2-19)可推出密闭系统中初始压力与温度计整个量程中压力的关系,有

$$p_0 = \frac{p_t - p_0}{\alpha(t - t_0)} = \frac{\Delta p}{\alpha(t - t_0)} = \frac{273.15 \Delta p}{t - t_0} \qquad (2-20)$$

由于氮气的化学性质稳定、黏性小、比热容低并且易获得,故通常采用氮气作为工作气体。气体压力式温度计的使用范围一般为-50~+550℃。

2. 液体压力式温度计

此类温度计的密闭系统中充入的感温介质为液体,使用较广泛的是水银,测量范围为-30~+500℃,在温度不高的情况下,也可以用二甲苯或甲醇,它们的使用上限不能超过200℃,测量下限不能低于感温液体的凝固点,但测温上限却可以高于感温液体在常压下的沸点。这是由于被测温度升高时,密闭系统内压力也随之升高,从而使感温液体沸点升高。

对感温液体的要求:有较大的体膨胀系数,以提高温度计的灵敏度;无腐蚀性,可以保证温

度计的可靠性,延长温度计使用寿命;黏性小,可提高灵敏度、减小时间常数。

根据液体膨胀规律,一定质量液体在体积不变的过程中,液体压力与温度之间的关系为

$$p_t - p_0 = \frac{\alpha}{\beta}(t - t_0) \tag{2-21}$$

式中,p_t、p_0 为液体在温度 t 和 t_0 时的压力;α 为液体的体膨胀系数;β 为液体的压缩系数。

当感温系统容积不变时,液体的压力与温度的关系呈线性,故其标尺刻度也是等分的,这种温度计温泡体积小,液体与温泡壁之间热交换较好,因此其热惯性较气体压力式温度计小得多。

3. 蒸气压力式温度计

此类温度计的密闭系统中感温泡的 2/3 容积用来盛装低沸点的液体,其余空间全都充满这种液体的饱和蒸气。饱和蒸气压与温度的关系可用下式表示:

$$\lg p = -a/t + 1.75\lg t - bt + c \tag{2-22}$$

式中,a、b、c 为由液体性质决定的常数。

由于饱和蒸气压只与汽、液分界面的温度有关,且这个分界面在感温泡中,所以仪表指示的温度数值仅与感温泡所处的温度有关,毛细管和弹簧管周围温度的变化不会影响到仪表的示值,这正是蒸气压力式温度计的显著优点。从式(2-22)可以看出,蒸气压力式温度计标尺刻度不均匀,使用上限一般不超过 200℃。

用作蒸气压力式温度计的感温液体应满足以下要求:沸点低,感温液体的沸点必须低于测温下限,只有这样液体才能产生足够的饱和蒸气压;临界温度高,压力式温度计的测量上限不能超过感温液体的临界温度,要提高测温上限,应选用临界温度高的感温液体;液体的饱和蒸气压与温度的关系曲线的弯曲度要小,这样可以减小压力式温度计的刻度标尺由于不均匀所造成的误差;液体对毛细管、弹簧管和温泡等材料无腐蚀作用,常用的有低沸点液体氯甲烷、氯乙烷、丙酮等。

(三)压力式温度计使用注意事项

压力式温度计的感温泡与玻璃液体温度计的感温泡作用相似,使用时必须将感温泡全部浸入到被测介质中,使用时要注意感温泡不能超过规定的测温上限。弹簧管和毛细管所处的环境温度的变化对温度计示值将会产生影响,因为在弹簧管与毛细管内所充的也是感温介质,故所处的环境温度与分度时不同,就会对示值造成一定的误差。弹簧管和温泡尽量处于同一高度,否则对蒸气和液体压力式温度计的示值将带来误差。感温泡位置高时示值比实际值大,位置低时示值比实际值小,对于气体压力式温度计的影响则可忽略不计。

大气压力的变化对蒸气压力式温度计的示值也会造成影响,因为弹簧管本身所反映的压力实际上是内部压力与大气压力之差值,并不是绝对压力。这种影响对气体和液体压力式温度计,可在制造时采用加压灌装感温介质的方法使其减少。

安装使用时必须注意保护毛细管,不得剧烈地多次弯曲、冲击或损坏其密封性。还要避免对毛细管和弹簧管的腐蚀影响。

第三节 电阻温度计

电阻温度计也是燃气计量中经常用到的温度仪表,其原理是利用导体或半导体的电阻率随温度变化的性质进行温度测量。很多物体的电阻率与温度有关,但能制作温度计的材料不仅要考虑它的耐温程度,而且电阻率与温度特性的单一性、稳定性和变化率都应符合测量温度的要求。测温范围和准确度与选用的材料有关,常用材料包括纯金属(铂、铜、钢等)、合金材料(铑-铁)等、半导体材料(锗、硅以及铁、镍等金属氧化物),具有测温范围宽(-200～+850℃)、准确度高、稳定性好、能远距离测量、便于实现温度控制和自动记录等优点。

一、电阻温度计工作原理

导体或半导体的电阻率与材料内部参与导电过程的电子数量和晶体结构及其状态有关,具有不同的导电机理。纯金属构成的导体,存在作不规则运动的自由电子,不规则运动不能产生电流,如果在导体中存在着一定方向的电场,则自由电子能得到一定方向的附加速度,于是引起电荷的定向迁移,因而产生电流,根据欧姆定律就能得出导体的电阻率 ρ,即 $\rho = E/J$。式中:E 为电场强度;J 为电流密度。

在电场 E 的作用下 J 的数值与自由电子数 n、电荷 e 和电子定向运动速度平均值 a 成正比,可通过自由电子运动时的平均自由程 $\overline{\lambda}$ 及其质量 m_0 得出电阻率与温度之间的相互关系,即

$$\rho = \frac{2m_0}{ne^2\overline{\lambda}}\sqrt{\frac{3kT}{m_0}} \qquad (2-23)$$

式中,k 为玻耳兹曼常数;T 为温度。

当温度升高时,热运动速度就增加,由于电子热运动速度的增加,导致了金属电阻率的增加,对于金属导体,电阻值随温度的升高而加大。

在半导体中,单位体积的电荷载流子数 n 随温度升高而迅速增加。n 的增加远比电子热运动速度的增加大得多,因此在温度升高时电阻率降低;而在低温时,n 很少,电阻率反而增高。

作为半导体温度计,是以锗原子为主要成分,导电形式采用 N 型。为了使其在较宽的低温区域都能具备良好的温度—电阻特性,往往在以锗为主体的结晶中,采取掺镓钋锑或掺砷钋镓来提高低温区的灵敏度,以扩大使用范围。由于受到掺杂程度和制造工艺的影响,很难给出统一形式的数学公式来描述半导体电阻温度计的电阻—温度特性,一般可以通过具体试验得到,每一种半导体电阻温度计都有相应的经验公式。

当温度降低时,电阻率先是有规律地下降,如同金属一样,到达所谓临界温度(通常在 0.1～20K 范围内)时,电阻率突然下降到零,这种现象称为超导现象,而将这种导体称为超导体。导体、半导体、超导体三者电阻率随温度改变的特性见图 2-5。

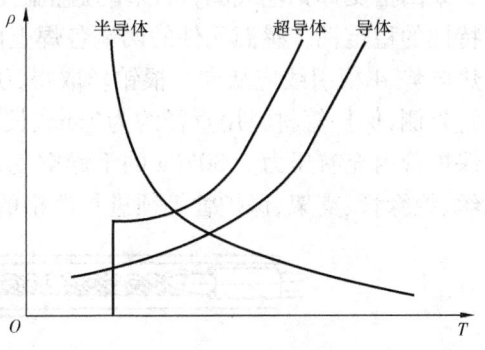

图 2-5 三种导体电阻率随温度的变化

二、电阻温度计的结构和分类

(一)电阻温度计结构

电阻温度计主要由感温元件、接线、保护管、绝缘管、接线座、接线柱和接线盒等组成,其结构如图 2-6 所示。感温元件一般分为棒状和片状两种结构形式,棒状感温元件的骨架多为玻璃和陶瓷材料,对于使用温度不高的铜热电阻,也可用塑料材料,片状结构的感温元件多用云母材料,制造棒状玻璃铂热电阻感温元件时,先将铂丝绕在玻璃棒上,绕时采用双绕法,再将玻璃管套在其上,使其加热到玻璃软化温度后,螺旋状的铂丝即镶在玻璃中。外形与热电偶极为相似,在选用时需加以注意,避免误用。

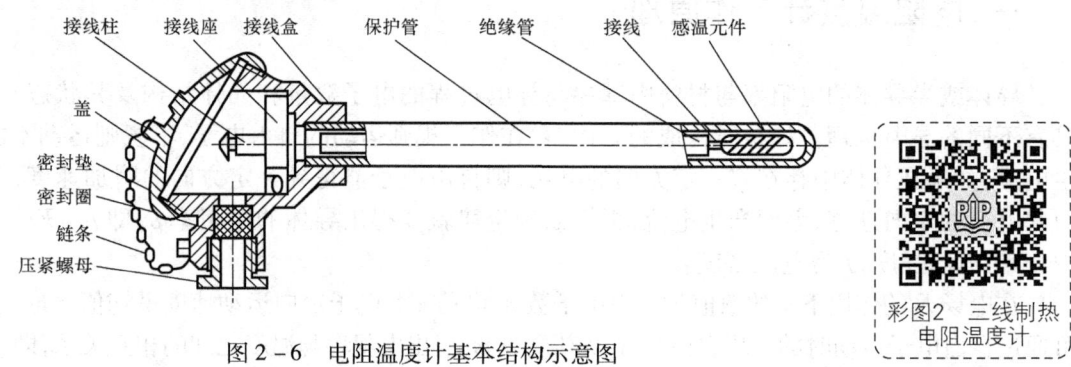

图 2-6 电阻温度计基本结构示意图

彩图2 三线制热电阻温度计

(二)电阻温度计分类

根据感温元件使用材料的不同可分为铂电阻温度计、铜电阻温度计、钢电阻温度计、锗电阻温度计、碳电阻温度计和热敏电阻温度计等。根据结构和用途可分为长杆型、套管型、高温型和工业型等。

(1)长杆型:温度计感温元件较长,通常采用无应力结构,测温范围为84K~660℃,用直径为 0.05~0.07mm 的高纯铂丝绕制成直径为 1mm 的螺旋线圈,均匀地盘旋在螺旋形或麻花形石英支架上,在水三相点时的电阻约为25Ω。铂丝可随温度变化而自由地膨胀或收缩;因螺旋形支架凹槽支撑铂丝线圈,可以增强感温元件的耐振能力,减少铂丝的应力,提高其电阻—温度特性的稳定性。感温元件的两端各焊上两根直径为 0.4mm 的铂丝作为内引线,为减少引线的热电势,4 根引线应从同一根铂丝取得,引线的另一端通过用石英制成的四孔绝缘管引到保护管外侧,保护管材料用直径约为7mm、长约为600mm 透明熔融石英制成。为减少滞后现象,在保护管内充有压力为 30kPa 的干燥空气,其含氧量不超过 7%。温度计在装配前,对使用的铂丝、绝缘管、支架、保护管等须进行严格的清洗和烘烤,结构如图 2-7 所示。

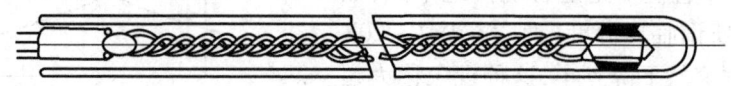

图 2-7 长杆型铂电阻温度计

(2) 套管型：结构与长杆型基本相同，如图 2-8 所示。测温范围为 13~273.16K，也有使用到铟凝固点(156.5985℃)和锡凝固点(231.928℃)的。套管用厚度约为 0.1mm、直径约为 5mm、长度约为 60mm 的铂片或石英制成，套管内部充有 30kPa 氮气，感温元件 4 根引线穿过套管密封口与连接电测仪表的铜导线焊接在一起。

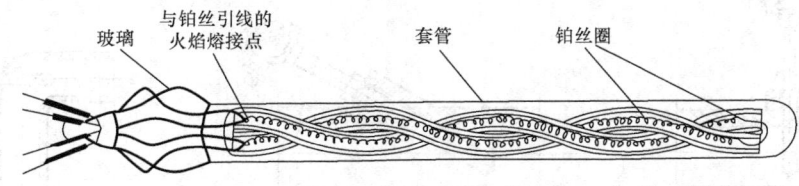

图 2-8 套管型铂电阻温度计

(3) 高温型：结构与长杆型比较，除感温元件的制作有所区别外，其结构无显著变化，结构如图 2-34 所示。感温元件在水三相点时的电阻有 0.25Ω 与 2.5Ω 两种，测量温度上限可用到银凝固点(961.78℃)。保护管选用外径约为 7mm、内径约为 5mm、长约为 800mm 的优质熔融石英制成，内部充有含氧量约为 10% 的纯氮，压力约为 40kPa。特点是测量温度较高，当温度变化时，感温元件的铂丝难免要发生晶粒长大、蠕变、应变以及机械形变，严重时会引起铂丝与支架之间的位移，使铂丝表面产生划痕，引起阻值变化，当从高温快速冷却时，还能引起淬火效应，导致阻值增高。

(4) 工业型：用于现场测温的工业型铂电阻温度计，其技术指标一般没有标准型要求高，结构也简单。感温元件根据使用的结构和材料不同，又有很多形式，如棒状玻璃骨架铂热电阻、塑料圆杆骨架铜热电阻、云母板骨架铂热电阻、铠装型热电阻等。

三、电阻温度计的使用

电阻温度计是一种使用非常普遍的温度测量仪表，为保证仪表准确可靠测量，延长仪表的使用寿命，在使用电阻温度计时，应注意以下几个方面。

温度计选用：应根据测量范围和对象选择适当的类型，多数电阻温度计易于在氧化性介质中稳定地工作，在还原性介质中工作时，性能稍差，要注意选择温度计的插入深度，其感温元件只能测量所在介质中的平均温度，不允许超范围使用温度计。

消除测量误差：由于存在滞后现象，在测量时需经过一段时间才可测得实际温度，但有时由于被测对象与周围环境存在较大的温差，会给测量带来不利影响，可以减小温度计保护管的辐射系数，尽可能减小保护管外径，选择导热系数小的材料作保护管；增加被测介质循环；增加感温元件的插入深度；减小温度计自热现象，电流的热效应必将使感温元件自身温度上升，这种现象称为温度计的自热现象，为使自热现象对测量影响不超过一定限度，标准铂电阻温度计使用电流规定不超过 1mA，对于工业用电阻温度计其工作电流一般要求不超过 6mA，这时自热现象的影响不超过 0.1℃。

动态温度测量：常有动态误差存在，必须注意选择适当时间常数(热惯性)的温度计，时间常数的大小是决定动态测量误差大小的主要因素。

安装注意事项：电阻温度计的安装位置有一定要求，要避免装在边缘或热源附近，接线盒不能碰到被测介质的容器臂，避免使用场合强烈震动；保护管的插入深度一般应使感温元件处于管道中心位置,不小于保护管外径的 8~10 倍;测量表面温度时,必须使感温元件与被测物体紧密地接触,且应保持被测表面干净光洁;对于承受压力的温度计,必须严格保证密封面处的密封。图 2-9 所示为常用的三种安装方法。

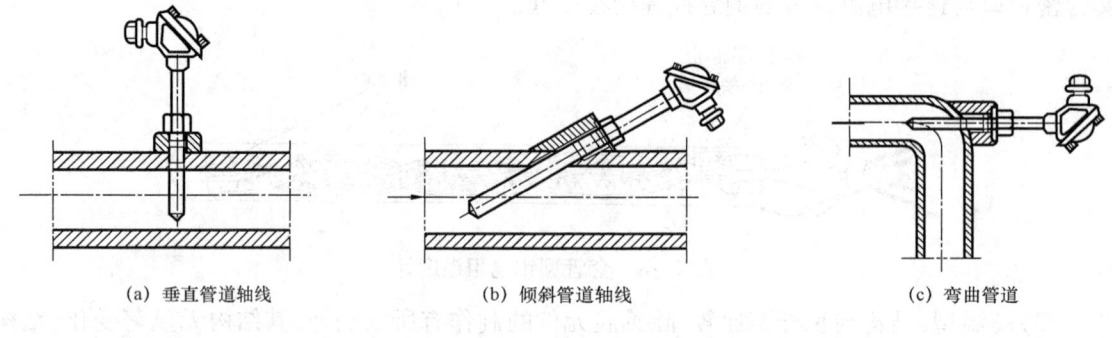

图 2-9 电阻温度计的安装方法

第四节 热电偶温度计

热电偶温度计是利用一些材料的热电现象进行温度测量的,是温度测量中应用最广泛的温度敏感元件之一,具有测温范围宽、性能稳定、结构简单、准确可靠、热惯性小、动态响应速度快、信号能够远距离传送等优点,可实现自动检测、记录、报警与控制,在城市燃气中有一定的应用。

一、热电偶温度计工作原理

热电偶是一种感温元件,由两种不同金属或合金组成,A、B 为热电偶的两个热电极,工作原理如图 2-10 所示,图 2-10(a)所示为一种最基本的热电偶,图 2-10(b)所示为热电偶测量原理图。热电极 A、B 的一端通常焊接在一起形成接点,称为测量端(工作端),另一端接点称为参考端(自由端或冷端)。测温时,将热电偶的测量端置于被测温场中,参考端恒定在某一温度下(通常为 0℃),连接测量仪表即构成热电偶测量电路,测量仪表通过测量电动势可间接得到被测温度或者直接由测量仪表显示被测温度。

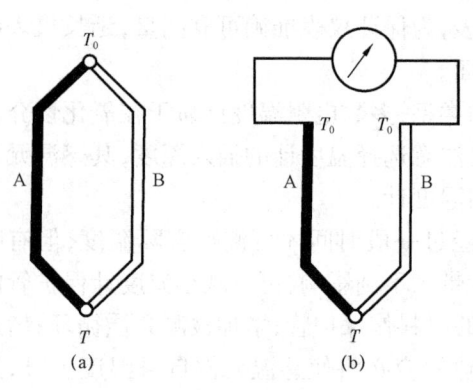

图 2-10 热电偶工作原理图

动态图4 热电偶测温

(一)热电现象

在图 2-10 中,当热电极 A、B 相接的两端温度不同时,如 $T > T_0$ 则在回路中有电流产生,也即有电动势产生,这种物理现象称为热电效应或塞贝克效应,这个电动势称为热电势或塞贝克电势,用符号

$E_{AB}(T,T_0)$ 表示,它由接触电势和温差电势两部分组成。

(二)接触电势

不同的金属导体材料,内部的自由电子密度是不同的,当两种不同的金属导体 A 和 B 接触时,自由电子就要从密度大的导体流向密度小的导体,从而发生自由电子的扩散现象。假如导体 A 的自由电子密度比导体 B 的大,就会有一些自由电子从 A 向 B 扩散,导体 A 失去电子带正电,B 导体得到电子带负电,A、B 之间就产生了一定的电位差,这个电位差在接触处形成静电场,如图 2-11(a)所示。

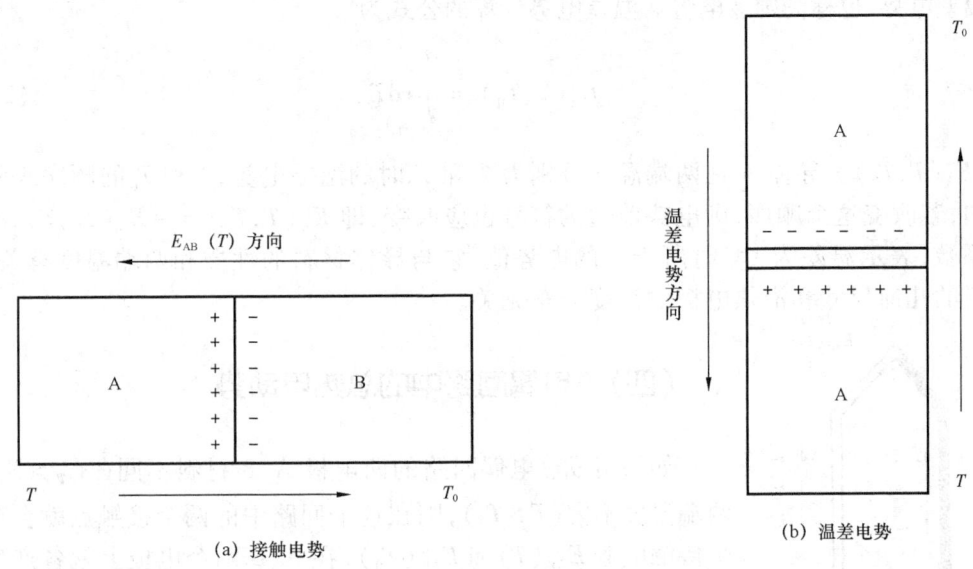

图 2-11 热电势形成示意图

静电场能够把自由电子从 B 导体吸向 A 导体,电场对电子的作用与扩散作用相反,它阻碍扩散作用的继续进行,直到平衡状态,这时 A、B 间形成了一定的电位差,这就是接触电势。然而这种平衡状态是暂时的、相对的、有条件的。当温度变化时,原来的平衡状态被破坏,使得从导体 A 扩散到导体 B 的电子数目发生变化,因而在电场的作用下从导体 B 跑到导体 A 的电子数目也相应地发生变化,直到出现新的平衡状态。接触电势的大小可用下列公式表示:

$$E_{AB}(T) = \frac{kT}{e}\ln\frac{N_{AT}}{N_{BT}} \qquad (2-24)$$

式中,$E_{AB}(T)$ 为金属导体 A 和 B 的接触点在温度为 T 时的接触电势,A 和 B 的顺序代表电位差的方向,如果顺序改变,则电势前边的符号也应改变,如 $E_{AB}(T) = -E_{BA}(T)$;k 为玻耳兹曼常数;T 为接触点处的绝对温度,K;e 为电子的电荷量;N_{AT}、N_{BT} 分别为金属 A、B 在温度 T 时的自由电子密度,是温度的函数。

从式(2-24)可以看出,接触电势的大小与接触点温度及导体中的自由电子密度有关,即温度越高,接触电势越大,自由电子密度相差越大,接触电势越大。

(三)温差电势

温差电势是由于金属导体两端温度不同而产生的电势,它是在同一导体中产生的。设均质导体 A 两端的温度分别是 T 和 T_0,且 $T > T_0$,对同一导体材料,温度越高,电子的能量越大,自由电子密度也越大,反之亦然。电子密度大的高温端要向电子密度小的低温端扩散自由电子,高温端失掉一些电子带正电形成高电位,低温端因得到电子带负电形成低电位,因此在金属导体 A 的两端产生一定的电位差,如图 2–11(b)所示。同样,温差电势所建立的静电场对电子的作用与温差对电子的作用相反,在一定条件下达到动平衡状态,与之相对应的电位差,称为温差电势,也称汤姆逊电势。温差电势计算的公式为

$$E_A(T, T_0) = \int_{T_0}^{T} \sigma dT \tag{2-25}$$

式中:$E_A(T, T_0)$ 为导体 A 在两端温度分别为 T 和 T_0 时的温差电势,T 和 T_0 的顺序表示电势的方向,若改变这个顺序,则电势前边的符号也应改变,即 $E_A(T, T_0) = -E_A(T_0, T)$;$\sigma$ 为汤姆逊系数,表示温差为 1℃时所产生的电势值,它与导体材料的性质和两端温度有关,而与热电极的几何尺寸和沿热电极的温度分布无关。

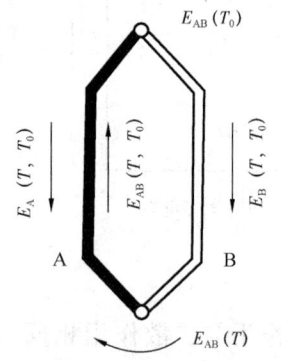

图 2–12 热电偶回路

(四)热电偶回路中的总热电动势

如果组成热电偶回路的两电极 A、B 材料不同($N_{AT} > N_{BT}$),且两端温度不同($T > T_0$),则在这个回路中的两个接触点就会产生两个接触电势 $E_{AB}(T)$ 和 $E_{AB}(T_0)$,在 A、B 两个电极上就各产生一个温差电势 $E_A(T, T_0)$ 和 $E_B(T, T_0)$。

其电势方向和分布如图 2–12 所示,这时回路中总的热电势应等于上述 4 项电势的代数和。$E_{AB}(T, T_0)$ 代表回路中总的热电势,则

$$E_{AB}(T, T_0) = E_{AB}(T) - E_{AB}(T_0) + E_B(T, T_0) - E_A(T, T_0) \tag{2-26}$$

将式(2-2-1)、式(2-2-2)代入式(2-2-3),整理后得

$$E_{AB}(T, T_0) = \frac{kT}{e}\ln\frac{N_{AT}}{N_{BT}} - \frac{kT_0}{e}\ln\frac{N_{AT_0}}{N_{BT_0}} \tag{2-27}$$

当两电极材料以及自由电子密度 N_{AT}、N_{BT} 和温度的函数关系确定之后,式(2-2-4)则可写成下列形式

$$E_{AB}(T, T_0) = f_{AB}(T) - f_{AB}(T_0) \text{ 或 } E_{AB}(T, T_0) = e_{AB}(T) - e_{AB}(T_0) \tag{2-28}$$

式中,$e_{AB}(T)$、$e_{AB}(T_0)$ 为接触点的分热电势或分塞贝克电势。

上式说明热电偶回路的总热电势为两接点分热电势之差。由于热电势仅与热电极材料和接触点温度有关,因此接触点分热电势角标的颠倒不改变热电势大小,而只改变热电势的正负。

二、热电偶温度计仪器结构与分类

(一)热电偶结构

热电偶通常是由热电极、绝缘管、保护管和接线盒等部分组成。图2-13为一种普通型热电偶的结构示意图。

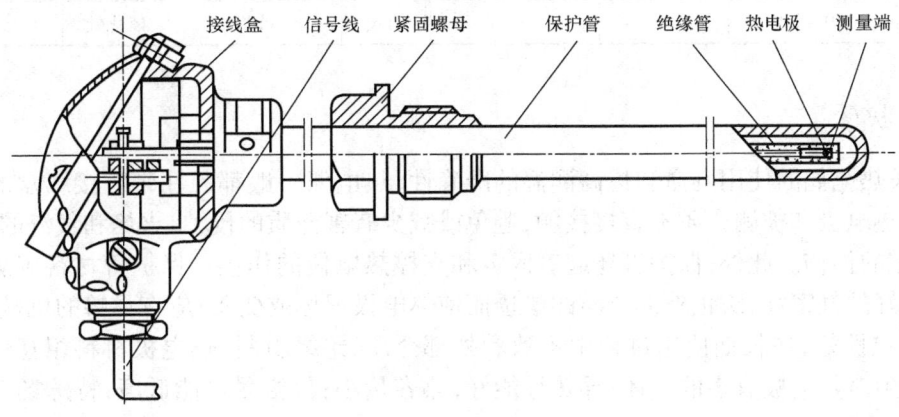

图2-13 热电偶结构示意图

1. 热电极

根据热电偶的测温原理,任意两种不同性质的导体或半导体都可制成热电偶,但实际上并不是所有的材料都适宜制作热电偶,作为热电极材料应满足以下要求:在较宽的温度范围内物理、化学性质以及热电特性要稳定;灵敏度高;热电特性最好呈线性或简单函数关系;复制性好,同种成分的材料制成的热电偶的热电特性应基本相同,这有利于制定统一的分度表,便于成批生产;电阻温度系数小,导电率高;机械性能好,材料要有一定的强度和韧性,以利于热电偶的制造并保证使用寿命;资源丰富,价格低廉。经过长期的研究,常用的热电极材料有50多种。

2. 绝缘材料

在热电偶回路中,若两热电极间(包括连接导线)绝缘不好或短路,将会使热电势产生分流现象,从而引入测量误差,甚至无法测量,因此必须将两热电极用绝缘材料隔离开,绝缘材料种类很多,通常分为有机绝缘材料和无机绝缘材料两大类,见表2-5。为了使用方便,可将一些绝缘材料制成圆形或椭圆形截面的绝缘管,有单孔、双孔、四孔以及其他的特殊规格,孔的大小视热电极的直径而定,其形状如图2-14所示。

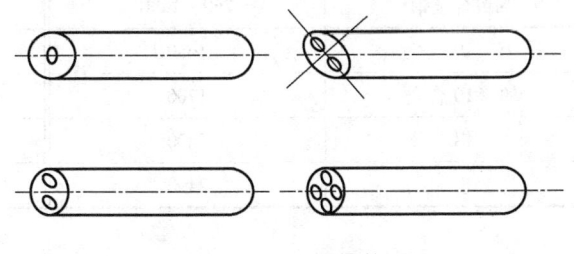

图2-14 绝缘管外形

表2-5 绝缘材料的使用温度

有机绝缘材料				无机绝缘材料			
名称	使用温度,℃	名称	使用温度,℃	名称	使用温度,℃	名称	使用温度,℃
天然橡胶	60~80	聚全氟乙烯	200	玻璃釉	150	陶瓷	1200
聚乙烯	80	聚四氟乙烯	250	石棉	400	氧化铝	1600
聚氯乙烯	90	氟橡胶	250~300	玻璃	400	氧化镁	1700
棉纱	100	硅橡胶	250~300	云母	500	氧化铍	2100
丝绸	110~120	—	—	石英	1100	氧化钍	2200

3. 保护管

为延长热电偶的使用寿命和提高测温的准确性,热电偶一般都装在带有接线盒的保护管中,可以使热电极和被测介质不直接接触,避免或减少有害介质的侵蚀、火焰和气流的冲刷、辐射以及机械的损伤。此外,保护管还起着固定和支撑热电偶的作用。保护管材料应满足下列要求:有良好的气密性,防止外部介质的渗透而使热电极损坏或变质;应有足够的机械强度;物理、化学稳定性好,在长期使用过程中不致和外部介质、绝缘材料、热电极材料相互作用而变质,也不产生对热电极有害的气体;导热性能好,热容量小;价格尽可能低廉;特殊场合还要求具有耐腐蚀性能。

常用的保护管材料主要有金属和非金属两类。为了提高机械强度和便于安装,非金属保护管的非测量部分可再套上一段金属套管。常用的保护管材料及使用温度见表2-6。

表2-6 常用的保护管材料及使用温度

金属保护管		非金属保护管	
材料名称	使用温度,℃	材料名称	使用温度,℃
铜或铜合金	300	石英(SiO_2 99%)	1100
碳钢(C1018)	540	莫来石($3Al_2O_3—SiO_2$)	1510
铸铁	700	氧化铝(Al_2O_3,96%)	1600
18Cr8Ni 不锈钢	900	刚玉管(Al_2O_3,99.5%)	1700
18Cr12NiMo 不锈钢	930	氧化镁	1700
Ni—Cr—Fe 合金钢	1150~1260	氮化硅	1000
Fe—Cr—Al 合金钢	1260	硼化锆	1600
高银合金钢	760~1090	二硅化钼	1600
铂	1650	氧化锆	1900
铂铑10合金	1700	氧化铍	2100
铝	2200	氧化钍	2200
钽	2400		

4. 接线盒

热电偶接线盒是供连接热电偶和测量仪表而设计的,通常由铝合金制成,为了防止灰尘及有害气体进入保护管内部,接线盒的出线口和盖子都是用垫片进行密封的,接线盒分为普通型、防溅型、防水型、防爆型及插座式多种。

(二)热电偶的分类

1. 热电偶的分类方式

热电偶的分类方式很多,可按热电极材料来分,有贵金属热电偶、廉金属热电偶、贵—廉金属混合式热电偶、难熔金属热电偶、非金属热电偶;按使用温度范围来分,有高温热电偶、中温热电偶、低温热电偶;按热电偶的结构类型来分,有普通热电偶、铠装热电偶、薄膜热电偶以及各种专用热电偶;按热电偶的用途来分有标准热电偶和工业用热电偶。此外,还可分为标准化热电偶和非标准化热电偶。所谓标准化热电偶,是指工艺上比较成熟,能成批生产、性能稳定、应用广泛,具有统一分度表,并已列入国家专业标准中的热电偶。同一型号的标准化热电偶互换性好,有配套显示仪表可供选用。而非标准化热电偶没有统一分度表,应用不如标准化热电偶广泛,但具有某些特殊性能,可以满足一些特殊条件下测温的需要,如在超高温、极低温、高真空或核辐射下的温度测量。

2. 常用标准热电偶

1) 铂铑10—铂热电偶(S型)

这是一种贵金属热电偶,物理化学性能稳定,复现性好,热电特性稳定,测温准确可靠,测温范围宽,温度上限可达1300℃。在过去相当长的时间里,铂铑10—铂热电偶均作为复现国际温标的内插仪器。随着科学技术的发展,ITS-90不再采用铂铑10—铂热电偶作复现温标的内插仪器,但它仍可用来作为一等、二等标准热电偶,是广泛应用的一种热电偶。

热电偶的稳定性与铂电极纯度有密切关系,工程上常用电阻比表示铂极的纯度,我国规定工业热电偶铂电极纯度$R_{100}/R_0 > 1.3918$。电阻比R_{100}/R_0可以用电阻法直接测量,也可用同名极比较法测量铂电极与标准铂铑10—铂热电偶的铂电极之间的热电势,按下式计算得出:

$$W = W_0 - 0.4 \times 10^{-4} e_p$$

式中,W为被测铂电极的电阻比(R_{100}/R_0)值;W_0为标准铂铑10—铂热电偶的铂极(或标准铂电极)的电阻比(R_{100}/R_0)值;e_p为被测铂电极与标准铂铑10—铂热电偶的铂电极在测量端为1084.62℃、参考端为0℃时产生的热电动势值,μV。

铂铑10—铂热电偶的不足之处是:成本高、机械强度差、热电势小,其平均热电势率为9μV/℃,因此需配用灵敏度较高的测量仪表;在还原性气体中,一些金属氧化物易被还原成金属而使热电极变脆,故不宜在还原气体(如氢、一氧化碳)、二氧化碳以及硫、磷、硅、碳和碳化物所产生的蒸气和金属蒸气中使用;铂铑合金电极长期使用后,铑元素挥发玷污铂极会使热电特性改变,影响测温的准确性。

2) 铂铑13—铂热电偶(R型)

该类热电偶的热电势和热电势率较S型热电偶高,复现性和稳定性也优于S型热电偶,其他特性基本上与S型热电偶一致。

3) 铂铑 30—铂铑 6 热电偶（B 型）

该类热电偶的两个电极均由合金制成，熔点高，因此测温上限高，可长期工作在 600~1600℃，短期最高使用温度为 1800℃。由于两热电极均由合金构成，因而提高了抗玷污能力和机械强度，与铂铑 10—铂热电偶相比，高温下热电特性更为稳定，我国已建立了铂铑 30—铂铑 6 标准组进行温标传递工作。参考端在 0~50℃ 范围内可以不用补偿导线，因为这种热电偶在室温段热电势很低，50℃ 时热电势仅为 $0.003\mu V$，而在 1000℃ 以上的高温部分热电势率在 $0.01mV/℃$ 以上。因此，参考端温度波动对测量结果影响很小，一般不需要修正。其缺点是热电势率较小，在 1000℃ 时约为 $9\mu V/℃$，因此也需配用灵敏度高的测量仪表。其他特点与铂铑 10—铂热电偶基本相同。

4) 镍铬—镍硅热电偶（K 型）

镍铬—镍硅热电偶是一种应用十分广泛的高温廉金属热电偶，价格便宜，复现性好，热电势与温度关系近似线性，热电势较高，热电势率高，平均为 $41\mu V/℃$，抗氧化性较好，可以在氧化性气体或空气中长期使用。在 500℃ 以上时不宜在还原性气氛以及硫、硫化物（SO_2、H_2S）的气体中使用，否则会使热电偶腐蚀而损坏。此类热电偶的一个缺点是稳定性稍差。

5) 镍铬硅—镍硅热电偶（N 型）

此类热电偶具有与 K 型热电偶相近的特点和热电特性，比 K 型热电偶更优良的抗氧化性和稳定性，其耐核辐照及耐低温性能也较好，在 -200~1300℃ 范围内有可能全面取代廉金属热电偶，其热电势及热电势率略低于 K 型热电偶。

6) 镍铬—铜镍热电偶（E 型）

这是一种热电势较高的廉金属热电偶。测温范围广，可达 -200~900℃；热电势及热电势率高，0℃ 时为 $58.7\mu V/℃$，400~600℃ 时为 $80.5\mu V/℃$，因此可配用灵敏度低的测量仪表；稳定性较高，有相当好的均匀性和导热系数；含镍量少，价格便宜，适于氧化性气体中使用。卤族元素（氟、氯）对热电偶有腐蚀作用，还原性气体及含硫、碳的气体环境会使热电偶产生脆化现象或热电特性变化。

7) 铁—铜镍热电偶（J 型）

此类热电偶热电特性近似线性，稳定性好、灵敏度高、价格低廉，可以在氧化性、还原性、惰性气体及真空中使用。在含硫气体中使用可使上限温度降低，在湿气中容易生锈，低于 0℃ 可能出现铁锈及脆化现象，此外它的准确性和均匀性不如铜—康铜热电偶。

8) 铜—康铜热电偶（T 型）

此类热电偶热电性能好，电势与温度关系近似线性而且热电势值大，热电势率高，复制性好，无应力，是一种准确度高的廉金属热电偶。其使用温度范围为 -200~350℃，是一种可测量 -200℃ 低温的热电偶，在 0~100℃ 温度范围内可作为二等标准热电偶使用，准确度达 ±0.1℃，可以在还原性、氧化性或惰性气体以及真空中使用，而且在惰性气体或真空中使用的最高温度要比空气中高得多。与 J 型热电偶比较，在较潮气体及低于 0℃ 时使用不会出现明显腐蚀现象。

(三)热电偶温度传感器

热电偶温度传感器通常由热偶电极、绝缘管、保护管和接线盒等部分组成,按测量准确度分为标准型和普通型,按电极材料分为金属型、非金属型和半导体型,也可分为贵金属型和廉金属型,按结构形式和用途,一般可以分为普通型、铠装型、薄膜型、多点式、表面型等几种。

1. 普通型热电偶

普通型热电偶的外形与热电阻温度计很相似,按固定方式可分为无固定装置、法兰连接、螺纹连接及焊接,见图 2-15。

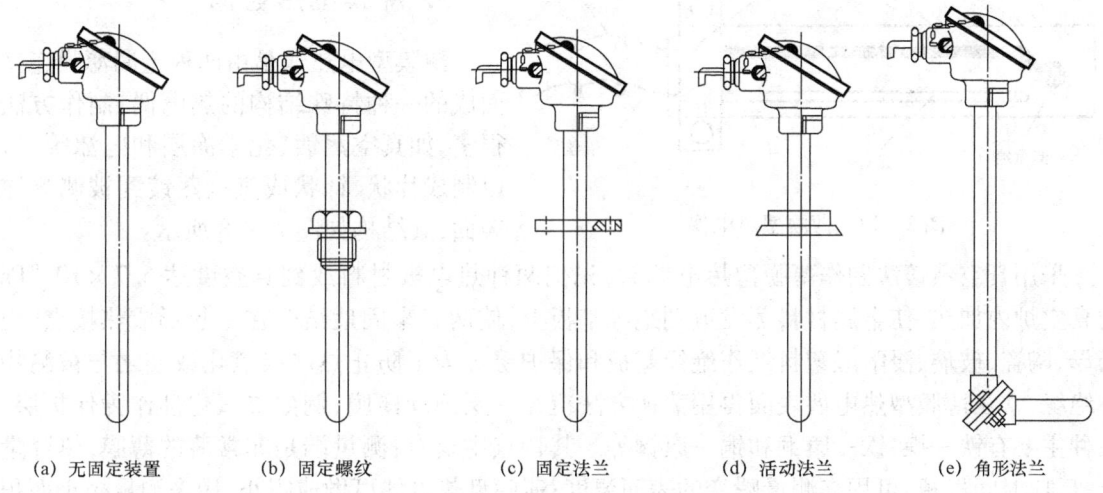

(a) 无固定装置　　(b) 固定螺纹　　(c) 固定法兰　　(d) 活动法兰　　(e) 角形法兰

图 2-15　普通型热电偶结构示意图

2. 铠装型热电偶

铠装型热电偶是由热电极、绝缘材料和金属套管组合在一起,并经拉伸而成的组合式热电偶,其断面结构如图 2-16 所示。

外部套管用不锈钢、镍基合金、铜、铂、铂、锂、铍和铍合金制成,对热电偶起支撑和保护作用。热电极与套管之间填充绝缘材料,保证热电极之间、热电极与套管之间有良好的电气绝缘。常温常压下绝缘电阻应大于 20Ω。常用的绝缘材料有氧化铝、氧化镁、氧化铍等,由于这些材料都有吸湿性,将引起绝缘电阻降低,因此应采取密封防潮措施。铠装型热电偶的测量端有碰底型、不碰底型、露头型、帽型等,如图 2-17 所示。

铠装型热电偶与普通热电偶比较有如下特点:热惯性小,响应速度快;体积小,热容量小,能较准确地测量热容量小的物体温度;可挠性好,套管材料经过退火后,具有良好的柔软性,适宜安装在结构复杂的装置上,如狭小的、弯曲的测量部位;机械性能好,由于铠装型热电偶是坚实的组合体,强度高且耐压、耐震、耐冲击,可在多种工作条件下使用;寿命长,若测量端损坏,可截去损坏部分,重新焊接后继续使用。

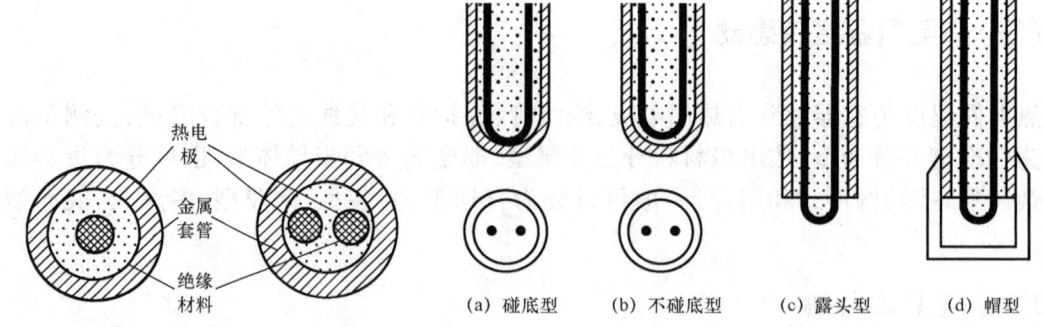

图 2-16 铠装型热电偶的断面结构　　图 2-17 铠装型热电偶测量端

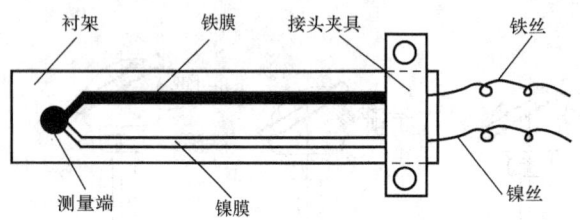

图 2-18 薄膜型热电偶

3. 薄膜型热电偶

薄膜型电热偶是由两种金属薄膜连接而成的一种特殊结构的热电偶,制作方法很多,如真空蒸镀、化学涂层和电泳等,可以制成片状、针状或直接蒸镀到被测物体表面,其结构如图 2-18 所示。

采用真空蒸镀法制作薄膜型热电偶时,先把两种热电极材料放到真空度达 6.7×10^{-6} Pa 的真空炉内加热,使金属材料蒸发镀到绝缘基板上,使两者牢固地结合在一起形成热接点,用云母、陶瓷、玻璃、浸酚醛塑料纸作绝缘基板和保护层。为了防止热电极氧化或使之与被测物体绝缘,常在薄膜型热电偶表面再用蒸镀方法覆盖一层绝缘薄膜,例如二氧化硅作为保护层。品种主要有铁—镍、铁—康铜和铜—康铜等。其特点主要有:测量端是非常薄的薄膜,热容量小,反应时间极短,可用来测量瞬变的表面温度;薄膜型热电偶可做成很小,用来测量极小面积物体表面的温度。

4. 多点式热电偶

有时需要同时测量几个点或几十个点的温度,如果用普通型热电偶来测量,需要安装许多支热电偶,很不方便,图 2-19 是两种多点式热电偶。图 2-19(a)是三点式热电偶,它由三对独立的热电偶组成,每支热电偶相互分开排列。图 2-19(b)是六点式热电偶,它由热电偶的负极作公共负极,用不同长度的正极分别焊在公共负极上,形成多点式热电偶,可按实际测温需要制成不同数目的多点式热电偶。

5. 表面型热电偶

表面型热电偶是用来测量各种固体表面温度用的热电偶。目前已定型并广泛应用的表面型热电偶有以下几种:(1)凸形探头:适用于测量平面或凹面物体的表面温度,其结构形式见图 2-20(a);(2)弓形探头:适用于测量凸形物体表面温度,见图 2-20(b);(3)针形探头:适用于测量固体金属表面温度,见图 2-20(c);(4)垫片形探头:测量端焊在垫片上,测温时将垫片安装在被测物体表面上,用螺栓拧紧,使垫片紧压在被测物体的表面上,适于测量表面带有螺栓的物体表面,见图 2-20(d);(5)铆接形探头:用铆钉将连接片固定在被测物体表面上,见图 2-20(e);(6)环形探头:利用环形夹紧器夹在被测管子上测量表面温度,适用于测量管道表面温度,见图 2-20(f)。

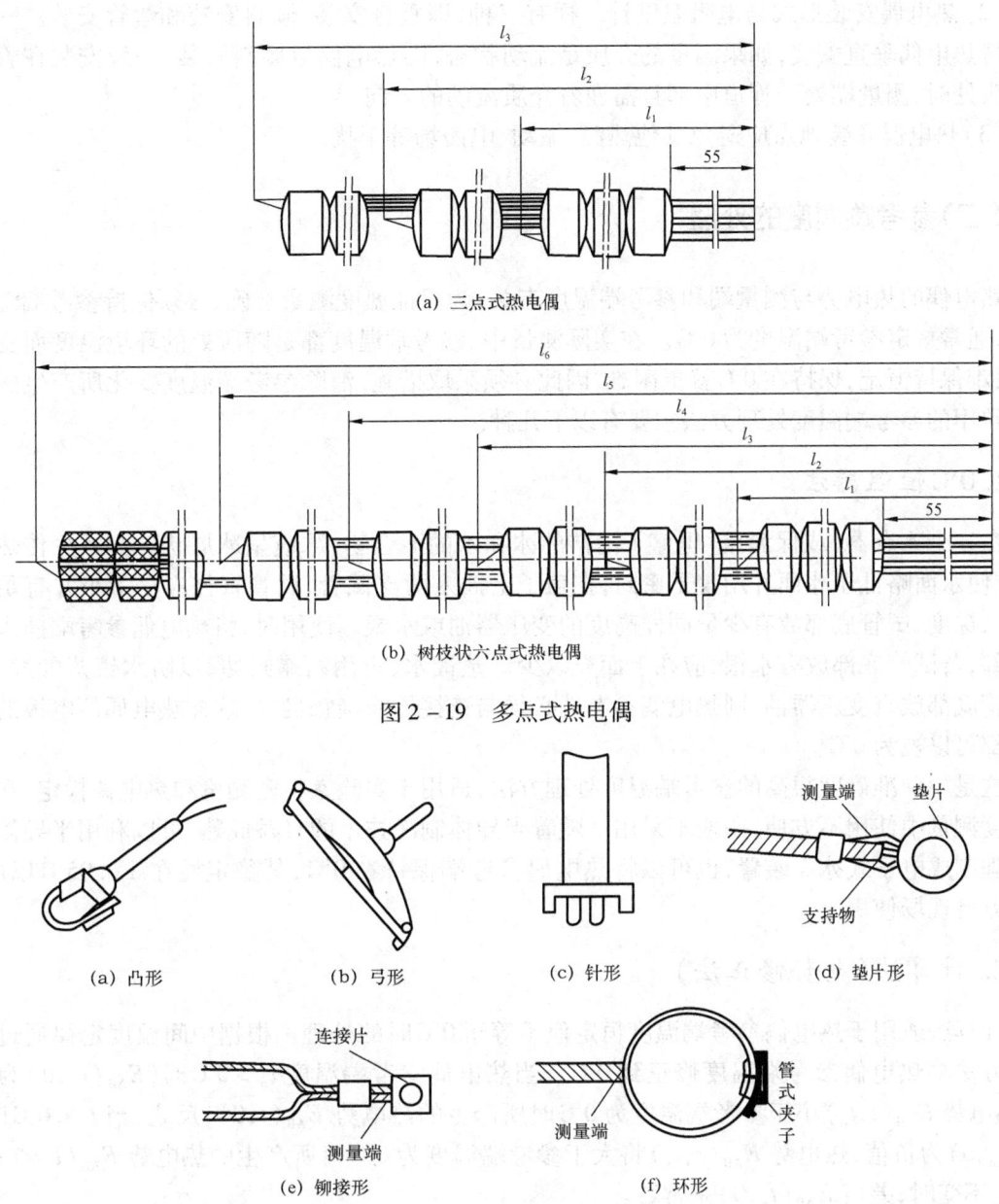

(a) 三点式热电偶

(b) 树枝状六点式热电偶

图 2-19 多点式热电偶

(a) 凸形　　(b) 弓形　　(c) 针形　　(d) 垫片形

(e) 铆接形　　(f) 环形

图 2-20 表面温度计的探头形式

三、热电偶温度计的使用

(一)热电偶的正确安装

如果热电偶的现场安装不正确,将会严重影响测量结果,在安装热电偶时应注意以下几个方面：

(1) 热电偶应有足够的插入深度，测量端一般应处于管道中心位置。

(2) 热电偶安装形式与电阻温度计一样有三种，即垂直安装、倾斜安装和弯管安装。一般应保持热电偶垂直安装，如果测量的介质是流动状态，则热电偶应倾斜安装，一般安装在管道的弯头处时，测量端处于管道中部且需迎着介质流动的方向。

(3) 热电偶安装地点应避免其他热源、振动、电磁场等干扰。

(二) 参考端温度的处理

热电偶的热电势与测量端和参考端温度有关，为保证温度测量准确，必须保持参考端温度恒定，通常规定参考端温度为0℃。在实际测量中，参考端温度都是随所处的环境温度而变化的，很难保持恒定，保持在0℃就更困难，因此必须采取措施，消除参考端温度变化所产生的误差。常用的参考端温度处理方法主要有以下几种。

1. 0℃恒温器法

在一个冰点器(或保温瓶)里盛了清洁的冰和水的混合物，冰应呈冰屑状。为减少传热影响，应使水面略低于冰面并用盖子密封，在盖子上插入两支试管，试管直径应尽量小并有足够的插入深度，试管底部放有少量同样高度的变压器油或水银。使用时，将热电偶参考端插入试管底部，若试管底部放有水银，应在上面充以少许蒸馏水，再用石蜡封堵，以防水银蒸气逸出，若试管底部放有变压器油，则热电偶参考端必须与连接导线接触良好，这样热电偶两电极的参考端都可以视为0℃。

这是一种准确度很高的参考端温度处理方法，适用于实验室精密测量和热电偶检定，在现场温度测量中使用不方便，一般不采用。随着半导体制冷技术的日益成熟，可以利用半导体制冷原理制成电子式冰点装置，也可以将热电偶参考端保持在0℃，其稳定性在±0.05℃以内，可以方便现场使用。

2. 计算法(电势修正法)

计算法适用于热电偶参考端温度恒定但不等于0℃时的处理。根据中间温度定律通过计算的方法将热电偶参考端温度修正到0℃。当热电偶参考端温度 $t_n > 0℃$ 时，$E_{AB}(t_n,0)$ 为正值，热电势 $E_{AB}(t,t_n)$ 小于参考端温度为0℃时所产生的热电势 $E_{AB}(t,0)$；反之，当 $t_n < 0℃$ 时，$E_{AB}(t_n,0)$ 为负值，热电势 $E_{AB}(t,t_n)$ 将大于参考端温度为0℃时所产生的热电势 $E_{AB}(t,0)$；当 t_n 恒定不变时，差值 $E_{AB}(t_n,0)$ 是常数。

只要测出参考端温度 t_n，可以查分度表得到相应电势值 $E_{AB}(t_n,0)$，将这个电势与显示仪表测得的电势相加，就可以得到参考端为0℃时对应于温度 t 时的热电势 $E_{AB}(t,0)$，再查分度表对应的温度，即为测量端的实际温度。

【例2-1】 用铂铑10—铂热电偶进行温度测量，参考端温度为39℃，显示仪表指示为980℃，而实际温度是多少？

解 从S型分度表可查980℃和39℃对应的热电势分别为：$E_{AB}(980,0) = 9.357\text{mV}$，$E_{AB}(39,0) = 0.229\text{mV}$，$E_{AB}(980,39) = E_{AB}(980,0) + E_{AB}(39,0) = 9.357 + 0.229 = 9.586(\text{mV})$ 查表得9.586mV对应的实际温度为1000℃。

3. 调整仪表机械零点法

该方法适用于热电偶参考端温度恒定但不等于0℃时的处理。由于仪表指示在参考端温度t_n时,它对应的热电势为$E_{AB}(t_n,0)$。如果在测量回路为开路的情况下,将仪表的指针调到t_n处,即相当于预先给仪表输入一个电势$E_{AB}(t_n,0)$。当闭合测量回路进行测温时,热电偶输入的热电势$E_{AB}(t,t_n)$就与$E_{AB}(t_n,0)$叠加,其和恰好等于$E_{AB}(t,0)$。因此,仪表以为起点的指示值即为参考端温度为0℃时的被测温度。此方法简单,但使用时必须注意:当热电偶参考端温度变化时,应及时重新调整仪表的机械零点,在参考端温度波动较大的地方不宜采用这种方法。

4. 补偿导线法

该方法适用于热电偶参考端温度波动,且不等于0℃时的处理。在一定温度范围内和所连接的热电偶具有相同热电特性的廉金属导线,称为热电偶的补偿导线。与所配用热电偶的热电极化学成分相同的补偿导线称为延伸型补偿导线;与所配热电偶的热电极化学成分不同的补偿导线称为补偿型补偿导线,由补偿导线线芯、绝缘层和护套组成。补偿导线可以将热电偶参考端迁移到温度恒定的地方,若用普通铜导线连接热电偶参考端与仪表,则热电偶参考端温度较高而且不稳定,给测量带来误差,补偿导线两极组成的热电偶的热电特性与所配热电偶热电特性相同,同时可节省大量价格昂贵的金属材料,如铂铑10—铂热电偶,可选用廉金属铜—镍铜补偿导线。

使用补偿导线时须注意:各种补偿导线只能与相应型号的热电偶配用;补偿导线有正、负极之分,使用时极性不可接错,否则不仅起不到补偿作用,而且会造成更大的测量误差;热电偶和补偿导线连接点的温度不得超过规定的使用温度,若超过规定的温度范围,补偿导线与热电偶的热电特性相差较大,从而造成测量误差;由于补偿导线与热电偶材料热电特性并不完全相同,所以要求连接处的两个接点温度相同,否则将引入测量误差;为了便于安装,可选用多股补偿导线,也可根据需要选用防水、防腐、防火的补偿导线;用粗直径和导电系数大的补偿导线,可以减小热电偶回路的电阻,利于动圈式仪表正常工作和自动控温。

5. 使用参考端温度补偿器

参考端温度补偿器适用于热电偶参考端温度波动,且不等于0℃时的处理。根据热电偶的测温原理可知,热电偶的热电势随着参考端温度的升高而减小。如果能够有一个输出电压的装置正好相反,其输出电压随着温度的升高而升高,那么,用这个装置与热电偶串联,并使输出电压随温度增加而升高的数值和热电偶参考端随温度升高而减少的数值相等、方向相反,则热电偶参考端温度变化时,便可得到补偿。参考端温度补偿器就是利用不平衡电桥的原理,产生一个直流电压信号的毫伏发生器。

(三)测量误差

1. 分度误差

热电偶的热电特性与其电极材料成分、晶体结构、材质纯度及应力等有关。即使相同型号的热电偶,其热电势和温度关系也不可能完全一致。热电偶的分度误差就是热电偶实际热电特性与统一分度表的偏差。这个偏差对一般工业测量可以满足使用要求,当要求较高时,可采用校验的方法确定热电偶的实际偏差并进行修正。

2. 补偿导线误差

补偿导线所产生的误差包括两种:一种是补偿导线与所配热电偶在规定的温度范围内热电特性不一致造成的,如果在使用中,补偿导线的工作温度超过规定的范围,则误差将超过规定数值;另一种是由于补偿导线与热电偶连接处的两个接点温度不一致所造成的。

3. 线路电阻误差

用动圈式仪表测温时,从热电偶到动圈式仪表之间的线路总电阻必须符合仪表的规定数值,如果不符合规定就会引起测量误差,当用补偿式仪表(如电子电位差计测温)时,线路电阻过大会使仪表灵敏度降低,影响测量的准确性。

4. 参考端温度误差

参考端温度不为0℃时所产生的误差已在前面详细讨论,但必须注意的是,各种参考端温度处理方法本身也存在误差,因此必须正确使用和定期校验。

5. 热交换误差

热电偶测温的过程实质上是被测介质与测温传感器、传感器与周围环境的热交换过程。例如,当被测介质温度高于环境温度时,介质把热量传导给热电偶,而热电偶又由于热辐射和热传导的作用把热量传给周围环境(包括介质容器的内壁和容器外的环境),使得热电偶测量端的温度无论如何也达不到被测介质的温度,所以测量端的温度并不与被测介质温度完全一致,产生一定测量误差。被测介质与周围环境的温度相差越大,这个误差就越大。克服方法基本上有两种:一是确定传热误差的大小,进行修正;二是采取措施,使传热误差减小到允许范围内。为了减少辐射误差,可采取如下措施:

在管壁外表面敷设绝热层,减小管壁与被测介质的温差;尽量减小保护管的外径以及保护管、热电极的黑度(辐射)系数;在热电偶和管壁间加装防辐射罩,以减小热电偶与管壁之间的直接辐射;增加被测介质流经热电偶测量端的流速,以增加被测介质和热电偶之间的对流传热。

为了减小导热误差,可采取以下措施:增加热电偶的插入深度,减小露在管壁外面的长度;减小保护管的直径和壁厚;采用导热系数小的保护管,在管道和热电偶支座外面包上绝热材料(如石棉、玻璃纤维等)等。

6. 动态误差

当被测介质温度波动频繁时,由于热电偶的热惯性和仪表的机械惯性,使测量仪表与实际温度变化不能同步,因此引起测量误差称为动态误差。一般在温度稳定或变化很慢时的动态误差很小,温度变化很快的动态误差就会增大。

减小动态误差常用方法:尽量缩小热电偶测量端的尺寸,并使体积与面积之比尽可能小,以减小测量端的热容量;采用导热性能好的材料做保护管,管壁要薄,内径要小;减小保护管与热电偶测量端之间的空气间隙或填充传热性能好的其他材料;增加测量端介质的流速,加快对流传热。

7. 电极绝缘性误差

热电偶之间必须有良好的绝缘,否则将有热电势损耗而引入误差,甚至无法测量。为了保证测温准确、可靠,通常规定热电极与绝缘管、保护管之间有一定的绝缘电阻值。为减小绝缘不良所引起的误差,应根据热电偶使用最高温度选择合适的绝缘材料,保证在整个测温范围内都能有足够的绝缘电阻;应防止绝缘材料受潮,使绝缘电阻下降。

8. 干扰误差

热电偶测量回路附近有大功率电机、变压器、强电流时,会产生较强的交变磁场、高斥电场或较大的地电流,它们在热电偶测量回路中将产生附加电动势,造成测量误差,严重时甚至无法测量。干扰通常分为线间干扰和对地干扰。

常用的抗干扰措施有以下几种:将热电偶的引线穿在铁管内,并将铁管接地,如果将热电偶引线绞起来,效果更好;把参考端接地,在热电偶(或补偿导线)输出端的一端,通过一个容量足够大的电容接地;热电偶测量端接地,从热电偶测量端引出一根金属丝直接接地,由于高温漏电往往产生在热电偶测量端附近,故测量端接地消除干扰效果明显,选用的金属丝应耐高温,对热电极不产生有害作用,如铂铑系热电偶可用铂丝,这种方法在检定热电偶时应用较多;用屏蔽的方法,可使泄漏电流经过金属屏蔽物直接接地,不再流入测量回路,从而消除干扰误差;对测量热电势的整套装置进行等电位屏蔽,使得测量回路与内屏蔽具有相等电位,同时对放置测量设备的工作台进行短路桥接,形成外屏蔽。

第三章 压 力 计 量

第一节 压力计量基本知识

压力计量在现代工业、科学研究和其他日常生活中普遍使用,在城市燃气领域,流量是首要的计量参数,但是,由于绝大多数流量计量属于体积计量方式,而不是质量流量或能量计量,因此不可避免地要进行温度和压力的修正。同时,城市燃气中大量使用高、中、低压力管道和压力容器,压力计量范围也极其广泛,如民用户燃气管道压力是只有几百帕的低压状态,CNG汽车使用的是20MPa以上的高压气体,因此压力计量也涉及设备安全问题。城市燃气门站、储配站、调压站、加气站等场站使用的压力计量仪表品种也很多,有液柱式压力计、弹性式压力表及压力变送器、差压变送器和数字压力计等。

一、压力基本概念

(一)压力的概念

垂直作用于单位面积上的力称为压力,又称为压强。其计算式为

$$p = F/A \tag{3-1}$$

式中,p 为压力,Pa;F 为作用于物体上的力,N;A 为力作用的面积,m^2。

在工程技术上,压力的表示方法主要有以下5种。

大气压力:是指地球表面上的空气因自重所产生的压力,也就是围绕地球表面的大气层由于地球对它的吸引力,在物体单位面积上所产生的力,它随测定点的海拔及纬度、气象情况的不同而不同,也随时间、地点的变化而变化。大气压力一般用 p_0 表示。

绝对压力:以绝对真空为零点起算的压力,是指液体、气体或蒸气所处空间的全部压力,它又称为总压力或全压力,它表征某一测定点真正所受到的压力。绝对压力一般用 p_a 表示。

表压力:以大气压力为零点起算、高于大气压力的那部分压力。表压力是指测压仪器仪表(非绝压表)所显示的压力,也即超过大气压力以上的压力数值,一般用 $p_表$ 来表示,即 $p_表 = p_a - p_0$。

疏空(负压):以大气压力为零点起算、低于大气压力的那部分压力。当绝对压力小于大气压力时,大气压力与绝对压力之差称为疏空,疏空有时也称为疏空压力或负压,一般用 p_h 表示,即 $p_h = p_0 - p_a$。

真空度:指小于大气压力的绝对压力。

在工程计量中,大多数压力测量都是测量表压力或疏空,这不但符合实际需要,而且对大多数仪器本身来说,如果没有用特殊的方法将它与大气压力隔绝,它只能指示被测对象的表压

力或疏空,通常所谓的压力测量就是表压的测量。
图3-1表示了各种压力之间的关系。

举例说明这些压力之间的关系。

图3-2所示容器,其内腔与一装有水银的U形管相连通。如果容器与大气相通,则作用在U形管两边水银面上的空气压力将相等,如图3-2(a)所示。所以,U形管两边管中的水银面将处于同一水平面上。

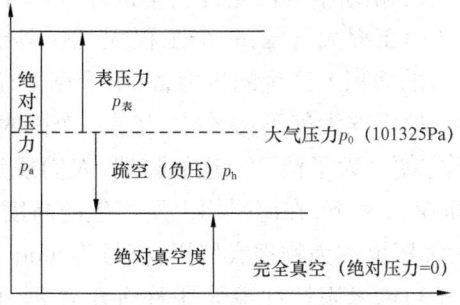

图3-1 各压力之间的关系示意图

如果容器中的压力减少,即绝对压力小于大气压力($p_a < p_0$),如图3-2(b)所示。容器中达到相应的疏空,则在右边管中的水银面下降,而左边管子中的水银上升,假设两边管子中水银面的高度差为h,所产生的压力以p_h表示,则平衡时有$p_a + p_h = p_0$或$p_a = p_0 - p_h$。

当容器中的压力小于大气压力时,绝对压力就等于大气压力与容器中表示的疏空之差。一般用真空表测量。上式还可以表示为:$p_h = p_0 - p_a$,表示真空表指示的是大气压力与绝对压力之差,也就是在封闭容器中的压力比大气压力低多少。

如果容器与大气隔绝,如图3-2(c)所示,并在容器中造成大于大气压力的绝对压力,则使右边管子中的水银面上升,而左边管子中的水银面下降。两管中水银面的上升、下降,直到两边的压力平衡。两管中水银面的高度差用h表示,并设容器内的压力等于p_a,大气压力为p_0,水银柱高度差h的压力为p,则在两根管子中同一水平面上的压力应相等,即$p_a = p_0 + p$也就是说,此时绝对压力p_a等于大气压力p_0与水银柱高度差h所产生的压力p之和,可以改写为$p = p_a - p_0$可以看出,表压力是绝对压力与大气压力之差。

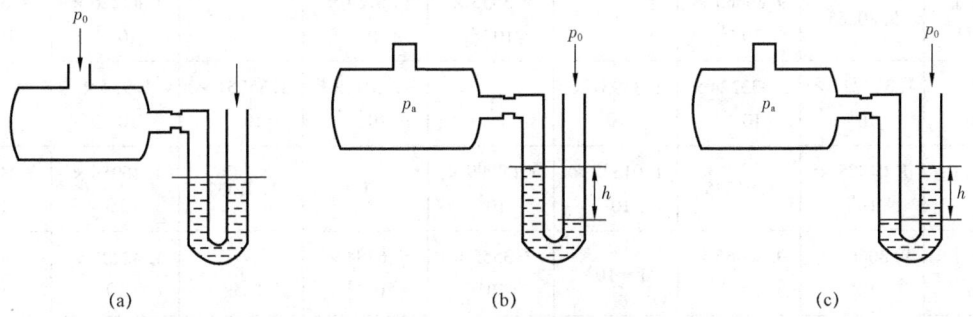

图3-2 压力关系概念示意图

如果$p_0 = p_h$,也就是在容器中造成等于大气压力的疏空,则有$p_a = p_0 - p_h = 0$。此时,绝对压力等于零,即没有任何压力的作用。如果容器中的绝对压力等于大气压力,即$p_a = p_0$,则p或p_h(表压力或疏空)将相应地等于零。此时,压力表或真空表不能指示出容器中的压力,而必须使用大气压力表来测量容器中的大气压力。

(二)压力单位

压力单位是一个导出单位,国际单位制中,压力的基本单位为帕斯卡,简称帕,单位符号为Pa,其物理意义为在1平方米(m^2)的面积上垂直且均匀地作用着1牛顿(N)的力,即$1Pa = 1N/m^2$。

除了帕斯卡为法定计量单位外,目前国内外还普遍使用一些非法定计量单位,主要有:

(1)工程大气压:一个工程大气压等于1千克力(kgf)垂直并均匀地作用于1平方厘米(cm^2)的面积上产生的压力,常用千克力/厘米^{2}表示,符号为kgf/cm^2。

(2)标准大气压:大气压力是一个随时间、地点变化而变化的量,变动范围很大,在使用中很不方便。为了消除上述的弊端,人们规定一个标准大气压等于温度为0℃和重力加速度为9.80665m/s^2下,在海平面上所产生的高度为760mmHg(汞密度为13.5951g/cm^3)的压力。标准大气压也称为物理大气压,符号为atm。

(3)毫米汞柱:1毫米汞柱等于在重力加速度为9.80665m/s^2时,1mm高的汞柱在0℃时(汞密度为13.5951/cm^3)所产生的压力,符号为mmHg。

(4)毫米水柱:1毫米水柱等于在重力加速度为9.80665m/s^2时,1mm高的水柱在40℃时(水密度为1.0g/cm^3)所产生的压力,符号为mmH_2O。

除以上几种常用的压力单位外,还有巴(bar)、磅力/英寸^2(lbf/in^2)等其他非国际单位制的压力单位,它们之间的单位换算系数见表3-1。

表3-1 压力单位及换算关系

单位名称及符号	帕 Pa	巴 bar	毫米水柱 mmH_2O	毫米汞柱 mmHg	标准大气压 atm	工程大气压 kgf/cm^2	磅力/英寸^2 lbf/in^2	托 torr
帕 Pa	1	$1×10^{-5}$	$1.01972×10^{-1}$	$7.5006×10^{-3}$	$9.86923×10^{-6}$	$1.01972×10^{-5}$	$1.4504×10^{-4}$	$7.5062×10^{-3}$
巴 bar	$1×10^5$	1	$1.01972×10^4$	$7.5006×10^2$	$9.86923×10^{-1}$	1.01972	$1.4504×10^1$	$7.5062×10^2$
毫米水柱 mmH_2O	9.80665	$9.80665×10^{-5}$	1	$7.3555×10^{-2}$	$9.6784×10^{-3}$	$1×10^{-4}$	$1.42226×10^{-3}$	$7.361×10^{-2}$
毫米汞柱 mmHg	$1.333224×10^2$	$1.333224×10^{-3}$	$1.35951×10$	1	$1.316×10^{-3}$	$1.35951×10^{-3}$	$1.934×10^{-2}$	1
标准大气压 atm	$1.01325×10^5$	1.01325	$1.01332×10^4$	$7.69999×10^2$	1	1.01332	$1.46959×10$	$7.6056×10^2$
工程大气压 kgf/cm^2	$9.80665×10^4$	$9.80665×10^{-1}$	$1×10^4$	$7.3555×10^2$	$9.6784×10^{-1}$	1	$1.42235×10$	$7.3610×10^2$
磅力/英寸^2 lbf/in^2	$6.89476×10^3$	$6.89476×10^{-2}$	$7.0306×10^2$	$5.171×10$	$6.8046×10^{-2}$	$7.0306×10^{-2}$	1	$5.1753×10$
托 torr	$1.33322×10^2$	$1.33322×10^{-3}$	$1.3585×10$	1	$1.3159×10^{-3}$	$1.3585×10^{-3}$	$1.93368×10^{-2}$	1

二、压力仪表的分类

(一)按测量工作原理分类

液柱式压力计:基于流体静力学原理,被测压力与液柱高度产生的压力平衡,液柱高度可直接测量或通过计算等方法得到。该类型包括汞气压计、U形压力计、杯形压力计、倾斜式压力计、钟罩式压力计和浮标式压力计等。

弹性式压力表:是利用弹性敏感元件(如弹簧管、波纹管等)的弹性变形来平衡被测压力,弹性元件之所以发生变形是压力作用的结果。弹性敏感元件的弹性变形量一般很小,需要经过放大机构和传动机构将变形量加以放大,并转换成被测量值的指针位移。因使用的弹性元件的形状及作用形式有不同,相应地有C形弹簧管、螺旋弹簧管、膜片、膜盒和波纹管等类型的弹性式压力仪表。

活塞式压力计:由作用在已知活塞有效面积上的已知砝码质量通过计算来求得压力。活塞的面积和砝码的质量都可以准确地测最出来,所以活塞式压力计可制作得更加准确,常被用来作为压力量值传递标准器和压力计量标准。该类型包括单活塞式压力计、双活塞式压力计、可控间隙型活塞式压力计、带液柱平衡活塞式压力计、带滚珠轴承和滑动轴承的活塞式压力计等。

压力传感器:利用某些物质在压力作用下,其电气性能发生变化或其变化量与外加的压力大小成正比来测得压力值。该类型包括压电式压力传感器、电阻式压力传感器、电容式压力传感器等。

压力变送器:是一个包含压力传感器、测量电路和过程连接件等组成,输出标准信号(4~20mA或数字信号)的一体化仪器。根据压力测量范围可分为一般压力变送器、差压变送器等。

(二)按被测对象分类

按被测对象分类,可分为表压压力计(主要有压力计、真空计和压力真空计三种)、绝对压力计、差压计等。

(三)按仪器的准确度分类

中国工业用压力表分为四个精度等级,符合JJG 52—2013《弹性元件式一般压力表、压力真空表和真空表检定规程》规定的压力表允许误差。四个精度等级分别是:1级、1.6级、2.5级、4级。允许误差(按测量上限的百分数计算)分别为±1%、±1.6%、±2.5%、±4%。

2005年中国颁布实施了新的数字压力表准确度,符合JJG 875—2019《数字压力计检定规程》。该规程规定了压力准确度分别为±0.01%、±0.02%、±0.05%、±0.1%、±0.2%、±0.5%、±1.0%、±1.6%。压力表的准确度等级反映了校验表与精密表比较,示值接近真值的精度。它等于绝对最大基本误差的百分比和测量上限的比值,它由校准中产生的误差大小决定。

(四)按测量范围分类

超高真空压力表,测量范围为177.32×10^{-7}Pa以下;高真空压力表,测量范围为$177.32 \times 10^{-3} \sim 177.32 \times 10^{-7}$Pa;低真空压力表,测量范围为$177.32 \sim 177.32 \times 10^{-3}$Pa;粗真空压力表,测量范围为$1.01 \times 10^{5} \sim 177.32$Pa;微压压力表,测量范围为$1 \times 10^{4}$Pa以下;低压压力表,测量

范围为 $1 \times 10^4 \sim 2.5 \times 10^5$ Pa；中压压力表，测量范围为 $-2.5 \times 10^5 \sim 1 \times 10^8$ Pa；高压压力表，测量范围为 $1 \times 10^8 \sim 1 \times 10^9$ Pa；超高压压力表，测量范围为 1×10^9 Pa 以上。

第二节　液柱式压力计

液柱式压力计包括 U 形液体压力计、杯形液体压力计以及倾斜式液体压力计等，这是早期使用的一种测压仪器，尽管现在产生了活塞式压力计、弹簧式压力表及各种压力传感器、压力变送器等精密复杂的压力仪表，但液柱式压力计具有结构简单、使用方便、示值稳定可靠、测量准确度高等优点，因而在较小的表压力、绝对压力、大气压力和负压力等低、微压力的量值传递、检定和测量中，依然普遍使用。

一、工作原理

液柱式压力计的工作原理是基于流体静力平衡原理。测量压力时，液柱高度本身的重力的计算式为

$$W = phAg$$

它作用于液柱管内截面面积 A 上所产生的压力与被测压力相平衡，此时，液柱式压力计的压力的计算式为

$$p = W/A = \rho g h \tag{3-2}$$

式中，p 为被测压力，Pa；h 为液柱高度，m；ρ 为工作介质密度，kg/m³；g 为使用地的重力加速度，m/s²。

根据结构和测量范围的不同，液柱式压力计可分为 U 形、杯形、补偿式、倾斜式、钟罩式及专门用于测量气压的气压计等类型。工作介质常用的有纯水（蒸馏水）、纯汞和乙醇等。

液柱式压力计的标尺刻度有 Pa 和 mm 两种形式，工作用液柱式压力计（0.5 级、1 级、1.5 级、2.5 级）的标尺，以温度为 20℃、大气压力为 101325Pa 下的工作介质密度和重力加速度为 9.8m/s² 为依据，直接以"Pa"或"kPa"为单位进行刻度，亦称为直读式。作为标准器使用的总不确定度优于 0.5 级的液柱式压力计，以 20℃ 为标准温度，用"mm"为单位进行刻度，通过式 (3-2) 来计算压力（疏空）值。由于液体具有表面张力并有毛细现象，为尽可能地减小由此而产生的测量误差，液体压力计的测量管内径一般不得小于 6mm，以保证所需要的测量准确度。

二、U 形液体压力计

U 形液体压力计是利用液柱高度的自重产生的压力与被测压力相平衡的原理而制成，基本结构和工作原理如图 3-3 所示。

测压时，玻璃管内注入工作介质到零点处，使两管液面均处于零位。如果被测压力 p_1 高于压力 p_2，左侧玻璃管的液面将下降，而右侧玻璃管的液面上升，直到被测压力与液柱压力平衡，此时液柱高度差 h 等于标尺零位下和零位上两个液柱高度读数的总和，即 $h = h_1 + h_2$。根据液体静力平衡原理，有

$$p_1 = p_2 + \rho g h \text{ 或 } p = p_1 - p_2 = \rho g h \quad (3-3)$$

式中,p_1 为被测绝对压力,Pa;p_2 为大气压力,Pa;h 为工作介质液柱高度差,m;ρ 为工作介质密度,kg/m³;g 为使用地点的重力加速度,m/s²。

被测压力仅与液柱高度 h、液体的密度 ρ 和使用地点的重力加速度 g 有关,而与液柱横截面面积无关。使用 U 形液体压力计进行测量时,若左右两管内径均匀一致,则一管液面下降的高度等于另一管液面上升的高度,h 可用任意一管的读数乘以 2 得出。但是实际上 U 形液体压力计在生产时很难做到左右两管内径处处均匀一致,有时在注入工作介质时,不可能正好在零位,所以使用 U 形液体压力计进行测量时要进行两次读数。

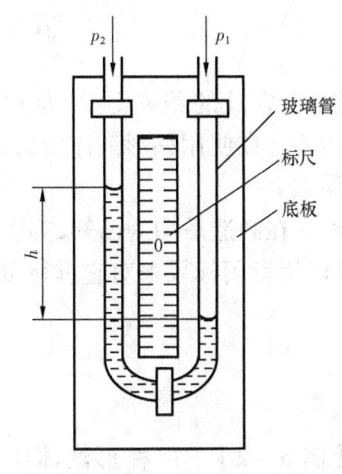

图 3-3 U 形液体压力计原理示意图

三、杯形液体压力计

杯形液体压力计是 U 形液体压力计的变形,把 U 形液体压力计的一侧的管径做得很大,变成以内截面面积较大的容器代替 U 形液体压力计的测量管,另一侧不变,如图 3-4 所示。未加压时的平衡液面在 0—0 位置,工作介质的密度为 ρ,在大容器接被测压力后,在压力作用下,大容器内的液面下降,细管内的液面上升直到平衡。这时杯内的液面下降了 h_2,细管内的液面上升了 h_1,若杯容器的内径为 D,细管的内径为 d,那么被测压力被实际高度为 H 的液柱所产生的压力相平衡,H 为杯内液面与细管内的液面在加压后的液位差,有 $H = h_1 + h_2$,其中,h_1 为细管液面上升的高度;h_2 为杯内液面下降的高度。

由于杯内排出的液体体积等于细管内增加的液体体积,所以有 $\frac{\pi}{4}D^2 h_2 = \frac{\pi}{4}d^2 h_1$,所以 $h_2 = \frac{\pi}{4}\frac{d^2}{D^2} h_1$,又 $H = (1 + d^2/D^2)h_1$,被测压力的计算式为

$$p = \rho g (1 + d^2/D^2) h_1 \quad (3-4)$$

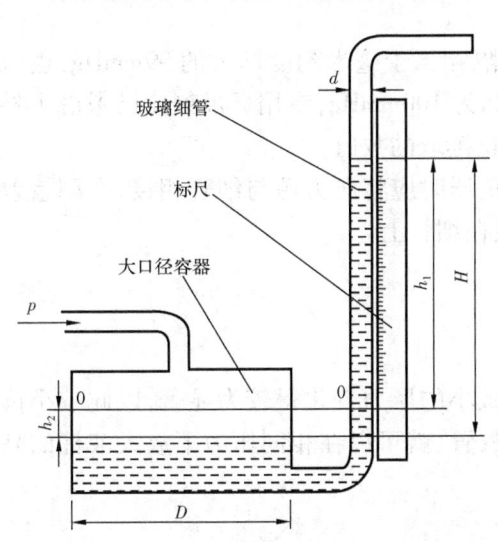

图 3-4 杯形液体压力计结构示意图

若增大杯的内径 D,则可使比值 d^2/D^2 很小,因而 $h_1(d^2/D^2)$ 很小,在大多数实际测量中,杯中下降高度 h_2 可忽略不计,则被测压力为:$p \approx \rho g h_1$ 在精密测量时不能忽略 h_2,必须按式 (3-4) 计算。

【例 3-1】 有一杯形液体压力计,其细管内径 $d = 10$ mm,杯内径 $D = 100$ mm,从压力计标尺上读出液柱高度为 600 mm,若忽略了杯内液体下降高度 h_2,试计算测量误差。

解: 按公式 $H = (1 + d^2/D^2)h_1$,计算,得

$$H = \left(1 + \frac{10^2}{100^2}\right) \times 600 = 606(\mathrm{mm})$$

测量结果的绝对误差为 600mm - 606mm = -6mm;相对误差为 -6/606 × 100% = -0.99%。在使用杯形液体压力计作精密测量时,须对读数示值进行校正,否则会产生一定的测量误差。

d、D 在制造后均为已知,为了不必每次测量都按式(3-4)进行计算,在制作细管的标尺时,可以用专用标尺来对它进行刻度,专用标尺长度 L 与实际液柱高度 H 之间的关系为

$$L = \frac{H}{1 + \dfrac{d^2}{D^2}} \qquad (3-5)$$

【例 3-2】 一杯形液体压力计,细管内径为 10mm,杯内径为 100mm,求被测压力为 100mmHg 时,专用标尺长度。

解:按式(3-5)计算,得

$$L = \frac{100}{1 + \dfrac{10^2}{100^2}} = 99(\mathrm{mmHg})$$

例子表明:在专用标尺上刻度为 100mmHg 的间隔相当于毫米刻度标尺的 99mmHg,也就是刻度此专用标尺时,在毫米刻度长度为 99mm 处,标为 100mmHg,专用标尺刻度已考虑了杯内液体下降的高度 h_2 了,使用专用标尺时,不必再修正读取的数值。

杯形液体压力计也能测量负压或差压。在测量负压时应将压力源与细管相接,在测量差压时应当将高压短接在杯形容器的接嘴上,低压段接在细管上。

四、倾斜式液体压力计

为提高液柱读数的分辨率,可加长液柱长度,使微小的压力变化得较为显著,以此减小读数的相对误差。通过将杯形液体压力计的细管倾斜放置,就可以在相同压力下放大液柱的高度。其结构原理如图 3-5 所示。

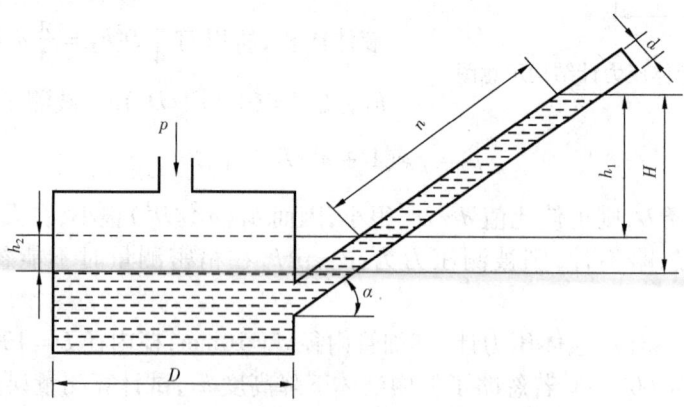

图 3-5 倾斜式液体压力计结构示意图

在被测压力 p 的作用下,杯形容器内的液面下降了 h_2,细管中的液面上升了 h_1,压力计实际垂直高度 $H = h_1 + h_2$,其中 $h_1 = n \cdot \sin\alpha$,n 为按微压计标尺读出的液柱在玻璃细管中的长度,α 为玻璃细管的倾斜角。

杯形容器的内截面面积为 S_2,细管的内截面面积为 S_1,由于细管中液体上升的体积等于杯形容器内下降的体积,所以 $nS_1 = h_2 S_2$,则 $h_2 = nS_1/S_2$,垂直高度为

$$H = n\sin\alpha + \frac{S_1}{S_2}n = n\left(\sin\alpha + \frac{S_1}{S_2}\right) \tag{3-6}$$

被测压力

$$p = \rho g h = \rho g n \left(\sin\alpha + \frac{S_1}{S_2}\right) \tag{3-7}$$

倾斜式液体压力计与杯形液体压力计一样,细管的截面面积 S_1 与杯形的截面积 S_2 之比 S_1/S_2 很小,杯形容器内液面下降高度居忽略不计时,被测压力为 $p \approx \rho g n \sin\alpha$。在用同一种工作液体,仪表刻度标尺也相同的情况下,细管的倾斜角 α 越小,仪表的测量范围也越小,对垂直高度的液柱差的放大倍数也越大。倾斜管对于垂直管的放大倍数等于标尺刻度实际长度 n 与垂直高度 H 之比值,也称为放大比 k,用公式表示为

$$k = \frac{n}{H} = \frac{1}{\sin\alpha + \frac{S_1}{S_2}} \approx \frac{1}{\sin\alpha} \tag{3-8}$$

实际使用时,细管倾斜角 α 不能小于 $15°$,因为 α 太小时,液面波动不易稳定,反而造成读数不准确;当 $\alpha = 15°$ 时,最大放大倍数 $k_{max} \approx 3.86$;当 $\alpha = 30°$ 时,放大倍数 $k \approx 2$,一般在使用倾斜式液体压力计时,常把斜管角度置为 $30°$ 位置,这样压力读数放大 1 倍。倾斜式液体压力计与杯形液体压力计一样也可以用来测量差压或负压。

五、液柱式压力计的使用

液柱式压力计必须使用工作液体,在使用过程中应注意以下方面的内容:

使用 U 形和杯形液体压力计时,必须使测量管处于垂直位置且固定不动;使用倾斜式和补偿式微压计时,必须调整底盘和水平泡,使之处于水平位置;压力波动较大时可以取最大值和最小值的平均值;使用补偿式微压计时还要注意调零,观察针尖时要细心观察刚好接触,而不是没接触或接触过度;工作介质要有较高纯度,一般用蒸馏水和纯净的汞等;仪器充以工作介质后,应充分排除工作介质内的气体;杯形液体压力计标尺未做截面比修正的应附有管、杯截面比值的数据证书,以便对各点示值进行修正;检定或使用二等液体压力计时,需进行温度、重力加速度和传压气柱高度的修正;读数时,应读液柱自由表面弯月面的最高点(凸月面)或最低点(凹月面);使用液柱式压力计测量与工作介质可能发生化学反应的液体压力时,一般要采用隔离液的方法将两种介质分离,常用的隔离液有煤油、石蜡液、变压器油、甘油、水等。

第三节 弹性式压力表

弹性式压力表是利用弹性敏感元件来测量压力的仪表,是一种常用的中高压测量仪表,在燃气工程上有着广泛应用。弹性式压力表具有准确度较高、测量压力范围宽、性能稳定、结构

简单、维护方便、价格便宜、安全可靠、体积小等特点。常用的弹性元件有膜片、膜盒、波纹管、弹簧管等。

一、弹性敏感元件的工作原理

弹性式压力表是利用弹性元件作为敏感元件来感受压力,并利用弹性敏感元件的弹性形变来测得压力的大小。

根据弹性敏感元件形状的不同,常用的弹性感压元件有弹簧管(又称波登管、C 型弹簧管)、膜片、膜盒和波纹管等。弹簧管式又有单圈管和螺旋管之分。图 3 – 6 所示为常用的弹性敏感元件。弹性元件的基本特性主要包括弹性特性、刚度、灵敏度和弹性迟滞等。

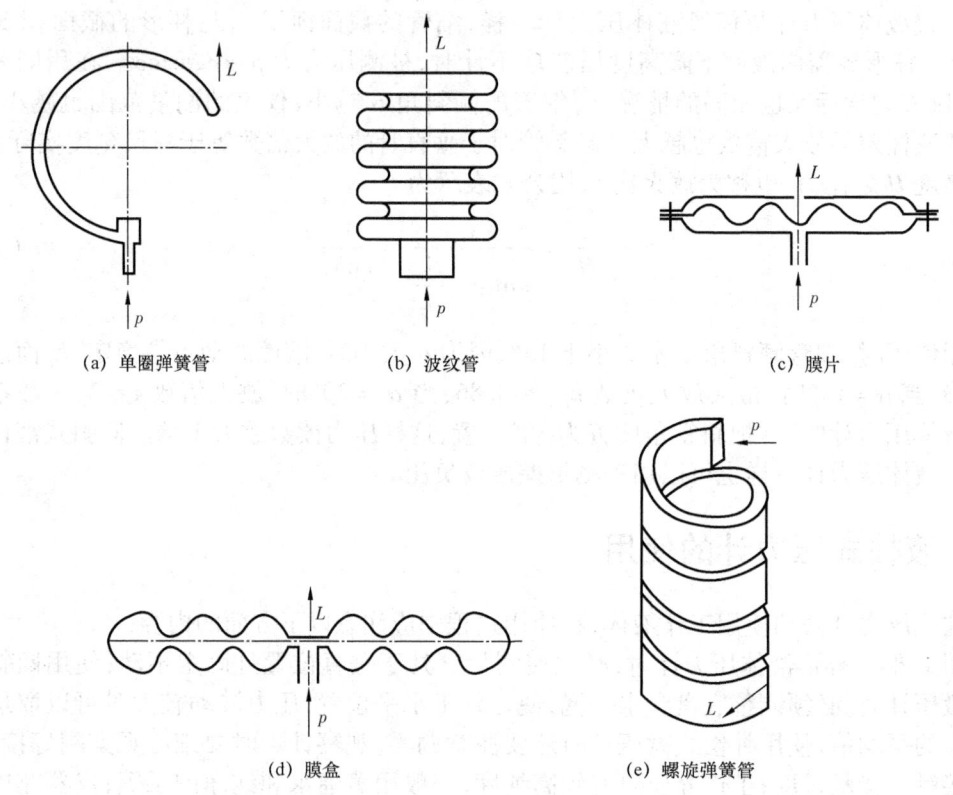

(a) 单圈弹簧管　　(b) 波纹管　　(c) 膜片

(d) 膜盒　　(e) 螺旋弹簧管

图 3 – 6　常用弹性敏感元件

(一)弹性特性

作用于弹性元件上的载荷与弹性元件产生的位移之间的关系称为弹性元件的弹性特性。载荷可以是压力、集中力或力矩,位移可以是线位移或角位移。其关系式一般为 $W = f(p)$ 或 $\phi = f(M)$,其中 W 为弹性元件的位移;ϕ 为弹性元件的角位移;p、M 分别为作用于弹性元件上的压力和力矩。弹性特性可分为线性特性和非线性特性,对于位移式仪表中的弹性元件,希望元件的输出量与被测参数之间呈线性关系。对于非线性的弹性特性,其非线性度 η 用实际特性与理想特性的最大偏差 Δ_{max},对元件的最大位移 W_{max} 之比来度量,即

$$\eta = \frac{\Delta_{\max}}{W_{\max}} \times 100\% \qquad (3-9)$$

式中:$\Delta_{\max}$ 为最大偏差,$\Delta_{\max} = W_s - W_{\max}$;$W_s$ 为理想线性时的位移;W 为实际位移。

(二)刚度

使弹性元件产生单位位移所需要的载荷量称为弹性元件的刚度,以 K_p 表示,对于线性弹性元件,有

$$K_p = p/W \qquad (3-10)$$

对于非线性弹性元件,有

$$K_p = \mathrm{d}p/\mathrm{d}W \qquad (3-11)$$

(三)灵敏度

弹性元件承受单位载荷所产生的位移称为弹性元件的灵敏度,以 s 来表示,为刚度的倒数,即

$$s = 1/K_p \qquad (3-12)$$

(四)弹性后效和弹性滞后

当施加在弹性元件上的载荷停止变动或完全卸载后,弹性元件不是立即完成相应的变形,而是在一段时间内仍在继续变形,然后才能达到应有位置,此种现象称为弹性后效;施加在弹性元件上的载荷缓慢变化时,示值的进程与回程不相重合的现象称为弹性滞后。实际上,弹性后效和弹性滞后是同时存在的,一般不单独考虑,统称为弹性迟滞。

(五)永久变形(残余变形)

有些弹性元件在去除外力后,经过一段时间仍不能恢复到原来的形状和尺寸,这种现象说明了弹性元件产生了永久变形(残余变形)。分为三种情况:弹性元件在压力作用下产生变形,当压力除去后,弹性元件不能恢复到原来的形状,这种变形称为塑性变形;弹性元件在交变负荷作用下,容易产生微小的应力疲劳,从而造成弹性元件的损坏,除去负荷后不能恢复到原来的形状,这种变形称为疲劳变形;弹性元件持续地承受负荷,产生疲劳,当除去负荷后不能恢复到原来的形状,这种变形称为弹性元件的蠕变。

(六)强度系数

弹性元件的弹性极限压力 p_0 与最大工作压力 $p_{\max}$(即压力表的测量上限)之比,或者是弹

性元件材料的比例极限与最大工作压力之比,称为强度系数或安全系数 k,表示为

$$k = \frac{p_0}{p_{\max}} = \frac{\sigma_{极限}}{p_{\max}} \tag{3-13}$$

式中,k 为强度系数或安全系数;p_0 为弹性极限压力,Pa;$p_{\max}$ 为最大工作压力,Pa,σ 极限为弹性元件材料的比例极限,Pa。

使用压力越接近极限压力,弹性迟滞现象越严重,为尽可能地减少弹性后效的影响,避免过早出现残余变形,需要给弹性元件规定足够的安全系数 k。一般压力表 k 为 2,精密压力表 k 为 4。

二、弹簧管式压力表

(一)弹簧管式压力表的结构

压力表主要由弹簧管、传动机构、指示机构和表壳等四部件组成,其结构示意图见图 3-7。

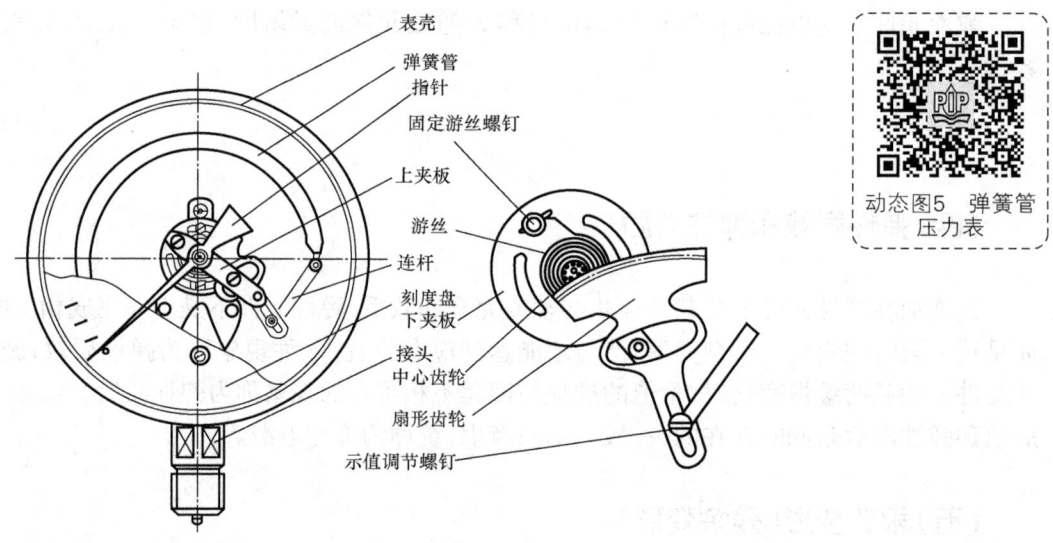

图 3-7 弹簧管式压力表结构示意图

弹簧管:是一根弯曲成圆弧形状、横截面常常为椭圆形或平椭圆形的空心管子。一端焊接在压力表的管座上固定不动,并与被测压力的介质相连通,另一端是封闭的自由端,在压力的作用下,管子的自由端产生位移,在一定的范围内,位移量与所测压力呈线性关系。

传动机构:又称机芯,包括扇形齿轮、中心齿轮、游丝、上夹板、下夹板等零件。其主要作用是将弹簧管的微小弹性变形加以放大,并把弹簧管自由端的位移转换成仪表指针的圆弧形旋转位移。

指示机构:包括指针、刻度盘等,作用是将弹簧的弹性变形通过指针指示出来,从而读取压力值。

表壳:主要作用是固定和保护上述三部分以及其他的零部件。

(二)弹簧管的工作原理

压力从接头引入弹簧管的空腔内,弹簧管的截面因压力的作用由椭圆形变化为趋于圆形,同时,弹簧管的弯曲角度变小,管子相应略有伸展,使其自由端产生位移,自由端的位移带动连杆一起动作,使扇形齿轮和中心齿轮所组成的传动机构将自由端的线性位移变为中心齿轮轴的转动,从而带动装在齿轮轴上的指针转动,指示出实际的压力值。在指针转动时带动中心齿轮下面的游丝一起扭转,使游丝具有一定的工作扭矩,游丝的作用是消除中心齿轮与扇形齿轮啮合时的配合间隙,当压力消除后,弹簧管力图恢复原状,其恢复力与游丝扭矩一起使指针回复到零位。

平椭圆形、椭圆形和D形是常见的弹簧管截面形状。椭圆形截面和平椭圆形截面制造简单,在相同的外形尺寸下具有较大的灵敏度。D形截面的灵敏度相对较小,工艺比较困难,但测压范围比椭圆形及平椭圆形截面要宽,双零形截面主要用于某些要求弹性元件具有最小起始容积的仪表中。8字形和厚壁平椭圆形截面的弹簧管耐压强度高,阻碍弹簧管形变能力强,常用于高压测量,偏心圆形截面的压力弹簧管也在高斥测量中得到广泛的应用。常见的弹簧管截面形状见图3-8。

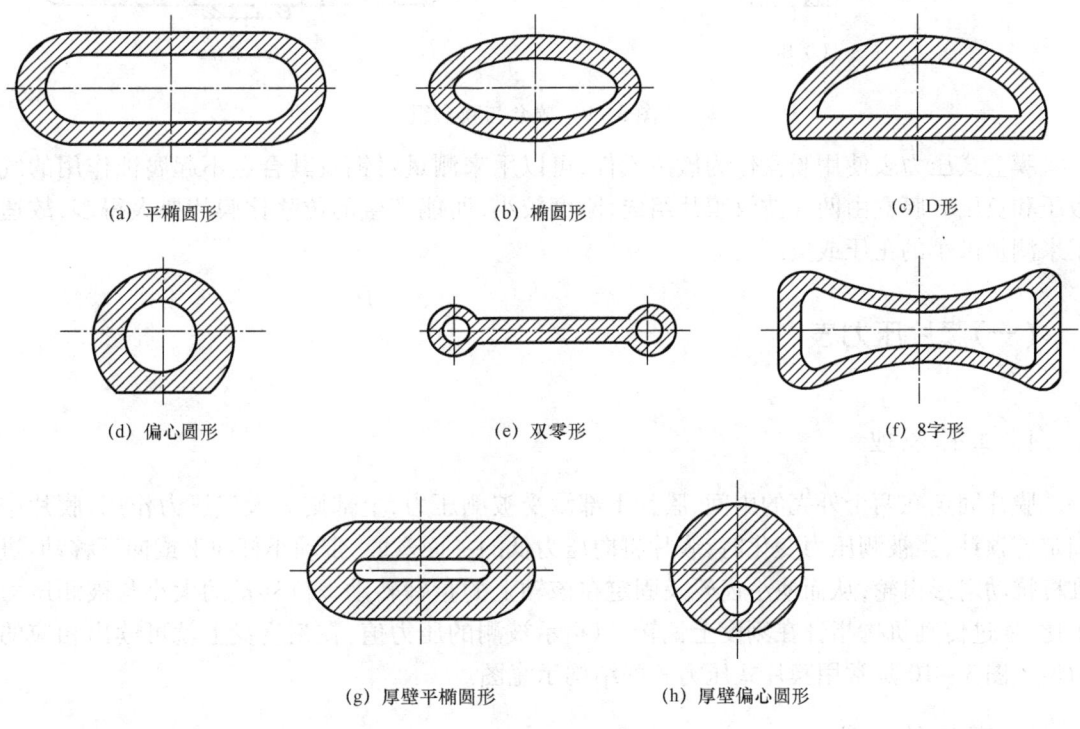

图3-8 常见的弹簧管截面形状

(三)多圈弹簧管压力表

单圈弹簧管压力表指针一般可以旋转270°,受压时,由于自由端的位移和转动力矩小,只能做指示型仪表用,有时还要在记录纸上实时记录压力或差压变化情况,需要压力记录仪表,为了能带动记录机构运动,就需要弹簧管自由端有较大位移和转动力矩,如采用单圈弹簧管延长数圈,这样就形成了多圈弹簧管压力表。这种压力表也称为螺线管压力表,弹簧管的圈数一般有 2.5 圈至 9 圈,管端的转角一般在 54°左右。

三、膜片、膜盒式压力表

此类压力表的工作原理为:膜片四周加以固定,当膜片两侧的压力不同时,膜片将向压力低的一侧弯曲,其中心将产生一定的位移,这个位移通过传动机构带动指针产生偏转,从而指示出被测压力值。为了增加膜片的中心位移,提高仪表的灵敏度,还可以把两个膜片焊接在一起,就成了所谓的膜盒,如图 3-9(a)所示。其挠度为单个膜片的 2 倍,如要得到更大的挠度,可把数个膜盒串联在一起,形成膜盒组,如图 3-9(b)所示。

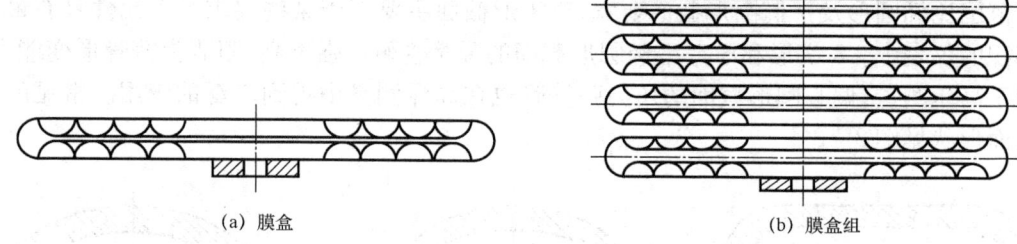

(a) 膜盒　　　　　　　　　　(b) 膜盒组

图 3-9　膜盒与膜盒组

膜盒式压力表使用膜盒作为敏感元件,可以用来测量对铜及其合金不起腐蚀作用的气体微压和负压。膜盒由两片波纹膜片组成,刚度较小,所能产生的位移比膜片要大得多,故适宜用来测量微小的正压或负压。

(一)膜片压力表

1. 工作原理

膜片固定在两个外壳的中间,膜片下部承受被测压力,上部则为大气压力作用,膜片中央固定着顶针,当被测压力变化时,膜片将向压力低的一面弯曲,带动小杆向上或向下移动,进而推杆推动扇形齿轮,从而使小齿轮及固定在该轴上的指针转动。位移量的大小与被测压力成正比,通过传动机构指针在刻度上偏转,以指示被测的压力值,在刻度盘上就可读出相应的压力值。图 3-10 是常用膜片式压力表的结构示意图。

2. 膜片的种类

膜片可分为波纹膜片和平膜片两大类。波纹膜片上有许多波纹,可分为环形波纹膜片与径向波纹膜片两种。通常所见到的膜片有平膜片和环形波纹膜片,环形波纹膜片应用较广泛,其次是平膜片,使用量最少的是径向波纹膜片。

平膜片的特点是初始灵敏度高,压力—位移特性衰减快,位移量小,一般不用来作为一次性仪表中的弹性敏感元件,常用在电容式变送器中作为测量敏感元件。膜片上的波形可以改变膜片的压力—位移特性,使它的线性度变好或增加位移量等。

在一定的压力作用下,正弦波纹的膜片挠度最大,当波纹较浅时,压力与膜片的中心位移量的关系近似为二次抛物线。而锯齿形波纹的膜片的性能介于上述两者之间。膜片上波纹的深度越大,其特性越接近于直线,同时增加了开始变形时的刚度,即对于同样几何尺寸的平膜片来说,波纹膜片的初始位移不及平膜片的位移量大。在波纹膜片中,边缘处波纹的作用比中间的波纹的作用要大,边缘波纹半径的微小变化可以改变波纹膜片的压力—位移特性曲线。

膜片厚度一般为 0.05~0.3mm,要求材料弹性模量大、不发脆、耐腐蚀、耐温性能好、材料的温度系数小等。常用的金属材料有锡磷青铜($QSn_4-0.3$)、铍青铜(QBe)和不锈钢(1Cr18Ni9Ti)等许多弹性金属材料。常用的非金属材料有丁腈橡胶、天然橡胶塑料、石英和涤纶等多种材料。

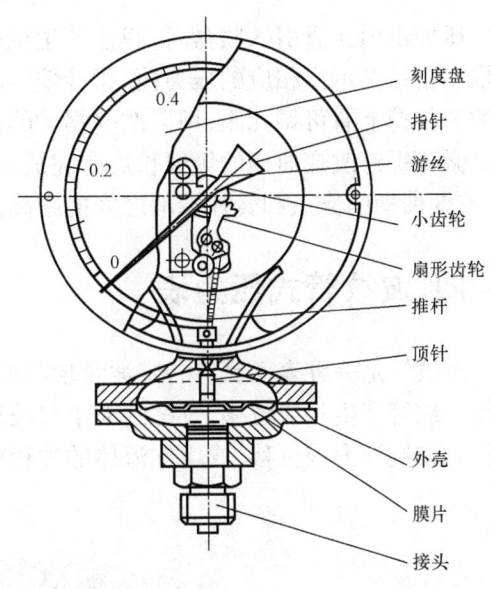

图 3-10 膜片式压力表的结构示意图

(二)膜盒压力表

膜盒可分为开口膜盒、真空膜盒和填充膜盒,见图 3-11。开口膜盒的内腔与大气连通,测量时气压充入内腔,它常用于测量压力、流量中的差压等与压力有关的物理量。真空膜盒是内腔呈真空的密封盒,它被用来测量绝对压力或大气压力。填充膜盒是一种内腔充满液体的密封盒,填充物质有乙醇、乙醚、氟利昂和硅油等物质。填充膜盒主要用于测温或控制仪表上,它也大量地使用在测量腐蚀性介质、二相流等压力仪表上。常用的膜盒材料有锡磷青铜等。

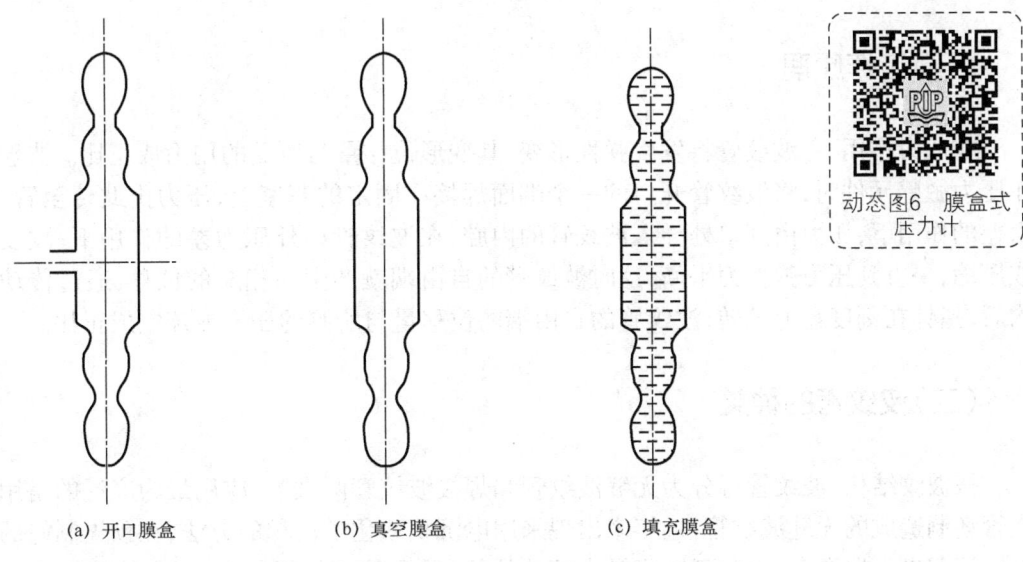

(a) 开口膜盒　　　　(b) 真空膜盒　　　　(c) 填充膜盒

图 3-11 膜盒结构示意图

压力由引压管引入膜盒时,膜盒产生位移并推动弧形连杆,从而带动曲柄、拉杆、拐臂,最后推动指针指示出相应的压力值,指针偏转时,带动游丝扭转,游丝用以消除传动机构之间的间隙。拐臂上有可调孔眼,用以改变拐臂的长度,以实现传动比的粗调。传动比的细调是通过调整微调螺钉改变曲柄的短臂长度来完成的,因为微调螺钉的端部压在簧片上,引起的簧片弯曲,改变曲柄的支点和簧片端部之间的距离,零位调整是用螺母进行的。

四、波纹管式压力表

波纹管是一种表面具有一定波纹形状的薄壁筒形管,如图 3-12 所示。在压力作用下均能使波纹管产生相应位移,位移的大小与波纹管本身的工作特性有关,通常是利用其弹性特性将压力转换为力或位移,或用作流体的体积变化的补偿元件和密封连接。

图 3-12 波纹管示意图

(一)工作原理

在压力作用下,波纹管将发生弹性形变,其变形位移量与所受的用力成正比。当波纹管用作压力敏感元件时,将波纹管开口的一个端面焊接在固定的基座上,压力由此传至管内,在压力差的作用下,压力由开口处导入波纹管的内腔,在波纹管内外压力差的作用下,波纹管伸长或压缩,一直到压力弹性力平衡,这时波纹管的自由端就产生一相应的位移,通过传动放大机构后,指针在刻度盘上偏转,波纹管的自由端的位移量与所测的压力或疏空成正比。

(二)波纹管的种类

按波纹结构,波纹管可分为无缝波纹管和焊接波纹管两大类,应用最为广泛的是用单层薄壁管坯制造成的无缝波纹管,近年来出现采用电沉积或化学沉积的方法,在预先制好的阳模上直接沉积出一层薄壳,由此可制成微小的波纹管,最小的直径可达 1mm 在某些特殊的工作条件下,为了提高波纹管的耐压力和疲劳强度,还可以制成多层波纹管。这种波纹管与同厚度的单层波纹管相比,不仅耐压高,而且行程大,刚度小,特别适宜在较大的交变载荷下工作。波纹管截面形状主要有 U 形、C 形、O 形、S 形、V 形、阶梯形等。

波纹管的刚度远低于弹簧管或膜片的刚度,所以它在低压时比弹簧管和膜片灵敏得多,其缺点是迟滞误差太大,为 5% ~ 6%。因而,在用作压力敏感元件时,常和刚度比它大得多的螺旋弹簧组合一起使用,如图 3 - 13 所示,可使迟滞误差减少到 1%。

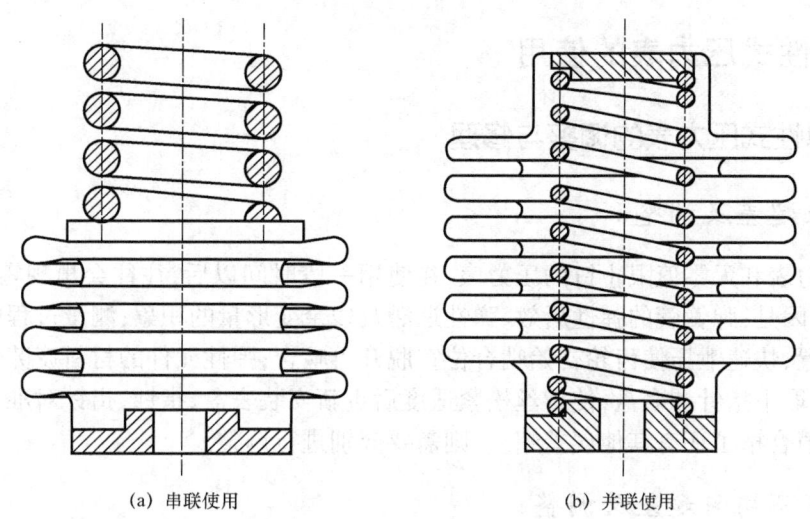

(a) 串联使用　　　　　　　　(b) 并联使用

图 3 - 13　带螺旋弹簧的波纹管

五、电接点压力表

电接点压力表是改进型弹性式压力表,可以通过触点对高于某一压力设定值时发出通断信号。表盘上除指示压力值的指针外,还有两根可调的设定指针,用来设定压力的上、下限值。指针和设定指针在表面后面都分别装有触头。当所测压力变化时指针转动,显示当前压力值,当压力达到下限或上限设定值时,则指针带动的可动电触头与下限或上限设定指针上的电触头相接触,通过电气线路,指示灯发出超压报警信号或通断信号,如图 3 - 14 所示。电接点压力表也可带继电器或接触器进行自动控制,通过执行机构,使被测介质的压力变化自动保持在上、下限给定值的范围内。

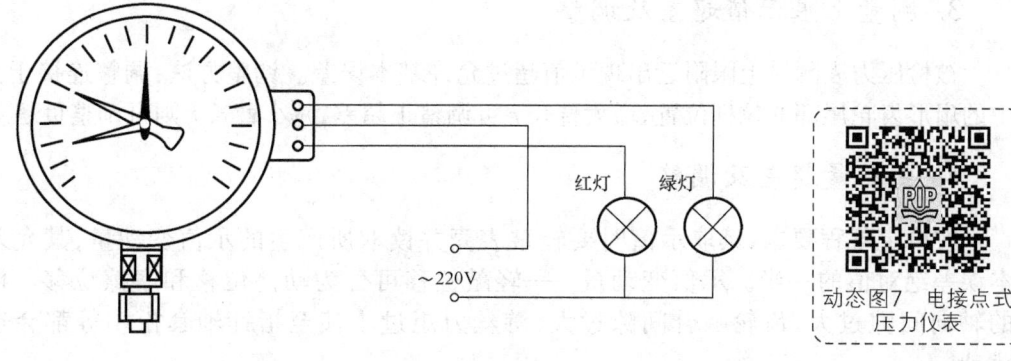

图 3 - 14　电接点压力表及其电路示意图

由于触头在通断瞬间容易产生火花和电弧现象，所以电接点压力表不宜用于有激烈振动或有爆炸性混合物的场所，否则容易引起爆炸，如果要在易燃易爆混合物的情况下使用，必须采用防爆电接点压力表。因此，在进行安装、使用、维护及检修过程中，务必小心谨慎，切忌摩擦或撞击，特别在拆装仪表出线盒或对其进行全面检修时尤其应注意，在防爆面上不允许涂漆，只允许涂上一层稀薄的防锈蚀油脂。防爆表在开启出线盒和调节给定值时，必须切断电源后进行，以免可能发生的传爆危险。

六、弹性式压力表的使用

（一）弹性式压力表的调整与修理

1. 零点超差及调整

精密压力表和无零值限止钉的压力表，在使用一段时间以后，往往会出现零点的正、负超差现象，其原因是：弹簧管的弹性后效、弹性迟滞及残余变形量的积累；测量过程中超压使齿轮脱开啮合位置；快速泄压使齿轮初始啮合位宣脱开再啮合；弹性元件的材料疲劳强度低等。调整方法：可以取下指针和表盘，使游丝松紧适度后重新安装表盘、指针，指针对准零点即可。但有时零点示值合格了还有其他误差超差，则需要分别进行调整。

2. 示值不均匀超差及调整

当示值误差与压力的增大不成比例地增加时，压力在测量范围的前半部分呈现正误差，后半部分却呈现负误差，以致超过允许的基本误差。这种不均匀超差是由于初装时扇形齿轮与中心齿轮的初始啮合位置不当，或由于弹簧管本身的实际承压能力与应有的承压能力有较大的差异，往往出现前快后慢的失调现象。

调整方法：松开下夹板上的固定螺钉，将齿轮传动机构按顺时针方向转动（转角大小视误差大小而定），然后固紧螺钉。在初始夹角得到调整后，再对示值的误差进行测定。当增压到测量上限的一半时，其夹角 β 约等于 $90°$，这时在整个测量范围内一般能得到一致的误差（正或负），明显消除了前快后慢的超差现象，然后调整臂长 r 解决。示值前慢后快现象的实质与前快后慢一样，只是呈现的误差情况与其相反，即在测量上限压力的一半之前，呈现负的超差，测量上限压力的一半之后，呈现正的超差现象。因此，按逆时针方向转动齿轮传动机构，直到消除这一现象达到合格。

3. 测量上限示值超差及调整

被检压力表测量上限附近出现示值超过允许基本误差。调整方法：调整连接于齿轮机构中的扇形齿轮尾部的拉杆位置，增大臂长 r 可调整正超差，减小臂长 r 则可调整负超差。

4. 变动量超差及调整

按检定规程要求，读取示值时要轻敲表壳并读取所产生的示值变动量，其允差值为基本误差绝对值的一半。示值变动量——轻敲位移可分为动荡位移和摩擦位移。传动零件的轴向间隙过大、齿轮啮合间隙过大、游丝力矩过小甚至指针轴套松铆等都会造成示值跳动。

调整方法:首先要确定造成示值变动量的原因,针对情况进行调整,调整后应使各间隙适中,游丝力矩适中,或重新铆紧指针和轴套。如果采取上述措施后仍不见效,则应更换零件。

5. 指针的安装

压力表调修过程中,一般都要把指针取下和装上多次。使用起针器取指针,对于指针的安装位置,可分两种情况,即有零值限止钉的和没有限止钉的,安装时略有不同。

对有零值限止钉的压力表,装针位置一般是在零以上标有数字的第一个点上,如一个 1.6MPa 的压力表,标有数字的点是 0.4、0.8、1.2、1.6 四个点。那么就把压力升到 0.4MPa,此时把指针也安装在对准 0.4MPa 这个位置上。如果在调整示值时,经过反复调修,还有一两个点超差,就可以通过改变装针的位置,使超差的那一两个点的差数,分一部分到其他各点上,使其各点都有一点误差,然而又不超过允许误差值。

精密压力表和没有零值限止钉的一般斥力表、压力真空表,应该在没有造压时,在零点位置上装针,以反映零点的真实误差值。

指针装好后,一般用钟表榔头将指针敲紧,以防止指针在使用过程中松动。但也不宜敲得太紧,以免下次再调修时,用起针器拔取太费劲,甚至难以取下而拔断指针轴。

(二)使用注意事项

(1)在选择压力表时,要考虑被测斥力量值和特性,以便保证测量准确度,同时能延长压力表的使用寿命。一般情况下,在固定的或均匀变化的负荷下,应在仪表度标的 1/3～3/4 范围内使用;在振荡的或波动的负荷下,应在仪表度标的 1/3～1/2 范围内使用。

(2)使用时,所选择的仪表准确度能满足生产及科研测量要求即可。高准确度仪表不仅造价昂贵,而且由于影响测量的因素很多,若不考虑实际使用条件,也难以达到准确测量的目的。

(3)弹簧管有用锡焊、铜焊连接或用丝扣连接等。选择仪表时,要根据被测介质的温度高低选择不同焊口或接口仪表。一般来说,温度低于 180℃ 时可选锡焊连接的压力表,温度高于 180℃ 时,则可选择铜焊或丝扣连接的压力表。

(4)压力仪表的选择还要考虑被测介质的理化性质,以避免介质对仪表有腐蚀影响。测量特殊介质的压力时,要选用专用仪表,如氧气表、氨气表等。为此,常对专用压力表标以不同颜色作为标志:如氧气压力表用天蓝色,氨气压力表用黄色,乙炔压力表用白色,氢气压力表用深绿色,可燃性气体压力表用红色,惰性气体压力表用黑色等。

(5)在使用时,压力表应垂直地安装在易于观察、便于维护的位宜上。当压力表安装位置与测压点位置垂宜相距很大时,应进行液柱差的修正。修正数值等于仪表与测压点垂直高度差的导管内液柱产生的压力值。在仪表高于测压点时,加上此修正值;反之,仪表低于测压点时,应减去此值。压力表安装处与测压点应保持最小距离,以免仪表指示延迟。通常,连接导管长度不应超过 50m,且接管内径不宜太小。

(6)压力表应在被测介质和环境温度为 $-40 \sim +60$℃ 范围内使用。当使用环境温度超过 (20 ± 5)℃ 时,除仪表本身基本允许误差外,还有温度的附加误差为 0.04%/℃。

第四节 活塞式压力计

活塞式压力计的工作原理是利用流体静力平衡来准确测量压力。由于活塞式压力计具有测量范围宽、准确度高、性能稳定和使用方便等特点,常作为压力计量基准器和标准器使用。以活塞式压力计作为压力计量基准的国家都相继建立了其副基准、工作基准、标准器、压力表、传感器等一整套传递系统。

活塞式压力计的特点是测量范围大,与液柱式压力计相比受环境温度影响较小,由于活塞运动能吸收部分压力变化,因此能稳定地保持系统内部压力值。其缺点是传压介质在活塞及活塞筒之间的间隙中有泄漏,测压力时必须加减砝码,不能进行连续测量,并且对任一给定的压力的测量显得困难。因此,活塞式压力计一般适用于检定校准压力计的场合。活塞式压力计的测量上限受高压下工作介质液体固化和制作材料的限制,一般量限不超过 600MPa,我国目前活塞式压力计的最高量限为 2500MPa。目前在 0.001~2500MPa 压力范围内,活塞式压力计属于独一无二的基准器和高级标准器。

活塞式压力计按活塞系统中所使用的工作介质可分为液压型和气动型两类。其准确度分为五个等级,即国家基准(±0.002%)、工作基准(±0.005%)、一等标准(±0.02%)、二等标准(±0.05%)和三等标准(±0.2%)。

一、活塞式压力计工作原理和分类

活塞式压力计以流体静力平衡原理进行压力计量。通过活塞、砝码托盘及专用砝码的重力与作用在已知活塞面积上的被测压力所产生的力相平衡的原理,测出被测压力,见图 3-15。

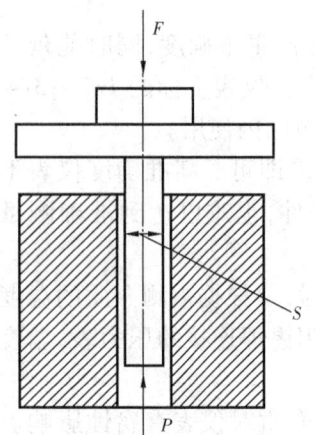

图 3-15 活塞式压力计原理图

(一)活塞式压力计工作原理

活塞式压力计的工作原理是根据流体静力平衡原理进行压力测量,如图 3-15 所示,已知活塞面积 S 和施加在活塞上的力 F(砝码、活塞、托盘等),当液体的支撑力 p 与活塞重力 F 平衡时,根据帕斯卡定律,则液体的压力为:

$$p = F/S \tag{3-14}$$

式中,p 为被测压力,Pa;F 为作用在活塞上的重力,N;S 为活塞有效面积,m^2。

图 3-16 为活塞式压力计结构示意图。活塞式压力计主要由以下 3 个部分组成:

(1)活塞系统:由活塞、活塞筒组成的测压部件。

(2)专用砝码:有一定外径尺寸并带有轮缘的圆盘,中心具有同心的凹凸部分,有些砝码上有供调整质量的调整腔。

(3)校验器(加压系统):由压力泵、阀、连接管标准活塞系统、被检压力表等组成。

活塞式压力计的结构上也因所测压力的不同而不同，其核心的活塞系统结构形式主要有以下 3 种。

(1) 简单型活塞筒：活塞筒表面受大气压作用，中低压范围的活塞式压力计采用这种形式的活塞筒。

(2) 反压型活塞筒：利用被测压力本身紧固内层活塞筒，可以防止在高压下活塞筒因变形而引起活塞筒与活塞之间的间隙增大，从而造成工作介质过分泄漏。其优点是结构简单，不需要附加特别的操作，是应用较广泛的高压活塞筒结构。

(3) 控制间隙型活塞筒：由独立的压力源供应可调节的紧固压力，作用在内层活塞筒外圆柱表面上，可任意控制活塞杆与活塞筒的间隙。其结构及操作比较复杂，但是能在测量压力的范围内，把间隙控制在最合理的状态。这种活塞筒常用于高准确度和高压的标准活塞式压力计。

动态图8 活塞式压力计

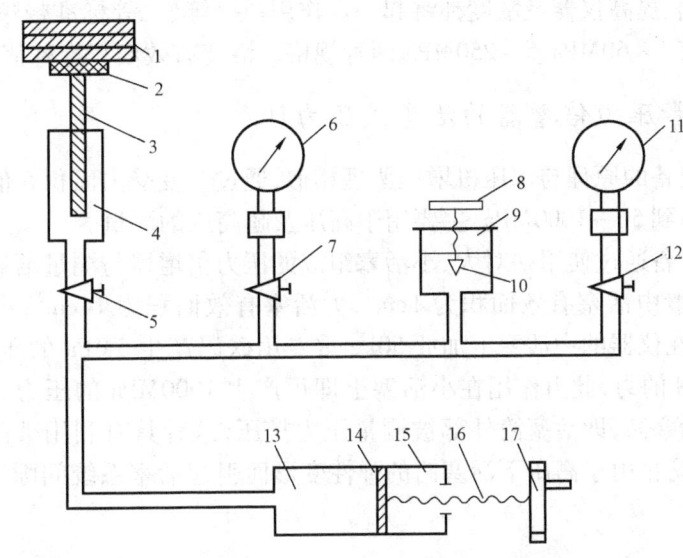

图 3-16 活塞式压力计结构示意图
1—砝码；2—砝码托盘；3—测量活塞；4—活塞筒；5、7、12—切断阀；6—标准压力表；
8—进油阀手轮；9—油杯；10—进油阀；11—被校压力表；13—工作液；14—工作活塞；
15—手摇泵；16—螺杆；17—加压手轮

(二) 活塞式压力计分类

活塞式压力计主要包括中、高压的带简单活塞的压力计，超高压的带计量倍增器的压力计，带可控间隙的活塞式压力计以及低压范围的各种类型的活塞式压力计等。常见的活塞式压力计分为以下几类。

1. 简单活塞式压力计

带简单活塞的压力计是目前使用量最大、应用最广的一类压力计，这类压力计均为油动活塞系统，又分为直接加荷式活塞系统和间接加荷式活塞系统两大类。直接加荷式活塞压力计的特点是负荷直接作用于活塞上，测量上限低于 25MPa。活塞系统有效面积均为 $1cm^2$，量程为 0.1～10MPa，测量上限在 25MPa 以下的活塞式压力计均采用直接加荷式。间接加荷式压力计采用间接加荷是为了保护直径较细的活塞在高压下不致产生弯曲变形,又分为带滑动轴承的和带滚珠轴承的两种活塞式压力计,适用于测量上限高于25MPa的中、高压活塞式压力计。

带滑动轴承的活塞式压力计:负荷通过承重杆加于活塞上,而承重杆浸于充满工作介质或涂以润滑剂的活塞筒内,承重杆与其活塞筒滑动配合,故其名为带滑动轴承的活塞式压力计。在这类压力计中,凡承重杆浸于充满工作介质的套筒中的压力计,要对承重杆质量作液体浮力修正。一等、二等带滑动轴承活塞式压力计采用这种结构形式,测量范围为0.1~60MPa,活塞有效面积标称值为$0.1cm^2$。

带滚珠轴承的活塞式压力计:负荷加在载荷套筒上,载荷套筒通过导向滚珠及承重杆,将负荷传至活塞上,载荷套筒内装有两组滚珠轴承,它与支承柱之间是滚动配合。采用滚珠轴承式不仅可避免活塞弯曲变形,而且滚动配合比滑动配合的机械摩擦阻力小,这对增加活塞转动延续时间、提高仪器灵敏度都将起一定作用。一等、二等标准带滚珠轴承的活塞式压力计,它的量程有1~60MPa、5~250MPa两种规格。活塞有效面积标称值均为$0.05cm^2$。

2. 带压力倍增器的活塞式压力计

该设备的原理与水压机增压原理相似,通过改变受力面积S值来获得较高的压力,测量范围可以达到50~1000MPa,主要用于高压及超高压的测量。

该设备通过使用一对大、小活塞组成的压力倍增器与测量活塞(中活塞)配合实现超高压测量,一般中活塞有效面积为$1cm^2$,大活塞有效面积为$14cm^2$,小活塞有效面积为$0.07cm^2$。这样,若在仪器的中活塞上加放50kg重专用砝码产生5MPa的压力,作用在大活塞上可产生690.665N的力,此力作用在小活塞上即可产生1000MPa的压力。超高压部分的活塞筒做成反压型活塞筒,即活塞筒外部被测量压力挤压,这种具有利用被测压力本身紧固活塞筒的结构,可以防止由于高压下活塞筒的弹性变形而引起活塞系统间隙增大过多而造成测量精度的降低。

3. 可控间隙型活塞式压力计

基于克服活塞有效面积随压力增高而带来的变形修正,是为超高压测量所采取的一种新型结构的压力计。特点是由独立的压力源供给可调节的紧固压力作用于活塞筒外壁上,人为地控制活塞与活塞筒之间的间隙,使活塞系统处于最佳工作状态。工作介质为甘油和乙二醇的混合液。

4. 测量低压的活塞式压力计

使用普通型活塞式压力计作为低压的标准器,存在灵敏度低、活塞转动延续时间过短、活塞自重较大使测量下限较高等问题。需要在普通型活塞式压力计基础上进行一些技术改进,如:为降低压力计测量下限,将其活塞制成空心状,以减少活塞自重;为提高活塞系统的灵敏度,将活塞筒内壁作成两个圆环与活塞配合成活塞系统;为增加活塞转动延续时间,将专用砝码直径加大做成环形状,承重盘直径也相应增大,以便增加活塞的转动惯量;为了经常给活塞施加转动力矩,而用电机或外加大惯量转轮带动活塞转动;为解决活塞工作位置不准确,减少由液柱引入的误差,使用气体作为传压介质;附加一个固定的压力,使活塞存在一个起始平衡零点,因此测量下限可以从零开始。

二、活塞式压力计的使用

(1)新购压力计要用航空汽油反复清洗,待汽油挥发后,注入洁净的工作介质,并用手轮造压,以便排除校验器内腔中的空气。压力计应安装在便于操作、牢固且无振动的工作台上,并用水准器调整,使承重盘的平面处于水平位置,二等、三等活塞式压力计的不垂直度不得超过5°,校验器要定期更换工作介质。压力计校验器管路应畅通,所有密封处均应紧固,工作时不得有漏油现象。

(2)要选择在量程内有较好的流动性、压缩率小、没有腐蚀性及其他不良影响的工作介质,还应符合检定规程要求,在使用前应对工作介质进行过滤和工作介质的运动黏度测定。

(3)带滚珠轴承的活塞式压力计的滚珠轴承部分应保持洁净,并用钟表油作润滑油剂。

(4)为保证测量准确度,活塞式压力计应在其测量上限值的10%~100%范围内使用。如需使用10%以下压力值,可重新选用标准器。活塞压力计工作时,须按顺时针方向以30~60r/min的初角速度转动。

(5)带滑动轴承的活塞压力计,测量上限在30MPa以下,其工作介质和承重杆的润滑剂为变压器油(或变压器油与煤油的混合油);测量上限在30MPa以上,其承重杆套筒下部开有侧孔的,其工作介质是药用蓖麻油,承重杆的润滑剂是变压器油(或变压器油与煤油的混合油);对于承重套筒下部没有开侧孔的,其工作介质和承重杆的润滑剂均为药用蓖麻油。凡承重杆套筒下部开有侧孔的带滑动轴承压力计,在计算其活塞及其连接零件质量时,均不做油的浮力修正。反之,要根据被检压力计的规格型号作相应的油的浮力修正。

(6)压力计的专用砝码要保持清洁,使用时要轻拿轻放。测量上限为200MPa以下的活塞压力计,同台仪器的专用砝码可以互换使用。不同台仪器的专用砝码不可以互换使用。测量上限为200MPa和250MPa的压力计,由于活塞面积要进行变形修正,因此配套的专用砝码必须按砝码顺序号顺序放置使用。

第五节 压力传感器

压力传感器是一种输出电信号的压力测量器具。随着对压力测量和控制的要求越来越高,在很多情况下弹性式压力仪表和液体压力计已不能达到测量要求,也无法适应新的压力测量条件,因此各种原理和结构的压力传感器应运而生,已逐步发展成为一种重要的压力测量仪表。智能化的压力传感器不仅仅是一个简单的传感器,它还应具有一些如下的新功能。

自补偿功能:能够对非线性、温度误差、响应时间、噪声、交叉感应以及漂移等进行自动补偿。通过以上补偿,传感器的准确度、稳定性、可靠性等都将得到提高和改善。

自诊断功能:如在接通电源时进行自检,在工作中实现运行检查、诊断测试以确定故障组件等。双向通信功能:此功能使得在控制室直接对传感器实施远程软件调整和控制成为现实。

信息存储和记忆功能:可存储传感器本身的产品信息(如量程范围、产品编号等)和校验数据。

数字量输出:更方便地与计算机进行数据交换,便于组成用户需要的测控系统。

一、压力传感器工作原理

压力传感器是一种能感受压力并将其转换为与压力成一定关系的电信号输出的仪器或装置。通过压力敏感元件把压力的变化转化为电压、电流、电感等可测量电信号。压力敏感元件的常用的材料有半导体材料、石英材料、金属材料、精密陶瓷材料等。

压力传感器与温度、流量、成分传感器一样具有静态特性和动态特性,主要静态特性参数包括线性度、灵敏度、准确度、重复性、迟滞、零点漂移和温度漂移等。

根据敏感元件类型,可将压力传感器分为电阻式、压阻式、电容式、电感式、霍尔式、谐振式、压杆式、压电式等,而根据作用原理压力传感器又可分为直接测量式和间接测量式。压力传感器分类和特点见表3-2。

表3-2 常用压力传感器分类和特点

传感器类型			特点
电阻式	电位器式		结构简单、成本低、信号输出大,适用于交直流,不能用于动态和精密测试
	非粘贴应变式	张丝式	结构小、适应性强,工艺较复杂
		锰铜电阻	灵敏度高,相变、物化性质稳定,易于绕制,可测超高压
	粘贴应变式	膜片式	结构简单,使用可靠,不适用于高频动态测量
		筒式	被测频率范围较高
压阻式	硅压阻式		可耐较高温度,耐辐射,耐腐蚀
	混合集成电路式		坚固可靠,适应性强,体积小,耐振、耐冲击、耐腐蚀,抗干扰能力强
电容式	差动式、可动板式		灵敏度高、可测微压、动态响应好、结构简单、抗干扰能力强、滞后误差极小
电感式	差动电感式		结构简单、分辨率高、频率响应较低,不适宜动态测量
	差动变压器式		灵敏度较好
霍尔式			具较高灵敏度,结构简单,能远距离传输和记录
谐振式	振弦式、振膜式		测量准确度高
	振动筒式		对环境不敏感,准确度高,可作为高准确度测压传感器
压电式	膜片式、集成电路式、活塞式		尺寸小、重量轻、结构简单、工作可靠,用于动态测量,不适宜测静态压力

二、常用的压力传感器

(一)电阻式压力传感器

利用电阻式传感器将压力转换成电阻值,然后测量由电阻变化引起的电压或电流大小。一般分为应变式和电位器式两种,电阻应变式压力传感器是以电阻应变片为电阻转换元件的传感器,它是目前广泛应用的一种传感器。其主要特点有:准确度高,测量范围广;使用寿命长,性能稳定可靠;结构简单,尺寸小,质量轻;频率响应特性较好;可在低温、高温、高压、强烈振动及核辐射和化学腐蚀等恶劣环境条件下正常工作;易于实现小型化、整体化。其缺点为在大应变状态下具有较大的非线性,应变片的输出信号较微弱,抗干扰能力较差。

应变式压力传感器由应变计、弹性元件、外壳及补偿片组成,结构形式有多种。

1. 膜片式压力传感器

由膜片直接感受被测压力而产生变形,应变片贴在膜片内表面,当膜片受压力 P 作用而产生应变时,电阻应变片有一定电阻变化输出。图 3-17 是一种最简单的平膜片式应变压力传感器。

2. 应变式压力传感器

应变式压力传感器的一端为盲孔,另一端带有法兰与被测系统相连接。在圆筒薄壁上贴有两片或四片应变片,其中实心筒体部分贴一片或两片作为温度补偿片,圆筒部分贴一片或两片作为工作应变片。当没有压力作用时,这四片应变计组成的桥路是平衡的;当压力 P 作用在筒体内腔时,应变筒变成了"腰鼓形",使原为平衡的电桥失去平衡,如图 3-18 所示。

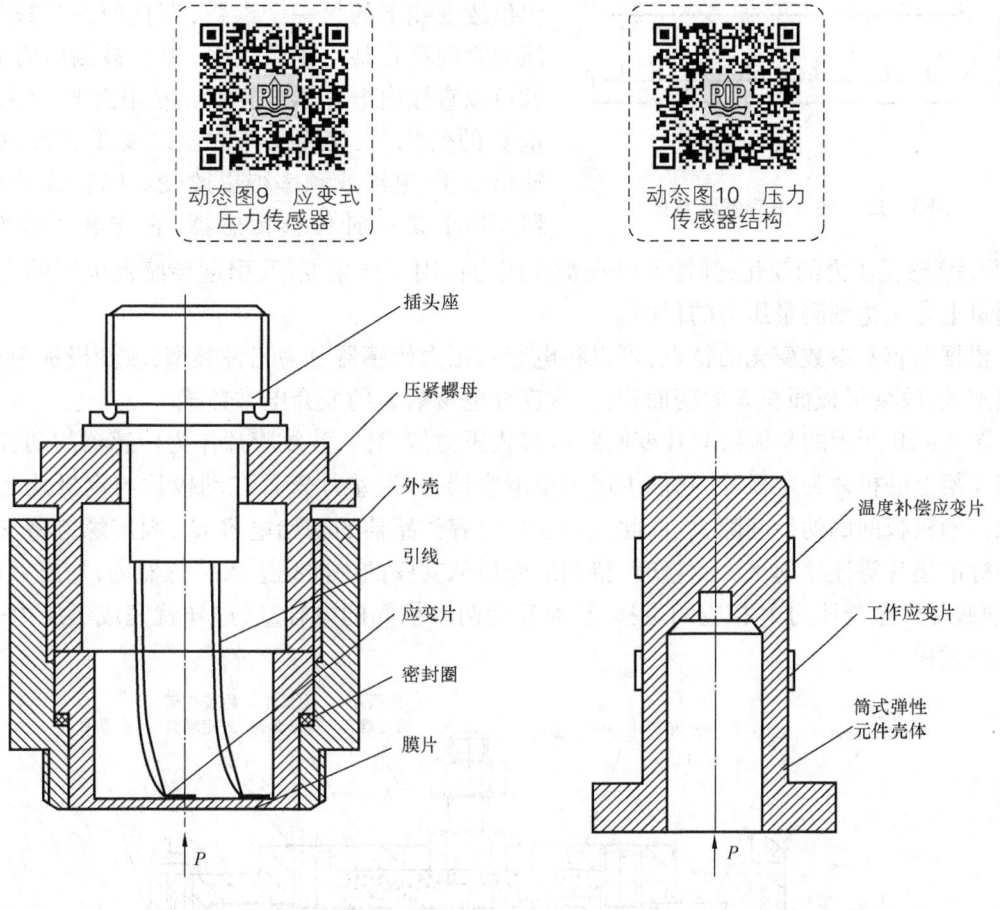

图 3-17 平膜片式应变压力传感器结构示意图　　图 3-18 筒式应变压力传感器结构示意图

(二)电容式压力传感器

以各种结构的电容器作为传感元件,当被测压力变化时电容随之发生变化,可以通过测量电容的变化值来达到测量压力的目的,这种压力传感器具有结构简单、灵敏度高、动态响应特性好、抗过载能力强等一系列优点。它也有一些明显的缺点和问题,如输出特性的非线性、寄生电容和分布电容对灵敏度和测量精度影响较大、测量电路比较复杂等。

该设备的工作原理为:传感器将被测压力转换成电容量的变化,实际上就是一个具有可变参数的电容器,在大多数情况下,它是由平行板组成的平板电容器,如图3-19所示,当不考虑边缘电场影响时,其电容 C 为:

$$C = \frac{\varepsilon S}{d} = \frac{\varepsilon_r \varepsilon_0 S}{d} \quad (3-15)$$

式中:ε 为介质的介电常数;S 为极板的面积;d 为极板间的距离;ε_r 为相对介电常数;ε_0 为真空介电常数,取值为 $8.85 \times 10^{-12} F/m$。

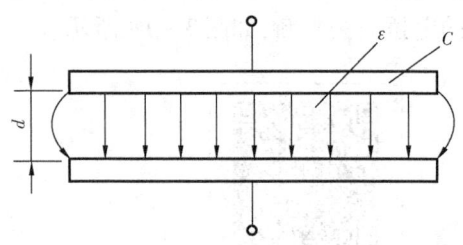

图3-19 平板电容器示意图

由式(3-15)可知,平板电容 C 受 d、S 和 ε 三个参数的影响。如果保持其中的两个参数不变,而仅仅改变剩下的另一个参数,而且使该参数与被测压力之间存在某一函数关系,那么被测压力的变化就可以直接由电容器电容 C 的变化反映出来,电容量 C 的变化,在交流工作时就改变了容抗,从而使输出电压、电流或频率得以改变。电容式压力传感器实质上是一种位移传感器,它先利用弹性元件(如膜片)感受压力的变化,弹性元件在被测压力作用下产生变形,引起传感器电容的变化,通过测量电容来达到测量压力的目的。

根据电容器参数变化的特点,可以将电容式压力传感器分为三种类型:改变极板距离 d 的变间隙式、改变极板面积 S 的变面积式、改变介电常数 ε 的变介电常数式。

图3-20所示的是波纹膜片变间距电容式压力传感器,波纹膜片作为传感器的动极片,安装在支架上的极片为定极片,它们组成一个电容器,标准垫片安置在动极片与定极片之间,用来保证两极板间的初始间隙,也由此决定这只电容传感器的初始电容 C_0,固定螺钉将支座、支架和标准垫片等连接起来。测量时,待测的介质从支座的中间孔进入传感器内,加压力于膜片上,使膜片产生与压力 P 相应的位移,从而改变两极板间的电容量,这样就完成了压力—电容的转换过程。

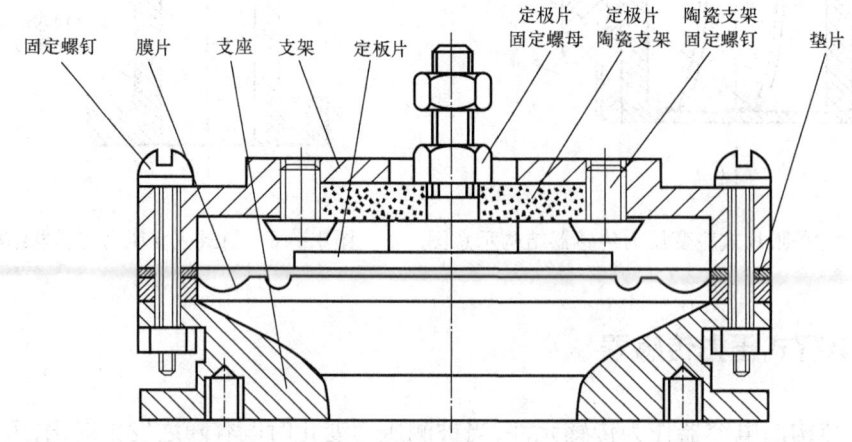

图3-20 电容式压力传感器结构

电容式传感器可用于低动态压力的测量,单电容式压力传感器采用一种张紧式膜片,具有很高的灵敏度,而且由于膜片的质量刚度比很小,这种传感器特别适合于测量快速变化的低压力。固定电极做成球面形状,当传感器在过载时具有保护作用。对于差动式电容压力传感器,动电极是膜片,固定电极是两个镀金属的玻璃圆片。膜片夹在两片中间凹的玻璃之间,当两个腔的压差增加时,膜片弯向低压的一边,微小位移改变了每个玻璃圆片与中间膜片之间的电容。这种差动式电容压力传感器如采用 LC 振荡回路或双 T 网络线路,可以测量 0~0.75Pa 的微小压力。

(三)电感式压力传感器

电感式压力传感器是利用线圈的自感和互感变化实现压力测量的一种传感器,根据转换原理可以将其分为自感式和互感式两类;按照结构形式可以将其分为间隙式及螺管式两种。电感式压力计与其他传感器相比,具有结构简单、分辨率较高、测量精度较高、输出功率较大等优点。其主要缺点是传感器本身频率响应较低,不适宜于动态测量。习惯上,电感式传感器常指自感式传感器,而互感式传感器,则由于它是利用变压器原理,又往往做成差动式,故常称为差动变压器。

1. 电感式压力传感器工作原理和结构

最简单的变间隙式电感传感器由线圈、铁芯和活动衔铁组成。线圈绕在铁芯上面。铁芯和衔铁均由导磁材料如硅钢片或玻莫合金制成,可以是整体的或叠片的,衔铁和铁芯之间有空气隙,气隙间距为 δ。当被测压力作用引起衔铁的移动时,磁路中气隙的磁阻就发生变化,从而引起线圈电感的变化,这种电感量的变化与衔铁位置(即气隙大小)相对应。因此,只要测出这种电感量的变化,就能判别压力的大小,这就是电感式传感器的基本原理。

2. 差动式电感式压力传感器

该设备利用弹性元件,将压力变换为弹性元件的位移,将弹性元件的活动部位与电感传感器的衔铁相连,将弹性元件的位移值转换成传感器的电感值。通过二次变换,将待测压力转换成电感量。

当传感器没有压力时,弹簧管不动作,与弹簧管自由端相连的衔铁处于传感器的中间位置,传感器的输出为零。当被测压力变化时,将使弹簧管的自由端产生位移,从而带动衔铁产生相应的位移,这样使上下线圈中的一个电感值增大,另一个减小,根据差动式电感传感器工作原理,在负载电阻上将有电流或电压输出,其大小与所测的压力值成正比例。

3. 差动变压器式压力传感器

差动变压器式压力传感器简称为差动变压器,也分为变间隙式与螺管式两种,变间隙式差动变压器由于行程小,结构也复杂,因此目前一般采用螺管式差动变压器。

差动变压器式压力传感器一般包括两个部分:一个是弹性元件,用来感受压力,并使其自由端产生位移;另一个是差动变压器,用来将弹性元件的位移量转换成电量,当有压力加至压力传感器时,弹性元件的自由端就产生一定大小的位移,此位移值与所测的压力成正比例关系;而在传感器内,差动变压器的铁芯与弹性元件的自由端相连,而绕组框架与壳体固定,这样铁芯就对绕组做相对运动,从而使差动变压器的二次绕组产生电压输出,此输出电压与铁芯的位移成正比例关系,因而也与所测的压力值成正比例。

(四)压电式压力传感器

压电效应的定义是:当沿着一定方向对某些电介质施加压力或拉力而使它变形时,会引起该物质内部正负电荷中心发生相对位移,因而产生极化现象,使介质两个表面上产生符号相反的电荷;电荷量的大小与所施加的压力或拉力成正比;当去掉外力后,又重新恢复到不带电状态,这种现象称为"压电效应"或"正压电效应"。相反,如果把具有压电效应的电介质置于外电场中,由于电场的作用,也将会使介质内部的正负电荷中心产生相对位移,这一位移又将导致介质的形变,这种现象称为"逆压电效应"。具有压电效应的物体称为"压电材料"。常见的压电材料有压电晶体和压电陶瓷两类:前者典型的代表材料为石英晶体;后者是人工制造的多晶材料,如钛酸钡和钛酸铅等。

压电式压力传感器是一种有源传感器,它有很高的灵敏度和固有频率,是压力传感器中动态性能较好的一种。它主要适用于变化快的动态压力,不适用于压力变化缓慢和静态压力的测量中。压电式压力传感器种类繁多,主要有以下几种。

1. 活塞式压电压力传感器

测量瞬态超高压的压电测压传感器,测量压力的上限可达 300~400MPa。被测压力作用在活塞的端面,通过活塞杆的传递作用,在活塞的另一头由砧盘将压力传到压电晶体上。为了保证在测量条件下,不会超越压电晶体的允许应力,又能在对应的最大压力量程之内使传感器的灵敏度达到较大的数值。制造中必须合理选择活塞杆的端面积与晶体片工作面积之比。砧盘的作用是保证晶体片上的受压较为均匀。

2. 膜片式压电压力传感器

膜片式压力传感器是为了克服活塞式测压传感器动态特性差的缺点而发展起来的。

膜片式压电压力传感器用金属膜片取代了活动的活塞,膜片主要作用是传递被测压力,实现预压和密封。由于膜片质量很小,而且与压电元件相比刚度很小,因此在合理的预压时,传感器的自振频率可以做得很高,可达 100kHz 以上。在提高灵敏度方面,除适当地选择压电晶体的材料外,第二种活塞式压电传感器采取了增大受力端面的办法,在膜片式压电传感器中有时也希望选择较大的膜片,但因膜片尺寸增大将使动态特性变差,所以一般直径多选用 10~15mm,为了保证有较大的输出电荷,一般不是采用增大晶片面积的办法。晶片面积常取和膜片面积差不多的尺寸,而是采用多晶片结构,即所谓"压电元件堆",将二片、四片或六片晶片并联或串联起来。

第六节 压力变送器

压力变送器是一种输出标准信号的压力测量仪表,主要由测压元件传感器、测量电路和连接件三部分组成,将压力传感器感受到的压力参数转变成标准电信号(如数字信号、4~20mA DC 等),与压力传感器的区别是输出信号的标准与否。传感器和变送器都具有检测某种变量并输出结果的功能,变送器是从传感器发展而来的,是输出标准信号的传感器。标准信号主要有:直流电流(4~20mA)、直流电压(1~5V)、气体压力(20~100kPa),这便于和其他仪表组成检测或调节系统,完成生产过程的自动测量和控制,还可以构成计算机控制系统。常用的压力变送器主要有应力式、电容式、扩散硅压阻式等。

一、压力变送器工作原理

压力变送器通过压力传感器感受压力并输出对应的电信号,再通过信号处理电路对电信号进行放大、整形、滤波并转换为标准信号输出。压力变送器一般由感压单元、信号处理和转换单元两大部分组成,有些压力变送器增加了显示单元,还有些压力变送器具有现场总线功能。感压单元也称为压力传感器,它将压力或差压转换成某一中间模拟信号:如电压、电流、电容、电阻、位移等;信号处理和转换单元将中间模拟信号进行放大、滤波、整形,转换为标准输出信号。图3-21所示为压力变送器的工作原理框图。

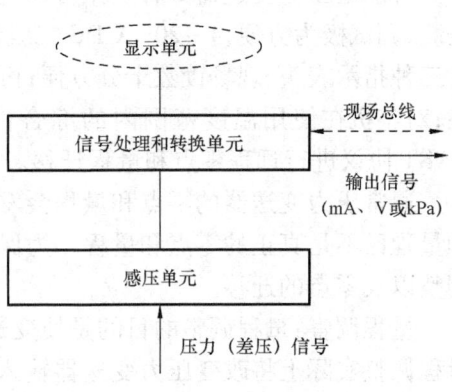

图3-21 压力变送器的工作原理

二、压力变送器分类和主要技术参数

(一)压力变送器分类

1. 按照输出信号分类

压力变送器按照输出信号可以分为两大类,即电动压力变送器和气动压力变送器。电动压力变送器的输出信号为0~10mA、4~20mA的直流电流或者1~5V的直流电压,气动压力变送器的输出信号为20~100kPa的气体压力。

2. 按照工作原理分类

压力变送器按照工作原理可以分为电容式、谐振式、力平衡式、应变式和压阻式等。

3. 按照被测压力来分类

压力变送器按照被测压力可以分为绝压压力变送器、表压压力变送器和差压压力变送器。

(二)主要技术参数

(1)输出信号:0~10mA、4~20mA的直流电流或者1~5V的直流电压;带有基于HART协议的数字信号;20~100kPa的气体压力信号。

(2)准确度:一般分为数字和模拟两部分,数字信号一般为±0.05%~±0.1%,模拟信号一般为±0.1%FS~±0.5%FS(FS代表全量程)。

(3)稳定性:一般每60个月变化不超过0.25%。

(4)量程比:一般为100∶1甚至更高。

(5)供电电源:一般为直流24V或交流220V,50Hz。

(6)环境温度:一般为-40~85℃。

(三)压力变送器特点

智能型压力变送器具有工作可靠,性能稳定,可靠性高,维护简单、轻松,体积小,质量轻,安装、调试极为方便;4~20mA DC 二线制信号传送,抗干扰能力强,传输距离远;LED、LCD、指针三种指示表头,现场读数十分方便;可用于测量黏稠、结晶和腐蚀性介质;高准确度,高稳定性;对整机在使用温度范围内的综合性温度漂移、非线性进行精细补偿;可用手操器通过HART协议进行远程零点和量程迁移。

通常压力变送器的零点和量程会发生漂移,虽然压力范围没有发生变化,但新的实际零点和量程已不是真正的零点和量程。为保证计量准确可靠,通常要对变送器进行量程和零点的调整以及零点的迁移。

量程调整:量程调整的目的是使变送器的输出上限值y_{max}与输入信号最大值x_{max}相对应。量程调整实际上将改变压力变送器输入输出特性的斜率,即改变压力变送器输出y与输入x之间的关系。

零点调整和零点迁移:零点调整和零点迁移的目的是,使变送器的输出信号下限值y_{min}与输入信号的下限值x_{min}相对应。当$x_{min}=0$时为零点调整,当$x_{min}\neq 0$时为零点迁移。零点调整使变送器的测量起始点为零;若将测量起始点由零变到某一正值,则称为正向迁移;若将测量起始点由零变到某一负值,则称为负向迁移。零点迁移使变送器的输入输出特性沿横坐标向右(正向)或向左(负向)移动,其斜率不变,即量程不变。零点迁移和量程调整可以提高变送器测量准确度,零点迁移和量程调整输入输出特性如图3-22所示。

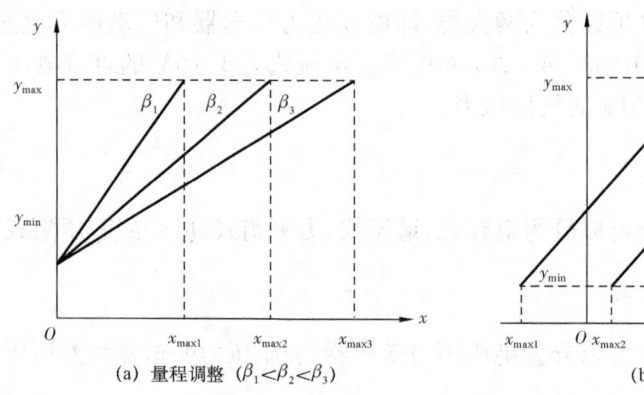
(a)量程调整($\beta_1<\beta_2<\beta_3$)
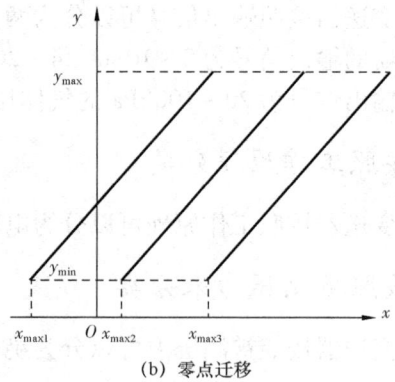
(b)零点迁移

图3-22 变送器的量程调整和零点迁移

三、常用的压力变送器

(一)力平衡式压力变送器

力平衡式压力(差压)变送器按动力源不同分为气动和电动两种。气动力平衡式压力变送器利用弹性元件在压力作用下所产生的力施加在杠杆上,然后由喷嘴挡板、气动功率放大器、反馈波纹管等力矩平衡系统,输出与杠杆上所受力成正比的标准气压信号 20~100kPa,间接反映被测差压或压力值。电动力平衡式压力变送器以电磁反馈力产生的力矩去平衡输入的压力在弹性元件上产生而作用在杠杆上的力,输出与杠杆上所受力成正比的标准电流 0~10mA 或 4~20mA 信号,间接反映出被测差压或压力值。

1. 气动力平衡式压力变送器

气动力平衡式压力变送器结构如图 3-23 所示。喷嘴、挡板是小位移传感器。气源压力一般在 140kPa 左右,经恒节流孔和喷嘴至大气。恒节流孔为很大的气阻,喷嘴的气阻随它与挡板距离大小而变化,喷嘴背压在大气压和气源压力之间变化。

2. 电动力平衡式压力变送器

电动力平衡式压力变送器输入压力经测量膜片有效面积变成集中施加在主杠杆,使主杠杆以轴封膜片为轴偏转,产生作用在矢量机构上的水平力,带动副杠杆绕支点转动,使差动变压器衔铁下移,气隙变小,差动变压器输出经过放大后输出直流电流。电流流经反馈动圈,产生反馈力使副杠杆上力矩平衡,变送器达到一个新的平衡状态。输出电流与差压有关。

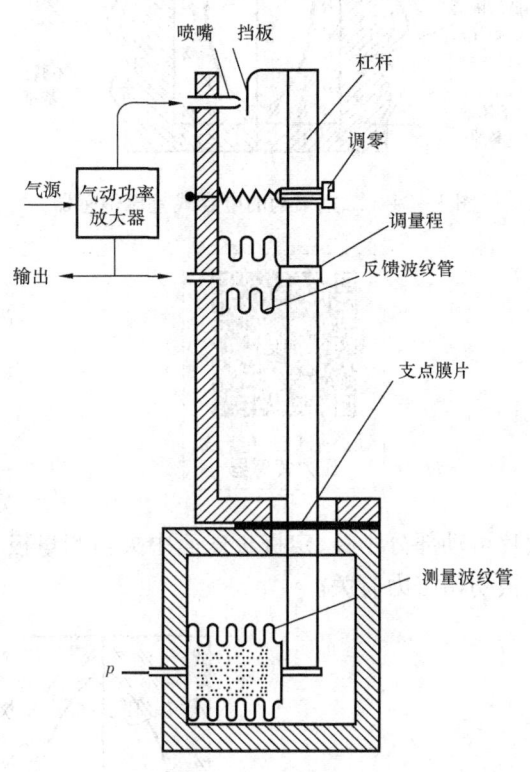

图 3-23 气动力平衡式压力变送器结构示意图

(二)电容式压力(差压)变送器

电容式压力(差压)变送器采用差动电容作为检测元件,完全没有机械传动机构和机械调整装置,其尺寸紧凑、抗振性好、准确度高,而且零点调整和量程调整互不影响,得到广泛应用。

1. 电容式(差压)压力变送器结构

金属膜为电容两个定极板,测量膜片为动极板,并将左右空间分隔成两个室。左右二室充满硅油,当左右二室承受高压 p_H 和低压 p_L 时,硅油的不可压缩性和流动性将差压 $\Delta p = (p_H - p_L)$ 传递到测量膜片左右面上。当 $\Delta p = 0$ 时,左右两电容 C_H 与 C_L 相等,$\Delta C = C_H - C_L = 0$;当 $\Delta p \neq 0$ 时,测量膜片变形即动极板向低压侧定极板靠近,同时远离高压侧定极板,从而使 $C_H < C_L$。采用差动电容可以减少介电常数占受温度影响引起的不稳定性,又提高灵敏度,改善线性。二室结构的电容式差压变送器如图 3-24 所示。

2. 差压与差动电容关系

当 $\Delta p \neq 0$ 时,两侧电容变化如图 3-25 所示。

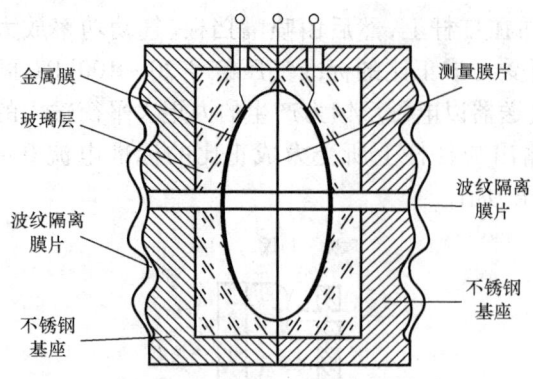

图 3-24 二室结构的电容式差压传感器

图中动极板变形至虚线所示位置时,它与动极板初始位置间的假想电容为 C_A 与低压侧定极板间电容为 C_L,与高压侧定极板间电容为 C_H。由此得出:

$$C_H = \frac{C_0 C_A}{C_A + C_0}; \quad C_0 = \frac{C_L C_A}{C_A + C_L}$$

有 $\dfrac{C_L - C_H}{C_L + C_H} = \dfrac{C_0}{C_A}$

式中,C_0 为测量膜片在初始位置时与定极板间电容。

对于有初始张力的测量膜片,在差压 $g = p_H - p_L$ 作用下的挠度与差压成正比,由此可知:

$$\frac{C_0}{C_A} = K_1 \Delta p = K_L(p_H - p_L) \quad (3-16)$$

式中,K_1 为结构常数,它与定极板曲率半径、球面定极板在中央动极板初始平面上投影半径、测量

动态图11 电容式压力传感器

膜片可动部分半径、定极板球面中央与测量极板距离、球面定极板边缘与测量极板距离及测量极板初始张力有关。

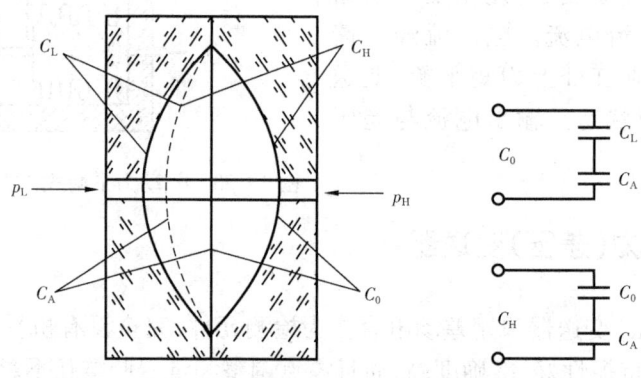

图 3-25 有差压时两侧电容变化

C_L—低压侧定极板间电容;C_H—高压侧定极板间电容;p_H—左右二室承受高压;p_L—左右二室承受低压;C_A—假想电容;C_0—测量膜片在初始位置时与定极板间电容

四、智能压力变送器

智能压力变送器可配集成传感器(扩散硅等压力传感器等),经过数字技术实现零点迁移、调整量程、温度补偿和非线性校正等功能。利用微处理器及数字通信技术将常规变送器加以改进,使功能增加、使用更方便,用二线制既传递直流信号 4~20mA 和电源,也可用便携式现场通信器与

动态图12 电动差压变送器结构原理

变送器进行数字通信。

(一)典型结构

智能差压(压力)变送器的传感器为扩散硅应变电阻传感器,在硅杯上除具有感受压力的应变电阻外,还集成了感受静压和温度的敏感元件,实际上此传感器将差压、温度、静压三种敏感元件集成于一体,经过相应电路,将此三个参数转换成数字信号,分时采集进入微处理器。

(二)现场通信器功能

(1)组态:组态就是用手操器将数据参量写到变送器的存储器中,手操器允许远程设定,改变或指示的参数包括变送器位号、测量范围、输出形式、阻尼时间常数等。

(2)测量范围变更或迁移:不需施加任何校准输出压力就能完成。

(3)变送器的校验:用手操器键盘快速、精确地校验而不需要电压表调整,零点和量程调整互不干扰。

(4)自诊断:在系统发生不正常状态时,手操器上会显示59种信息,这些信息主要有四个方面的内容,即组态信息、通信状态、变送器工作情况、过程异常情况。

(5)恒流输出的设定:可将变送器当成一个恒流源来输出,输出值为 4~20mA DC,此值与输入差压无关。

(三)变送器与现场通信器的连接方式

现场通信器是便携式,既可在控制室某个变送器的信号导线上进行远方设定和检查,也可在现场接在变送器信号端子上就地设定和检查。要求连接点与电源间有不少于 250Ω 的电阻,负载电阻大小与供电电压有关。变送器负载电阻为 250Ω,可将 4~20mA DC 电流信号转换为 1~5V DC 电压信号。

第七节　数字压力计

数字压力计是将压力测量结果以数字形式显示的压力测量仪表,同时可以输出各种标准信号,数字压力计的特点是读数准确、快速、分辨率高、准确度高、压力范围宽、体积小、便于携带,通常作为标准器使用。

一、数字压力计工作原理

数字压力计通过压力传感器感受压力并将其转化为电信号或其他信号,再通过信号转换器转换为标准信号,最后通过中央处理器进行运算、处理、显示。随着数字技术的飞速发展,诸多先进的数字技术融入数字压力计,也就出现了智能数字压力计,数字压力计具有校准、补偿、修正、设置、记忆、通信、联网、数据运算和处理、单位转换、报警等多种功能。某些存储型数字压力表具有现场显示功能,内置存储模块,可存储上万条压力数据,所存储的数据通过 CPU 与软件结合,进行数据分析、报表处理等操作。数字压力计多种多样,但工作原理大同小异,其原理框图如图 3-26 所示。

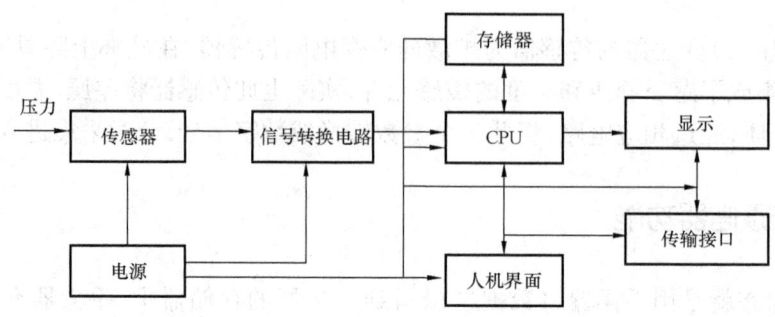

图 3-26 数字压力计工作原理框图

(一)传感器

各种传感器完成压力量到电量的转换,这种转换遵循传感器的转移函数规律,不同传感器有不同的转移函数。传感器型式主要有压阻式、应变式、电容式、压电式、变磁阻式(简单电感式、电涡流式、差动变压器式、压磁式)、谐振式(振筒式、振梁式、振膜式、振弦式)等。谐振式按其谐振件的材料还可分为金属材料、石英、硅等,按尺寸又可分为普通型和光刻的微型。

(二)信号转换电路

信号转换电路将传感器输出的电信号转换成 CPU 能识别、接受的规格标准的数字信号。对于不同传感器,信号转换电路的差别很大。想要获得好的测量效果,不但要选用性能优异的传感器,还同时必须选择优良、适用的转换电路,两者紧密配合可充分发挥传感器和转换电路的优势,使测量更完满。压阻式传感器的信号转换电路主要包括放大器和 A/D 转换器,放大器将传感器的输出信号放大,以满足 A/D 转换器进行模拟—数字转换的要求。

谐振式传感器的信号转换电路的功能包括整形、放大或限幅、计数或计时。对工作频率较低的谐振式传感器,采用周期法测量,即以传感器的输出信号作为门控信号对时钟进行计数的方法,测量速度快、准确度高。谐振传感器的非线性可由 CPU 进行数据处理,从而获得优良的测址结果。压电式传感器的信号转换电路是电荷放大器和 A/D 转换器,电荷放大器将传感器输出的电荷转化成与之相对应的电压,然后经 A/D 转换器转换成与传感器输入压力成比例的信息送至 CPU。为了获得好的电荷放大作用,除选用超低输入电流的运算放大器外,还应选用优质的电容器,主要指标是低的吸收效应、漏电流和温度系数,并在频率响应满足要求的条件下,采用尽可能大的电容量。电容式传感器因其灵敏度高,常用做微压测量,至于电容式、电感式、压磁式等传感器,由于使用较复杂且受其他因素影响较大,所以使用较少。

(三)电源

电源包括供电与激励电路,是数字压力计中的另一个重要单元。压阻式传感器的激励有恒压和恒流两种方式。为了充分发挥传感器的性能,减少激励带来额外误差,恒流源应有好的稳定性,包括时间和温度两方面的稳定性,尤其后者,原因是传感器的输出与激励电流存在着线性关系,因此激励电流的变化将百分之百地在传感器输出端显现。谐振式传感器的激励较特殊,它是一种与振动元件谐振频率相同的激励源,通常由传感器输出经过反馈实现,它对幅度的要求并不严格,但对频率、相位的要求却很高,而且激励电路往往放在传感器的内部,因此对外只要求向它提供规定的电压即可。压电式传感器则不需要外部激励,因为压电晶体在外部被测量的作用下会产生相对应的电荷,此电荷转换到电荷放大器的电容器上就会转换成电压。

(四)CPU

数字压力计中的 CPU 多采用单片机,一般使用的是 8 位带闪存的单片机,内存中放置各种程序,包括控制程序、数据处理程序、字库等,还有将 A/D 和 CPU 组合到一个芯片中的仪器,使用更方便。

(五)人机界面

人机界面指操作按键、显示器等。由于显示器有其特殊性,将其独立于后面介绍,先介绍操作键。一般数字压力计有如下功能键:"校零"(调零),当输入被测压力为零时,若显示不为零,则将此零点减去并记录;"校准",用比本数字压力计准确度级别更高的标准器(如活塞压力计)进行校准时的操作键;"单位转换",改变显示的压力单位,基本单位为 Pa、kPa、MPa,另外还有一些常用的非法定计量单位,如 mmHg,mmH$_2$O,bar 及英制单位 psi 等,在改变单位时压力数值也随着变化;"背光控制",以电池为电源的数字压力计,为节约电池电力而设置的专用键,在光线明亮时可关断背光,以省电;"电量测量",有的数字压力计具有测量电压、电流、开关通断等功能,这通常是为用来校准或检验压力变送器而设置的。

(六)显示器

目前,被测压力显示的数字位数少则四位,多则六位,多数为五位,因此其分辨率已不是任何模拟式压力计所能比拟的。随着技术的发展,显示器已由简单的 LED 数码管做单一被测压力值显示,发展到如今大显示屏多信息显示,如显示内容有标准(输出)压力值、被校仪表读数值、被校仪表在本压力点的偏差(用% 表示)和压力源处的压力值。

二、数字压力计分类

数字压力计根据其工作原理的不同,选用的传感器的不同,被测压力的性质的不同和介质、结构以及其他的不同,可进行多种分类,以适应众多的应用。

(一)按被测压力的性质分类

(1)表压压力计:用于测量以当地当时大气压作为参考的压力,是最常用的一类数字压力计。

(2) 绝压压力计：用于测量以绝对真空或以零压力作为参考的压力,其测量结果恒为正值。

(3) 真空度计：是用来测量真空度的数字压力仪表。

(4) 气压计：专门用于测量大气压力的仪表,实质上它就是绝压计,不同之处在于量程和选用的单位。绝压计的压力量程范围较宽,可达 MPa 量级,而气压计一般不会超过 2~3 个大气压,在气象学方面,压力单位常用 hPa(百帕)。

(5) 差压压力计：用以测量两个压力之差,这类压力计有两个压力输入口,即高压压力输入口和低压压力输入口,差压压力计的量程有两项：一是差压(Δp)的量程；二是静压(P_h 和 P_L 二者中的大者)的量程。额定最大的差压范围是差压量程,额定最大的静压输入压力就是静压量程,通常这两个量程的差距很大,如某差压变送器的差压量程仅 40kPa,但其静压量程可达 60MPa,相差千倍以上,这两个量程不可弄错。

(二)按数字压力计的结构形式分类

(1) 台式：通常在室内使用,具有较高的测量准确度和较强的功能。

(2) 便携式：这类仪表一般既可以携带至室外现场由仪表内部电池供电工作,也可在室内由交流电源供电进行工作。仪表内部配有电池的充电电路,在室外工作后,可带回室内由交流电源通过充电电路对电池充电。仪表本身还有电池欠压指示和充电指示,有的数字压力计还可在必要时由显示屏上观察电池的实时电压。

(3) 手持式：该类压力计由电池供电,尺寸小、质量轻,电池充电电路采用外部专用电路形式。

(4) 安装式：与弹簧管指针式压力表相似,具有标准螺纹压力接口(如 M20×1.5),用于固定安装,采用电池供电。

(5) 面板式：它具有标准尺寸,安装在专门的场合(如控制柜、操纵台等)。压力引入的方式有两种,一种是压力直接引入仪表后面板的专用接口上；另一种是将传感器做成模块形式安装于被测压力处,通过电缆或导线将信号传送到仪表。

(6) 带压力源的数字压力计：上述几种数字压力计不带压力源,当它作为标准器用以检测其他被测压力仪表时,需要由另外产生压力的装置或设备提供相应的压力进行测量,而这类仪表自身带有产生压力的压力源(分液体和气体两种介质),又分为台式和便携式,室外、现场使用十分方便。

(7) 组合式与综合试验台：由数字压力计与相应配套设备组成,配套设备通常有程控电动压力源或手动压力源、计算计、各种阀门和调节器等,具有更强的功能和更优越的性能。

(8) 自动调压式数字压力综合试验台：是组合式和综合试验台的升级产品,它的压力在试验台的控制下产生并达到标准(或设定)值,在一定的时间内保持该压力的稳定,具有更高的技术水准。

(三)按被测介质分类

介质是压力传递的载体,实际的介质有气体和液体两大类,由于此二者的物理特性的差异,它们分别适用于不同场合和压力范围。

(1)气体:被测压力的介质为气体,常用的有空气(一般为干燥、干净的空气)、氮气等非腐蚀性和非可燃、爆炸性气体,气体介质的压力测量通常不超过 6MPa。

(2)液体:被测压力的介质为各种非易燃、易爆、腐蚀性液体,常用的有油类(如变压器油、蓖麻油等)、水(纯净水),也有使用酒精的(仅用于活塞压力计)。

对于易燃、易爆、腐蚀性气体和液体介质须使用专门的仪表(如防爆、隔离等)进行压力测量。

(四)按压力的大小分类

常压(或称中压)数字压力计通常指量程为 250kPa～100MPa 范围的压力计;高压数字压力计指量程大于 100MPa 的压力计;超高压数字压力计指量程大于 1000MPa 的压力计;低压数字压力计指量程为 10～250kPa 的压力计;微压数字压力计指量程小于 10kPa 的压力计。

(五)按压力传感器的位置和与被测压力的连接方式分类

(1)传感器内置、压力直接引入:传感器安装在仪表内部,被测压力直接接到仪表输入接口。

(2)传感器外置、以模块形式与被测压力连接:传感器安装于一个具有标准螺纹(如 M20×1.5)压力接口的金属或非金属壳体内构成一个模块,通过电缆或导线与数字压力计相连接,这类模块可分为三类:

① 纯传感器型:这种模块的内部只有一个传感器,有时也可增加一个测量温度的传感器,由于压力传感器的参数通常存在离散性,因此数字压力计必须对其参数(如非线性、灵敏性、零点及其温度系数等)予以记录并进行补偿和修正,而这些参数每个传感器并不相同,所以纯传感器型模块只能与一台固定的数字压力计配合使用,不具备互换性。

② 模拟型模块:增加了记录传感器特性参数和修正、补偿系数的存储器,有时还有传感器的激励电源电路,因此这类模块具有互换性,可以和同型号的多台数字压力计连接使用,但模块的输出信号仍是模拟的电压信号,所以称为模拟型模块。

③ 数字型模块:这种模块实际上就是一台没有显示器和操作按键的小型数字压力计,只要外部对它进行供电(一般为直流电压),它就可以输出标准总线(如 RS232、RS485 等)信号,与上位机或手操器进行通信,将被测压力值传送至上位机或手操器上。

三、数字压力计特点

随着集成电路技术的发展,单片 A/D、高性能运算放大器的出现,数字压力计信号调理、转换电路的技术性能得到明显提高,整机准确度已达到 0.1%～0.2%,具有数据处理、存储、传输、联网、报警、自动校零、控制、自动调压等功能。数字压力计可以极其方便地变换被测压力的单位,从 MPa、kPa、Pa 变换到 mmHg、mmH$_2$O、kgf/cm^2、psi、bar 等。还可以记录、存取测量数据并通过接口传输与上位机或测控系统中的其他设备进行数据通信、控制、显示。

第四章 流量计量

第一节 流量计量基本知识

燃气计量是一个复杂的测量过程,遍布燃气门站、储配站以及各类终端用户,涉及温度、压力、流量、成分、液位等主要参数,而流量计量是燃气计量的中心内容,因为绝大多数流量计量都属于贸易结算范畴,同时,为实现准确计量,与之有关的压力和温度也是必不可少的辅助参数。本篇着重讨论有关流量计量方面的基础知识,包括流量计量基础和各类流量仪表等。在流量计量基础中重点介绍流量计量基本概念、流量计量术语及定义、流量测量方法和流量计量的量值溯源体系。

一、流量计量相关概念

(一)流体物性参数

流量计量涉及很多流体的物性参数,常见的有密度、黏度、比热容、气体绝热指数、气体等熵指数等。

1. 密度

流体具有质量,单位体积内流体的质量称为密度,对于均匀介质流体,可以用下式表示:

$$\rho = \frac{m}{V} \qquad (4-1)$$

式中,ρ 为流体密度,kg/m³;m 为流体质量,kg;V 为流体体积,m³。流体的密度是温度和压力的函数。对于理想气体,有

$$\rho = \frac{P}{R_m T} \qquad (4-2)$$

式中,P 为气体绝对压力,Pa;R_m 为气体常数,J/(kg·K);T 为气体绝对温度,K。对于一般混合气体:

$$\rho_n = \sum_{i=1}^{n} \rho_i X_i \qquad (4-3)$$

式中,ρ_i 为第 i 种气体成分在标准状态下的密度,kg/m³;X_i 为第 i 种气体成分的体积占比,%。

工作状态下干气体的密度的计算式为

$$\rho = \rho_n \frac{p T_n Z_n}{p_n Z T} \tag{4-4}$$

式中,T_n、p_n、Z_n、ρ_n 分别为标准状态下气体的绝对温度、绝对压力和压缩系数和密度;T、p、Z 分别为工作状态下气体的绝对温度、绝对压力和压缩系数。

2. 黏度

流体具有黏性,流体的黏性是流体分子微观作用的宏观表现,是表示流体内摩擦力大小的一个参数。各种流体在流动时所受到的不同阻力表明流体在同一状态下也会有不同的黏度。

3. 比热容

比热容是流体的重要热力学参数之一。为了计算在某一测量过程或其他过程加入或放出的热量,需要了解这一性质。常用的比热容有定压比热容、定容比热容。比热容的定义为:使单位质量流体温度升高一度所需要的热量,流体的比热容与所进行的过程有关,表达式为

$$c = \frac{1}{m}\frac{\mathrm{d}q}{\mathrm{d}T} \tag{4-5}$$

式中,c 为比热容,$\mathrm{J/(kg \cdot K)}$;$\mathrm{d}q$ 为加入或放出的热量,J;$\mathrm{d}T$ 为流体温度变化量,K;m 为流体的质量,kg。

定压比热容用符号 c_p 表示,为单位质量的流体在压力不变条件下,单位温度变化时所吸收或释放的能量;定容比热容用符号 c_V 表示,为单位质量的流体在比容不变的条件下,单位温度变化时所吸收或释放的能量。

比热比是针对气体而言的,比热比 k 等于气体的定压比热容 c_p 与气体的定容比热容 c_V 之比值。在绝热过程中,比热比称为绝热指数;理想气体的比热比等于等熵指数。

4. 气体绝热指数

如果流体工质在状态变化的某一过程中不与外界发生热交换,则该过程称为绝热过程。用孔板测量天然气流量时,气体流过孔板时发生的状态变化,可近似认为是一绝热过程。

对于理想气体,其绝热指数 k 就是比定压热容 c_p 与气体的比定容热容 c_V 之比,即 $k = c_p/c_V$。

对于实际气体,绝热指数与气体的种类、气体温度、气体压力有关。一般可以近似地按如下取值:单原子气体,$k = 1.66$;双原子气体及空气,$k = 1.41$;三原子气体,$k = 1.31$;多原子气体,$k = 1.13$。常用气体绝热指数见表 4-1。

表 4-1 常用气体绝热指数

气体	H_2	N_2	O_2	空气	SO_2	NH_3	C_2H_2	C_2H_4	CH_4
绝热指数 k	1.410	1.402	1.397	1.400	1.272	1.313	1.235	1.249	1.314

5. 气体等熵指数

当气体流过节流式差压流量计的节流装置时,气体的热力过程假设为等熵过程,由于过程路径很短,没有热损失,假设为理想的等熵膨胀过程符合实际。压力与体积的关系式为 $pV^k = $ 常数,式中 k 为等熵指数。对于理想气体,等熵指数等于绝热指数,由于 $c_V = c_p - R_m$,则

$$k = \frac{c_p}{c_V} = \frac{1}{1 - \dfrac{R_m}{c_p}} \tag{4-6}$$

对于实际气体,等熵指数方程为

$$k = \left[\frac{1}{1 - [(\partial Z/Z)(\partial P/P)]T}\right]\frac{c_p}{c_V} \tag{4-7}$$

式中,Z 为气体压缩系数;p 为气体绝对压力,Pa;T 为气体绝对温度,K。

等熵指数与流体种类、压力及温度等有关。为了计算流量,可以近似地采用绝热指数代替等熵指数。

(二)管道流量计量基本概念

在流量计量过程中,流体一般都是在管道中流动,封闭管道流动的概念主要有速度分布、管道雷诺数以及定常流、脉动流、临界流等。

1. 速度分布

在管道横截面上,流体速度轴向矢量的分布称为速度分布。连接流体微元流速矢量末端的包络线呈现一曲线或曲面,在管道横截面上多点处速度分布的图解表示法称为速度剖面。图4-1所示为层流和湍流两种典型的速度分布剖面轮廓形状。

层流是流体质点间相互不混杂、层次分明平滑的一种流动。在圆管中,当达到充分发展流时,其速度分布呈抛物面形状。湍流是流体质点间相互混杂而无层次的一种流动。在圆管中,当达到充分发展状态时,其速度分布在管道中间部分流体的速度分布比较均匀,但在管壁处速度梯度较层流为大。

从图4-1中可以看到,管道中心的速度最大,从中心到管壁依次减小,管壁的速度为最小(为零),中间的过渡过程又随流体的特性有所不同,充分发展的层流的变化趋势近似抛物面形状,而充分发展的湍流的变化在中间部分速度分布比较均匀,但在管壁附近速度梯度较层流大。

流体从入口处流入管道以后,在流动方向的每个横截面上,其速度分布在不断地发生变化,称为发展着的速度分布。当速度分布从一个横截面到另一个横截面不再发生变化时,称为充分发展的速度分布。在阻流件的后面,流体都要先经过发展着的速度分布,然后达到充分发展的速度分布。流速分布在充分发展管流时已经稳定下来,但是管道内壁的粗糙度对它仍有影响。图4-2所示为光滑管和粗糙管的湍流速度分布,粗糙管的速度分布要比光滑管陡峭。

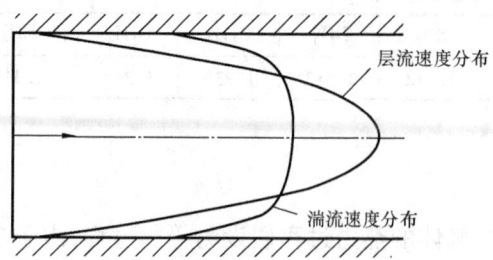

图4-1 层流和湍流的速度分布示意图

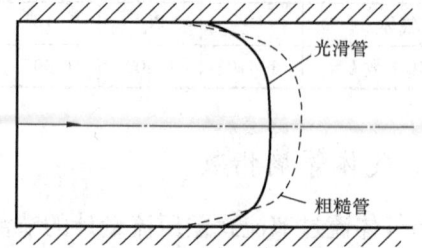

图4-2 光滑管和粗糙管的湍流速度分布示意图

速度分布受到管道及各种节流件的影响,在实际应用中要注意,速度分布的畸变对一些速度式流量计的准确计量会造成较大的影响。流量计上游直管段长度不足,且阻流件种类繁多,造成的非充分发展的速度分布主要是速度分布畸变和旋转流,这些情况在设计计量仪表时需要充分考虑到。

2. 雷诺数

雷诺数是一个表征流体惯性力与黏性力之比的无量纲参数,它由下式给出:

$$Re = \bar{v}l/\upsilon \tag{4-8}$$

式中,Re 为雷诺数;$\bar{v}$ 为平均流速;l 为产生流动的系统的特征尺寸;υ 为流体的运动黏度。

当说明雷诺数时,应指明一个作为依据的特征尺寸,如管道直径、孔板的孔径或皮托管测量头直径等。若雷诺数小,黏性力占主要地位,黏性对流场的影响是主要的;若雷诺数很大,则惯性力是主要的,黏性对流动的影响只在附面层内或速度梯度较大的区域才是重要的。特征尺寸为管道直径时的雷诺数公式为

$$Re = vD/\upsilon \tag{4-9}$$

层流和湍流相互转化时的雷诺数称为临界雷诺数 Re_c。对于圆形管道,$Re_c = 2300$。可以认为,当流体的雷诺数小于临界雷诺数 Re_c 时,流动是层流流动状态;当流体的雷诺数大于临界雷诺数 Re_c 时,流动就开始转变为湍流状态。

3. 定常流

定常流为流场中各点处的流速、压力、密度、温度等流动参数不随时间而改变的流动。实际上,在工业管道中只有层流才存在定常流,大多数工业管道为湍流状态,其流动参数在与时间无关的平均值附近随时间而有微小变化,它是"统计定常流"或"平均定常流"。

4. 脉动流

脉动流是非定常流的一种类型流动,分为周期性脉动流和随机脉动流。脉动流的成因可能有:(1)动力设备(如往复式发动机、压缩机、泵、风机等)产生;(2)控制阀、调压器频繁操作产生;(3)管线自激振荡产生;(4)工艺管件,如阀门、弯头、变径、支管等使流动分离产生;(5)其他原因。

5. 临界流

流体经过某种节流件时,下游与上游的绝对压力之比等于或小于临界值的流动,这时在节流件中临界截面(通常在喉部)处,速度将达到音速,进一步降低下游压力,也不能使质量流量增大。

(三)流量计量基本方程

流体在单位时间内流过管道或某横截面的数量称为流量,也称瞬时流量,在一段时间内流过的量称为累积流量,也称为总量。瞬时流量分为体积流量 q_v 和质量流量 q_m 两种形式。

流量的基本方程为

$$q_v = \frac{dV}{dt} = vA \quad \text{或} \quad q_m = \frac{dm}{dt} = \rho vA \tag{4-10}$$

总量(累积流量)的基本方程为

$$V = \int q_v dt \quad \text{或} \quad m = \int q_m dt \tag{4-11}$$

若流体的流速和密度稳定不变,则 $V = q_v t = vAt$,而 $m = q_m t = \rho vAt = \rho V$。

1. 连续性方程(质量守恒)

连续性方程是质量守恒定律应用于运动流体的一种具体体现,对于可压缩流体非定常流动,计算公式为:

$$\rho_1 v_1 A_1 = \rho_2 v_2 A_2 = q_m(t) \tag{4-12}$$

式中,ρ_1、ρ_2 为断面1和断面2处的平均流体密度,kg/m^3;v_1、v_2 为断面1和断面2处的平均流体流速,m/s;A_1、A_2 为断面1和断面2处的断面面积,m^2;$q_m(t)$ 为流体的质量流量,kg/s。

对于可压缩流体定常流动,有

$$\rho_1 v_1 A_1 = \rho_2 v_2 A_2 = q_m = 常数 \tag{4-13}$$

对于不可压缩流体定常流动,有

$$v_1 A_1 = v_2 A_2 = q_v = 常数 \tag{4-14}$$

各参数及连续性含义见图4-3。

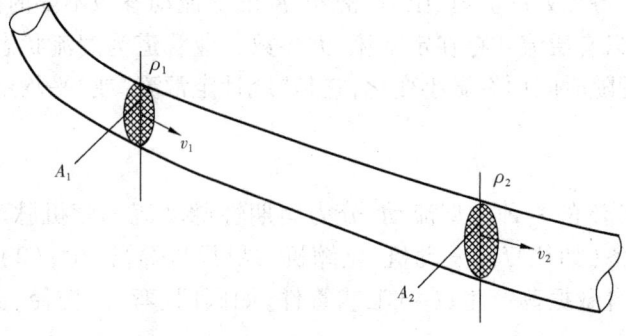

图4-3 流体连续性方程示意图

2. 伯努利方程(能量守恒)

伯努利方程是能量守恒定律应用于运动流体的一种具体体现,在忽略摩阻及热交换情况下,对于不可压缩流体定常流动,一般表达式为

$$h_1 + \frac{p_1}{\rho g} + \frac{v_1^2}{2g} = h_2 + \frac{p_2}{\rho g} + \frac{v_2^2}{2g} = 常数 \tag{4-15}$$

在实际流动中,由于流体不是理想流体,因此流体与管壁、流体内部分子之间的摩擦会造成一部分机械能转换成热能而耗散,最终会产生一个机械能损失,也叫总水头损失,即 h_w。实际流动的伯努利方程为

$$h_1 + \frac{p_1}{\rho g} + \frac{v_1^2}{2g} = h_2 + \frac{p_2}{\rho g} + \frac{v_2^2}{2g} + h_w \tag{4-16}$$

把 h 称为位置水头,$p/\rho g$ 称为压力水头,二者之和为测压管水头(静压水头),$v^2/2g$ 为流速水头(动压水头),三者之和为总水头,各常数的含义见图 4-4。而总水头损失等于沿程阻力损失和局部阻力损失之和,即

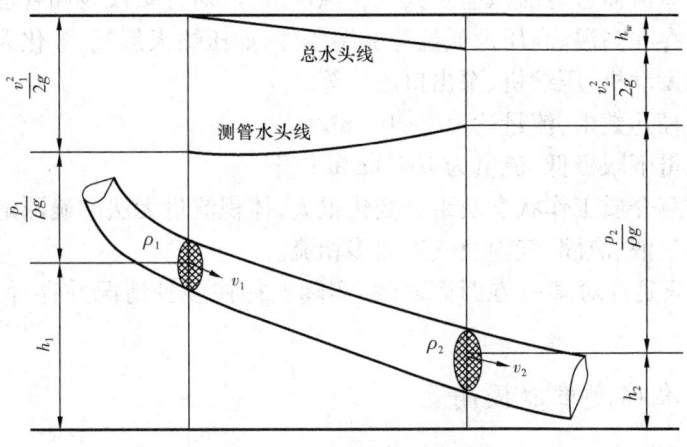

图 4-4 伯努利方程示意图

$$h_w = \sum h_f + \sum h_j = \sum \lambda \frac{l}{d} \frac{v^2}{2g} + \sum \xi \frac{v^2}{2g} \tag{4-17}$$

$$h_f = \lambda \frac{l}{d} \frac{v^2}{2g} ; \quad h_j = \xi \frac{v^2}{2g} \tag{4-18}$$

式中,$\sum h_f$ 为管道中各段沿程阻力损失之和;$\sum h_j$ 为管道中各个局部阻力损失之和;l 为管段的长度;d 为管段的直径;λ 为沿程阻力系数;ξ 为局部阻力系数。ξ 的值可以查表,λ 可针对具体情况查公式计算。

二、流量测量特点与方法

(一)流量测量的特点

流量测量与温度和压力等测量相比,具有特殊性和复杂性,主要表现在以下几方面。

1. 测量过程更具复杂性

被测流体介质处于流动状态,而不是静止状态,微观的流体质点运动规律难以掌握,通常为非定常流;被测介质种类繁多,有液体、气体、固体(粉尘)及其混合物,物理化学性质极其复杂;被测介质状态(温度、压力、流速)变化范围非常大,而且易受到外界环境状态的影响;被测介质的物理化学性质对仪表性能有很大影响;流体流动特性也极其复杂,对仪表性能影响很大;流量计量值是一个导出量,不同于质量和长度等基本单位,没有实物基准。

2. 测量影响因素多

实际流体物质种类千差万别,流体流动状态千变万化,流体的流量范围极其广泛,存在以下情况。

(1)脏物流:流体脏污、沉积和堵塞,如人工燃气、烟气等。

(2)腐蚀流:一些流体含有酸碱盐及其他腐蚀性成分,对计量仪表和管道造成腐蚀影响。

(3)高参数流:存在高温、高压及低温等极端条件,如压缩天然气、液化天然气等。

(4)脉动流:如发动机、压缩机、泵出口流体等。

(5)大流量:管径达数米,流量达 $10^6 \sim 10^8 m^3/h$。

(6)微流量:流量下限极低,流量为 $10^{-4} kg/h$ 以下。

(7)质量流:被测介质工作状态及组分变化很大,体积流量无法准确测量。

(8)多相流:如气液、液固、气固及气液固多相流。

以上各种情况只是针对某一方面而言的,实际上往往多种情况并存,使得流量测量更加复杂。

3. 流量仪表准确度难以提高

现场工作条件恶劣,如压力剧烈波动、环境温度变化快,造成流量传感器可靠性差;流量为动态量,流动状态难以复现,难以获得高的准确度;仪表结构多为法兰连接,只有停流时才可拆卸维修,有些生产过程连续进行,出现故障难以快速解决,只有等到大修时方可停流维修;绝大多数流量仪表不能在线检定,在实验室检定的仪表,实验室条件与现场工作条件差异很大,准确度在现场发生偏离难以发现;多数流量仪表的检定设备庞大昂贵,校验费用较高,周期检定较为困难。

4. 理想流量仪表难以实现

为实现流量的准确可靠计量,希望流量仪表是一种包含以下所有功能的通用型仪表:仪表在极宽的流量范围内具有很好的重复性和线性;检测件可夹装在管道外部,可移动到任何地点测量,无须截断管道与流体;仪表的流量计算方程简单明确,可外推至未知范围而无须实流校验;脉冲输出信号,数字化远传数据传输与通信;仪表输出信号不受流体介质特性和流体流动特性的影响;仪表可以直接实现质量流量或能量计量要求;可靠性高,价格便宜,维修简单,无须实流标定;检测件无阻碍物,不产生压力损失;坚固耐用,抗攻击性强。当前技术条件下不可能出现全部满足上述要求的理想流量计,只能部分实现。

(二)流量测量方法

流量计量具有复杂性,但大多数情况下的流量是可以准确计量的,只是准确度不同,经过长期的研究和探索,取得了大量成熟的流量测量方法,这里仅介绍气体流量的测量方法。根据测量原理可基本分为四大类:利用伯努利方程原理来测量流量,如差压式流量计;利用固定标准小容器测量流量,如容积式流量计;利用流体的流速来测量流量,如速度式流量计;利用流体的质量来测量流量,如质量流量计。此外,还有一些利用其他原理进行流量测量的,如浮子流量计、靶式流量计、插入式流量计等。

通过各种流量测量原理,产生很多形式的流量计量仪表,以下是气体流量测量经常用到的流量仪表。

1. 差压式流量计

差压式流量计(标准孔板、标准喷嘴、文丘里管、楔形流量计、均速管、弯管、内锥)是根据安装于管道中流量检测件产生的差压、已知的流体条件和检测件与管道的几何尺寸来推算流量的仪表。差压式流量计由一次装置(检测件)和二次装置(差压转换和流量显示仪表)组成。通常以检测件型式对差压式流量计进行分类,如孔板流量计、文丘里管流量计、均速管流量计等。

差压式流量计的检测件,按其作用原理可分为节流式、水力阻力式、离心式、动压头式、动压增益式及射流式几大类。检测件又可按其标准化程度分为两大类:标准型和非标准型。所谓标准检测件,是指只要按照标准文件设计、制造、安装和使用,无需经实流校准即可确定其流量值和估算测量误差的检测件。非标准检测件是成熟程度较差的、尚未列入国际标准中的检测件。

2. 容积式流量计

容积式流量计(腰轮、旋转活塞、湿式、膜式)利用机械测量元件将流体连续不断地分割成单个已知的体积部分,根据测量室逐次重复地充满和排放该体积部分流体的次数来测量流体体积总量,是一种总量表。容积式流量计按其测量元件分类,可分为椭圆齿轮流量计、腰轮流量计、螺杆式(双转子)流量计、旋转活塞流量计、湿式流量计、膜式燃气表等。

3. 速度式流量计

此类流量计(涡轮、涡街、旋进旋涡、超声)的输出与流速成正比,利用被测流体流过管道时的速度对传感器施加影响,流量计传感器(如叶轮、涡轮、旋涡发生体、超声波换能器)能够感受到流速的变化。通过各种方式来对传感器的信号进行测量,就可以得到流体的流速,进而得到准确的流量信号。采取这种检测原理的流量仪表主要有涡轮流量计、涡街流量计、旋进旋涡流量计、超声流量计等。

超声流量计的基本原理是超声波在流动的流体中传播时,载上流体流速的信息,因此通过对接收到的超声波进行测量,就可以检测出流体的流速,从而换算成流量。超声流量计由超声波换能器、信号处理电路、单片机控制系统三部分组成。主要分为时差法、相差法、频差法、多普勒超声流量计。

研究表明,旋涡分离频率与介质流速、旋涡发生体的几何形状以及尺寸有着内在的联系。涡街流量计按检出方式可分为应力式、应变式、电容式、热敏式、振动体式、光电式及超声式等。

涡轮流量计是速度式流量计的主要种类之一,它采用涡轮感受流体平均流速,从而推导出流量或总量。涡轮的旋转运动可由机械、磁感应、光学或电子方式检出并由读出装置进行显示或记录。一般它由传感器和显示仪两部分组成,也可做成整体式。涡轮流量计与容积式流量计同为流量计中高准确度的两类流量计,广泛应用于昂贵介质总量或流量的测量。

4. 其他类型流量计

浮子流量计又称转子流量计,是变面积式流量计的一种。在一根由下向上扩大的垂直锥管中,圆形横截面的浮子的重力是由流体动力承受的,从而使浮子可以在锥管内自由地上升和下降。浮子的位置指示着流量的大小。浮子流量计按锥管材料分为玻璃管和金属管两大类,按远传形式分为电远传和气远传两种。浮子流量计在小、微流量方面有举足轻重的作用。

质量流量计可以分为两大类:直接式质量流量计和间接式质量流量计。直接式质量流量计检测件的输出信号直接反映流体的质量流量。科里奥利质量流量计是利用流体在直线运动的同时处于一旋转系中,产生与质量流量成正比的科里奥利力原理制成的直接式质量流量计。热式质量流量计是利用流体流动与热源对于流体传热量的关系来测量流量的仪表。目前常用的有两类:一类是热分布式(又称量热式)流量计,它主要用于小、微流量测量,若做成分流式,也可在大、中流量中应用;另一类为热消散式(又称金氏律式)流量计,做成插入式,用于大口径流量测量。热式流量计是直接式质量流量计的一大类仪表,它主要应用于气体流量测量。间接式质量流量计的检测件输出信号并不直接反映质量流量的变化,而是通过检测件与密度计组合或者两种检测件的组合而求得质量流量值。

常用的气体流量仪表的名称、检定规程等见表4-2。

表4-2 常用气体流量仪表

测量原理	仪表名称	仪表检定规程	测量介质
速度式	超声流量计	JJG 1030—2007	气、液
	涡轮流量计	JJG 1037—2008	气、液、油
	涡街流量计	JJG 1029—2007	气、液、蒸汽
	旋进旋涡流量计	JJG 1029—2007	气、液
差压式	差压式流量计	JJG 640—2016	气、液、蒸汽
	临界流文丘里喷嘴	JJG 620—2008	气
	气体层流流量计	JJG 736—2012	气
测力式	靶式流量计	JJG 461—2010	气、液
直接质量式	质量流量计	JJG 1038—2008	气、液
	压缩天然气加气机	JJG 996—2012	气
	液化石油气加气机	JJG 997—2015	气
变面积式	浮子流量计	JJG 257—2007	气、液、蒸汽
容积式	气体容积式流量计	JJG 633—2005	气
	膜式燃气表	JJG 577—2012	气

三、流量仪表的测量特性

流量仪表与其他测量仪表如温度、压力、成分等一样,具有一般传感器相似的测量特性,流量仪表的测量特性有静态特性和动态特性,这里仅介绍流量计的静态特性。

表征静态特性的参数有特性曲线、仪表系数、公称通径(仪表口径)、流量范围(量程、范围度)、线性度(准确度、基本误差)、重复性、稳定性、压力(温度)等级或范围、压力损失等。

(一)静态特性曲线

静态特性曲线是表明流量仪表输出信号与流量变化的关系曲线,输出信号有仪表脉冲信号或体积流量信号。图4-5所示为一种典型的涡轮流量计静态特性曲线。图4-6所示为膜式燃气表典型的基本误差与流量关系特性曲线。

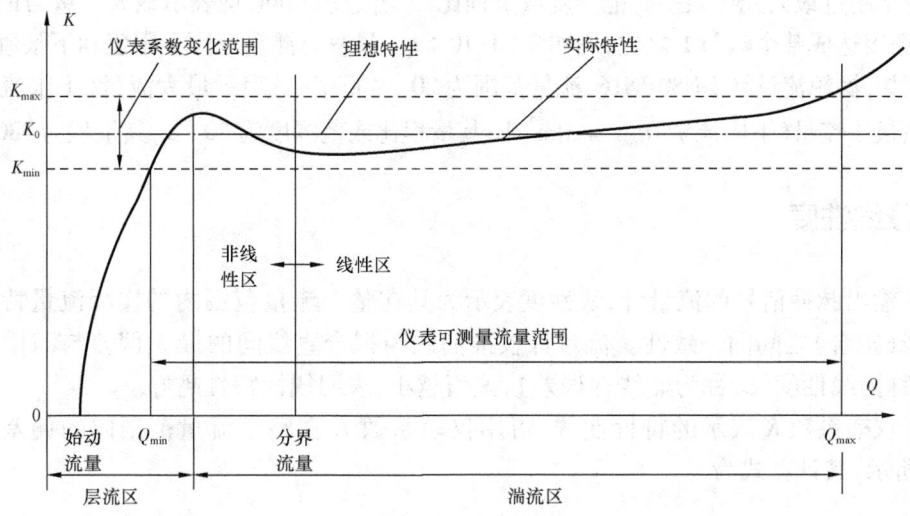

图 4-5 涡轮流量计仪表系数与流量关系特性曲线

Q_{min}—最小流量;Q_{max}—最大流量;K_{min}—仪表系数允许下限;K_{max}—仪表系数允许上限;K_0—理想状态下的仪表系数

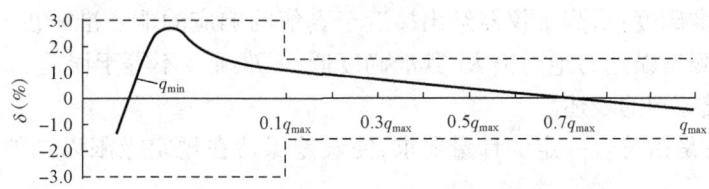

图 4-6 膜式燃气表基本误差与流量关系特性曲线

δ—相对误差;q_{max}—最大流量;q_{min}—最小流量

(二)仪表系数

仪表系数 K 定义为单位体积流体流经流量计时流量计发出的脉冲数,其计算式为

$$K = \frac{N}{V} \tag{4-19}$$

式中,K 为仪表系数,$1/m^3$;N 为脉冲数;V 为流体体积,m^3。

(三)公称通径(仪表口径)

仪表可通过流体的内径,对于流量计,多数需要描述仪表的公称通径或口径,通常用 DN 表示。对于同口径的仪表,又分为多种流量范围,其流速分为高速、常速、低速。有些仪表不使用公称通径,而是使用额定流量来表述仪表规格,如 G16、G40 等。

(四)流量范围(范围度、量程)

流量范围是由最大流量和最小流量所限定的范围,在该范围内,仪表在正常使用条件下,其示值误差不超过最大允许误差。范围度或量程比,二者意思相同,均表示最大流量与最小流量的比值,一般表达成某个数与1之比,例如3:1、10:1。量程是测量范围上限值和下限值的代数差的模。例如,涡轮流量计 DN80PN16,流量范围为 20~400m³/h;表示最大流量(上限流量)q_{max} = 400m³/h;最小流量(下限流量)q_{min} = 20m³/h;其量程比或范围度为 20:1,其量程为 380m³/h。

(五)线性度

对于输出脉冲信号的流量计,线性度表示为其在整个流量范围内的实际流量特性曲线与规定直线(拟合)之间的一致性。流量计校准曲线与拟合直线间的最大偏差与满量程输出的百分比,称为线性度(又称为非线性误差),该值越小,表明线性特性越好。

对于仪表系数 K 表示的特性曲线,可用仪表系数 K 在整个流量范围内的偏差表示。如图 4-5 所示,其计算式为

$$\delta = \pm \frac{K_{max} - K_{min}}{K_{max} + K_{min}} \times 100\% \qquad (4-20)$$

式中,δ 为流量计线性度;K_{max} 为各测量点中仪表系数最大值;K_{min} 为各测量点中仪表系数最小值。

测量仪器的准确度:指测量仪器给出接近于真值的响应的能。准确度只是一个定性概念而无定量表达。测量误差的绝对值大,其准确度低,但准确度不等于误差。对于测量仪器的准确度,还有级别或等别的表述。

准确度等级:是指符合一定的计量要求,使误差保持在规定极限以内的测量仪器的等别、级别。

基本误差:又称固有误差,是指"在参考条件下确定的测量仪器本身所具有的误差",固有误差的大小直接反映了该测量仪器的准确度,是测量仪器划分准确度等级的重要依据。

测量仪器的最大允许误差:固有误差的极限值。

测量仪器的示值误差:测量仪器示值与对应输入量的真值之差。可以用绝对误差和相对误差表示。

基本误差和准确度都是表征流量仪表接近测量真值的能力。仪表的准确度越高,其示值越接近真值。准确度越高则其误差越小。

(六)重复性

重复性是指重复条件对同一被测量进行多次连续测量所得结果之间的一致程度。重复条件是:相同测量方法、观测者、测量仪器、使用条件及在短期内的重复。应该指出的是,准确度和重复性是两个不同的概念。准确度是指测量值与真值的偏差,而重复性只表明测量值的分散程度。重复性可以用测量结果的分散性定量地表示,表示测量结果分散性的量,最为常用的是试验标准偏差,用贝塞尔公式计算。

(七)稳定性

稳定性是指"测量仪器保持其计量特性随时间恒定的能力"。通常稳定性是对时间而言

的。当考虑其他参数的稳定性时应予明确说明。流量计在零输入时,输出的变化称为零漂。

稳定性通常可以用以下两种方式:用计量特性变化某个规定的量所需经过的时间表示,或用计量特性经过规定的时间所发生的变化量来进行定量表示。

稳定性是重要的计量性能之一,示值的稳定是保证量值准确的基础。测量仪器产生不稳定的因素很多,主要原因是元器件的老化、零部件的磨损及使用、储存、维护工作不仔细等。测量仪器进行的周期检定或校准,就是对其稳定性的一种考核。稳定性也是科学合理地确定检定周期的重要依据之一。

(八)压力/温度等级或范围

每一种仪表都有其温度使用范围和压力使用范围,在使用中不能超过温度和压力的范围,如:膜式燃气表,压力上限为 $p_{max} = 50kPa$,温度范围为 $-20 \sim 50℃$;涡轮流量计,压力等级为 $1.6 \sim 10MPa$,介质温度范围为 $-20 \sim 80℃$;

流量计的压力等级与压力传感器的实际压力不同,通常所说的压力等级为壳体及法兰的设计压力等级,而实际的压力传感器压力上限是与实际使用的选择有关,当在城市中压管网使用时,其压力传感器上限通常选用 0.4MPa,在高压门站可能需要使用的压力传感器上限通常选用 6.0MPa。

(九)压力损失

流体流过仪表产生不可恢复的压力降称为压力损失。流量计的压力损失越来越受到人们的重视,甚至是成为仪表选型的一项重要指标。某膜式燃气表压力损失曲线见图 4-7。

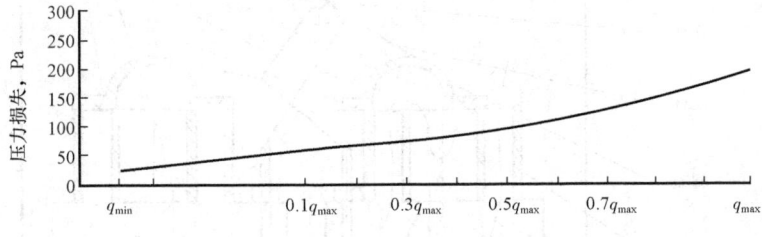

图 4-7 某膜式燃气表压力损失曲线

第二节 膜式燃气表

膜式燃气表是一种专门用于燃气计量的容积式流量仪表,早期的产品为纯机械式仪表,后来发展有 IC 卡智能型、远传智能型、代码智能型以及机械温度补偿型等皮膜表,规格由家用型发展到商用型,这类仪表的优点是流量范围极宽、准确度较高、压力损失小、价格低,在城市燃气中使用极为普遍。普通燃气表的缺点是不能实现温度压力修正,只能测量低压气体流量和中小流量,较大流量的燃气表体积庞大,不便于拆装、周检。

一、普通膜式燃气表

(一)普通膜式燃气表工作原理

膜式燃气表是城市燃气计量仪表中使用最为普遍的一种仪表,因最早使用羊皮作为隔膜而得名,也是一种传统的容积式流量计和纯机械式仪表。计量的原动力是由被测气体进入隔膜的一侧腔内所产生的前后压差,推动隔膜向另一侧移动而产生推动力,当隔膜移到另一侧的极限位置时,力矩不再产生能让隔膜返回的力,必须靠第二个隔膜相继产生同样的力来带动前一个隔膜作返回移动;当改变第一个隔膜的出气口为进气口时,这个隔膜的另一侧又有了气体的推动力而继续做往返运动,并也能改变第二个隔膜的移动方向。隔膜所牵动的立轴做往复的摆动运动,通过其摆杆、连杆去牵动一个共用的曲柄轴,当曲柄轴接收到的扭矩相差一定的周期时,就能做到连续转动,并由它带动滑阀来改变进出气口的方向和带动计数装置,达到连续自动计量的目的。

为了实现计量腔连续不间断排出气体,膜式燃气表一般由两个囊室(也称计量室)、两个隔膜、两个滑阀(或转阀)、两套摆杆曲柄机构和与之联动的计数器组成。两个囊室中各有一个定位在中间的可往复翻转运动的皿形隔膜,将其分割成容积可变的4个空腔,如图4-8所示。

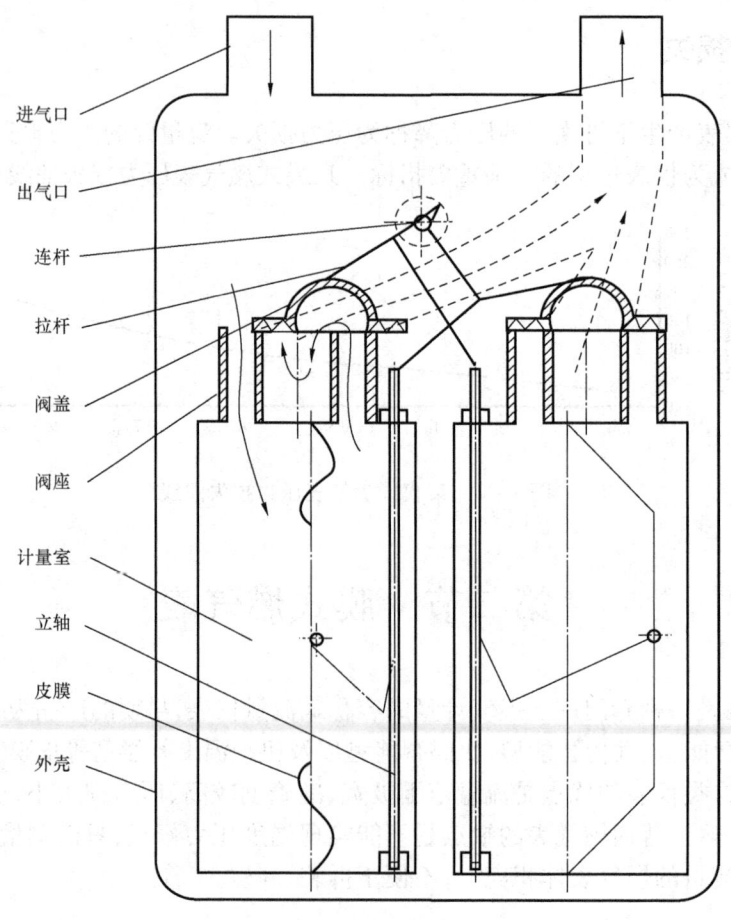

图4-8 膜式燃气表结构示意图

图 4-9(a)至图 4-9(d)是膜式燃气表进、排气变换过程的一个周期。当滑阀 2 运行到中间位置,即在封闭进、排气口状态时,隔膜 2 运动到右侧极限位置,隔膜 1 的左腔进气,右腔排气,滑阀 1 在皮膜运动时立轴和拉杆的牵引下向左移动,如图 4-9(a)所示。当阀 1 左移至封闭状态时,隔膜 1 到右侧极限位置,联动的阀 2 已离开封闭状态向左移动,隔膜 2 变成右腔进气、左腔排气,如图 4-9(b)所示。阀 1 继续左移,隔膜 1 的右腔变为进气,左腔变为排气,阀 2 右移处在封闭状态,隔膜 2 到左侧极限位置,如图 4-9(c)所示。当阀 2 继续右移使隔膜 2 的左腔变为进气、右腔变为排气,这时阀 1 右移至封闭状态,隔膜 1 到左侧极限位置,如图 4-9(d)所示。这种两囊四腔式的隔膜各作一次往复运动,完成了进、排气的一次全过程,也就是做了一个回转的动作,所排出的气体体积就是一个回转体积量。

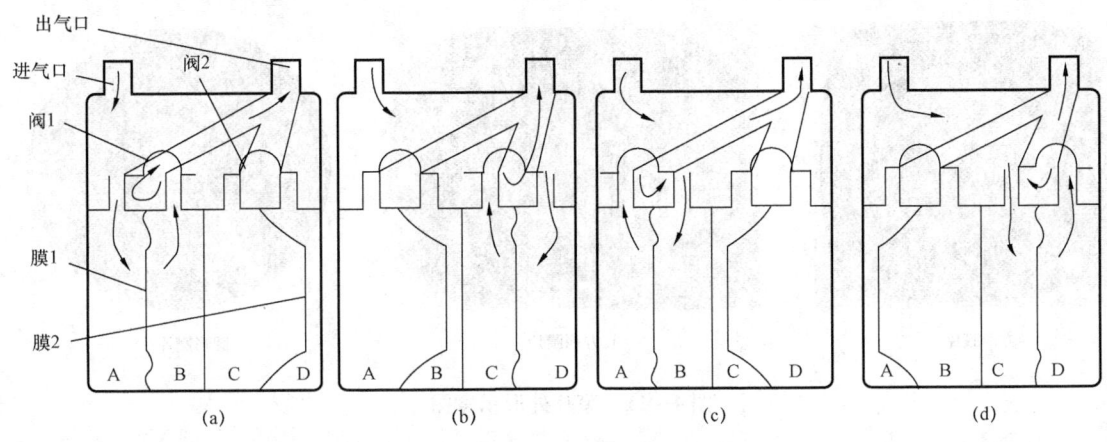

图 4-9 膜式燃气表进、排气变换过程示意图

图 4-10 是燃气表阀系进出气过程示意图,在一个运动周期中,每个计量室连续充气两次、排气两次,每次有两个计量室同时充气,必然有另两个计量室同时排气,两个充气和排气过程的相位差均为 90°,同时相邻两气室的进气与出气总是相反的。在周期变化的任一时刻,每一瞬间的进气截面面积总是与出气截面面积相等,进气的流量总是等于排气的流量,整个计量过程具有均匀性,不存在脉动流现象;在周期变化的同一时刻,进气流量的总和等于排气流量的总和,计量过程具有稳定性。

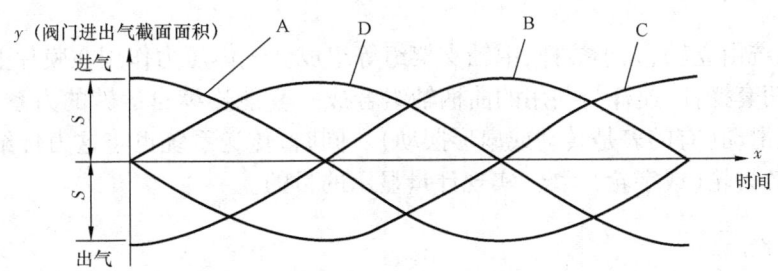

图 4-10 燃气表阀系工作过程示意图
A 线—A 计量室阀门进出气截面面积变化曲线;B 线—B 计量室阀门进出气截面面积变化曲线;
C 线—C 计量室阀门进出气截面面积变化曲线;D 线—D 计量室阀门进出气截面面积变化曲线;
S—计量室阀门进出气截面面积实际值

（二）膜式燃气表结构形式

膜式燃气表主要由计量系统、气路及气流分配系统、运动传送系统、计数系统四大部分组成。

1. 计量系统

计量系统由计量壳、膜片、平行板、折板、折板套、折板轴组成。

膜片多为皿形，其外形几何形状有方形、长方形、圆形等，见图4-11。

 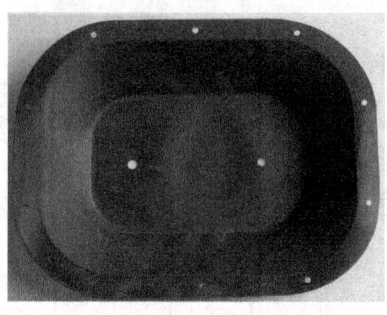 

方形膜片　　　　　　　　　长方形膜片　　　　　　　　　圆形膜片

图4-11　膜片外形示意图

2. 气路及气流分配系统

气路及气流分配系统由接头、外壳、表内气管、阀座、阀盖等组成。保证被计量气体按一定顺序的通道流动。阀盖在分配室阀栅上滑动，周期性改变气流途径，使气体循环地充满或排出左右四个腔室，达到对气体体积的计量。

气阀的运动形式和形状也各有不同。往复直线运动的阀盖（滑阀）都是方形或长方形的，做旋转运动的是圆形阀，作偏摆运动的为扇形阀。

3. 运动传送系统

运动传送系统由立轴、大小拉杆、中轴支架组等组成。气体压力作用在膜片上形成膜片摆动的动力，经过两套摆杆、连杆与共用的曲柄轴组合成一套能连续自运转的力系，将该力传递给阀盖进行直线滑动（有的表是转动或扇形摆动）。同时，传送系统也将这力传给累积数显示系统，使计数器各齿轮（或字轮）运转，实现计量显示的目的。

4. 计数系统

计数系统由主动齿轮、交换齿轮及计数器组成，计数器有多位字轮，包括整数位和小数位，作用是记录和显示气体流过燃气表的体积量，该系统中配有不同齿数的连接轮和交换轮，选配不同齿数的连接轮和交换轮，可以改变燃气表基本误差曲线的位置，以实现燃气表准确度的调整。图4-12是计数器的结构示意图。

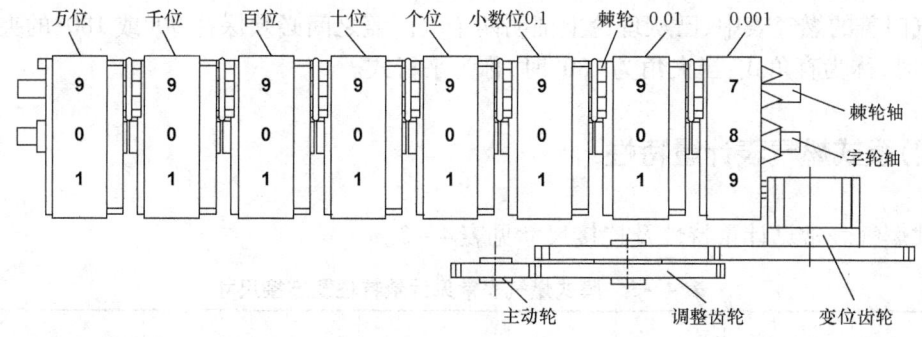

图 4-12 计数器的结构示意图

(三)膜式燃气表分类

1. 按计量室分类

(1)按计量室的数目分为四室型、三室型、二室型。四室型是一种最典型、使用最广的一种表型,由两个皮膜和两块隔板将计量室分成四个小室,每两个小室燃气的进入和排出由一个阀座与阀盖来控制。曲柄轴旋转一圈的计量容积,等于一个皮膜来回移动容积的4倍。

(2)按计量室的型式分为隔板式和独立内机式两种。隔板式的阀盖和联动装置与计量室之间设有隔板,计量室由隔板与外壳所组成。在隔板式中又可分为开敞气门室式和密封气门室式两种。开敞气门室式的隔板上部只有一个室,密封气门室式的机械传动部分和气门室设置在一个单独的密封机构中。独立内机式燃气表的特点是没有隔板,计量室与外壳互相隔开,有一个完整的单独机芯。燃气进入燃气表后,先充满上壳的全部空间,然后通过气门的分配室进入计量室。这种燃气表由于有单独的机芯,内部机构完全同外壳隔离,因而准确度高、制造工艺先进并可提高转速,可做成体型较小而计量能力大的燃气表。

2. 按联动装置分类

联动装置按牵动臂的形式分为对称式、点对称式和非对称式,按曲柄的运动形式分为垂直式和水平式。

联动装置由牵引臂、立轴、快慢调节器、气门旋杆、曲柄和曲柄轴等构件组成。它是能将计量室内皮膜夹盘的往复运动变成曲柄旋转运动,然后传至气门盖的联动机构。这些部件的长度和安装角度以及相互的准确配合,对燃气表的误差和稳定性、压力损失和波动均有很大影响。

牵动臂一般可分为摇杆和连杆两部分。牵动臂的作用是将皮膜的往复运动通过立轴、摇杆的作用变成曲柄的旋转运动。对称式牵动臂的运动与曲柄轴成点对称。点对称式不能只有一个曲柄臂,必须采用相互成90°夹角的两个曲柄臂。因此,误差调节工作只能在计数装置内用交换齿轮的方法进行。

3. 按气门装置分类

按气门装置分为平行式和非平行式两种。这类气门座相互不平行,根据夹角的不同可分为直角式、非直角式、行列式和回转式四种。

直角式的两个气门座的夹角为90°。在前述按牵动臂形式分类的对称式和非对称式曲柄轴驱动气门盖的燃气表中,已从理论上证明两个气门盖之间必须保持90°或180°的夹角,当夹角为90°时,称为直角式;当夹角为180°时,称为平行式。

(四)膜式燃气表计量特性

膜式燃气表常见计量特性及连接尺寸见表4-3。

表4-3 膜式燃气表常见计量特性及连接尺寸

规格	公称流量 m^3/h	流量范围 m^3/h	回转体积 L	压力损失 kPa	接头形式	接头间距 mm	压力范围 kPa	基本误差 %	工作环境温度 ℃
1.6	1.6	0.01~2.5	1.2			110/130			
2.5	2.5	0.02~4.0	1.2	≤200	螺纹 M30×2	130			
4.0	4.0	0.04~6.5	1.2			130			
6.0	6.0	0.060~10	3.5		螺纹 M42×2	250		$0.1q_{max} \sim q_{max}$	
10	10	0.10~16	3.5/6		螺纹 M64×2	280	0.5~50	±1.5	-20~40
16	16	0.16~25	6	≤300				$q_{min} \sim 0.1q_{min}$	
25	25	0.25~40	12		螺纹 M80×2	320		±3.0	
40	40	0.40~65	18						
65	65	0.65~100	24	≤400	螺纹 M120×2	380			
100	100	1~160	120		法兰 DN100				

1. 示值误差

两个隔膜全部做完一次往复运动时,它联动的曲柄旋转一周,这时所排出的气体称为一个回转体积 V_0,燃气表每小时能排出的气体体积量 q_v 和曲柄旋转的转数 n 成比例,即

$$q_v = nV_0 \tag{4-21}$$

回转体积 V_0 是通过对隔膜的几何形状计算出来的,其体积累计值与实际累计值不完全一致,即便是相同的温度、压力和相同的流体,都可能出现差异,主要是燃气表中的计量部件制造与工艺的不一致性,运转中的阻力变化以及检测中产生的偏差等诸多因素,都会造成燃气表指示值与实际通过的气体流量值相偏离,形成仪表的基本误差,这个误差是可以通过调整计数器齿轮齿数比来加以适当改变。相对误差的计算公式为

$$\delta = \frac{V_1 - V_s}{V_s} \times 100\% \tag{4-22}$$

式中,V_1 为燃气表指示值,L;V_s 为标准流量值,L。

2. 压力损失

气体通过燃气表时在进出气口之间存在一定的压力降,称为压力损失。压力损失包括两部分,一是燃气表运转克服机械阻力的损失,称为机械压力损失,也称局部阻力损失,这是燃气的压力通过隔膜转换过来的动力源,在流量较低时可视为常量,即不随流量的变化而变化。二

是气体通过燃气表内流通管路时产生的流体沿程阻力损失,它和管路内的形状、长度以及流通截面积等流通特征有关,与流量的平方成正比。在燃气表最大流量 q_{max} 状态下测得的压力差,称为燃气表的总压力损失,是机械压力损失和沿程阻力损失的总和。

3. 仪表基本误差的调整

仪表基本误差客观存在,同时,不同的检定装置也存在一定的系统误差,要使每一台仪表在强制检定时都合格,一般需要进行误差调整。燃气表组装后,表内皮膜行程已固定,皮膜的每个运动周期所排出的气体体积也基本不变,为保证燃气表计量的准确性,可以采取更换调速齿轮的方法,使燃气表示值误差控制在允许范围内。调速齿轮是在标准齿轮的基础上改变分度圆的大小,从而达到增加或减少齿数,改变传速比,使燃气表计量误差调整的间隔低于 $\pm 0.5\%$ 的目的。这种方法只改变气表计数器的传动比,机芯内的装配状态并没有变动。

有一种燃气表的计数器,其构造如图 4-13 所示,Z_2,Z_3 所构成的齿轮为调速齿轮,设计规定标准齿数为 50×40,Z_2 称为大轮,Z_3 称为小轮,大、小轮的齿数和变位系数的关系如表 4-4 所示。表 4-4 中的调速齿轮共有 24 种,每一级的误差调整量为 0.5% 左右,调整范围由 -5% 至 +5%。

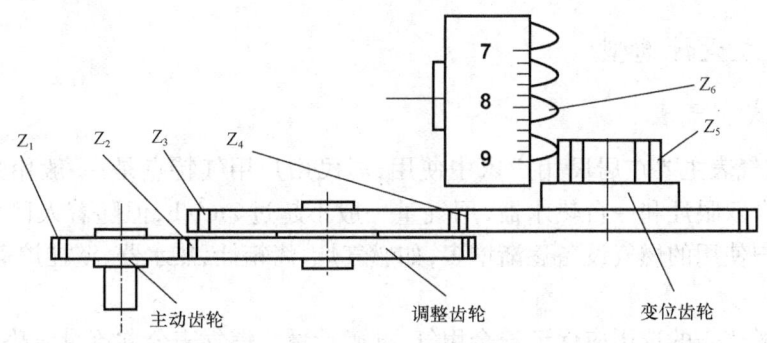

图 4-13 计数器齿轮变速系统结构示意图

表 4-4 一种膜式燃气表的大、小轮的齿数和变位系数的关系

齿轮付	小轮	38	30	28	42	30	24	28	32	31	26	38	37	32
	大轮	44	35	33	50	36	29	34	39	38	32	47	46	40
调整量		+7.4	+6.7	+5.7	+4.8	+4.0	+3.3	+2.9	+2.5	+1.9	+1.5	+1.1	+0.5	0
齿轮付	小轮	35	38	26	29	32	38	34	33	38	24	32		
	大轮	44	48	33	37	41	49	44	43	50	32	43		
调整量		-0.6	-1.1	-1.5	-2.1	-2.5	-3.2	-3.5	-4.2	-5.3	-6.7	-7.5		

换齿公式:误差值 = 理想值 - 测得值 + 原齿值

【例 4-1】 1 台皮膜表经钟罩检定,其 q_{max} 流量点示值误差为 +2.0%,原齿轮副为 29/37,现在要把它调到示值误差大约为 1.0%,应换成的齿轮付为多少?调整误差到 0,应换成的齿轮付为多少?

解:误差要下调 1%,即从 29/37 的 -2.1% 调到 38/49 的 -3.2%,表可以调慢 1%。

调整误差到 0 时,按公式计算理想值为 0,测得值为 2.0%,原齿值为 -2.1%,则误差值 = 0 - 2% - 2.1% = -4.1%,查表得齿轮付为 33/43。

【例 4-2】 1 台皮膜表经钟罩检定,其 q_{max} 流量点的示值误差为 +2.0%,$0.2q_{max}$ 流量点的示值误差为 0.2%,原齿轮付为 28/34,现在要把它调到合格,应换成的齿轮付为多少?

解:可以下调 1%,两流量点都可满足要求,原齿值为 +2.9%,减 1% 时,31/38 齿轮付即可。

还有一种规格的燃气表,设计计数器调整方法为:根据初次检定的实际误差直接更换大齿轮、小齿轮或同时更换大小齿轮,从而达到调整误差的目的,其特点是:大齿轮越大表越慢,小齿轮越小表越慢。大齿每减 1 齿 +2%,每加 1 齿 -2%,小齿轮每加 1 齿 +2.5%,每减 1 齿 -2.5%。大齿的齿数范围为 48~53,小齿的齿数范围为 38-44,可以根据不同的组合方式,实现 -5%~+5% 之间的误差调整。

【例 4-3】 1 台皮膜表经钟罩检定,其 q_{max} 流量点的示值误差为 -3.2%,原齿轮付为 40/50,现在要把它调到示值误差大约为 -1.0%,应换成的齿轮付为多少?

解:由 -3.2% 调到 -1.0%,要调快 2.2%,所以可以通过大齿减 1 齿或小齿加 1 齿实现,即齿轮付调为 40/49 或 41/50。

(五)膜式燃气表的选用

1. 膜式仪表设计选型

1)家用膜式燃气表

家用膜式燃气表主要在居民用户家中使用,居民用户用气特点是:一般用户的用气量较低,如仅使用一台双眼灶和一台热水器,用气量一般不超过 $2m^3/h$,但随着人民生活水平的不断提高,一些用户使用的燃气设备逐渐增多,如燃气灶、烤箱灶、热水器、壁挂炉等,用气量一般要超过 $4m^3/h$。

因此,膜式燃气表的选用应保证安全用气、准确计量。燃气表公称流量应略高于燃气设备的额定耗气量,最小流量和最大流量应能覆盖燃气设备的流量变化范围,确保计量准确;燃气表的压力范围应高于管道燃气的压力;应分户安装燃气表。

燃气表的设计安装方式有户内安装和户外安装两种,燃气表应当安装在遮风、避雨、防暴晒、通风良好、震动少、无强磁干扰、温度变化不剧烈、便于查表和检修的地方。

2)商用膜式燃气表

一般将非居民用户使用的燃气表称为商用膜式燃气表,规格一般是指在 G6 以上的燃气表。商业用户设计燃气表型号、规格的原则基本与居民用户相同,还要考虑工作压力、量程范围和环境温度等条件。要注意商业用户中餐饮类的用户,他们所用灶具的热负荷大小不等,差距较大,选择表的规格时应照顾总量。气表的额定流量应与燃气用具实际流量相匹配,不允许为扩大流量范围而并联使用燃气流量仪表。燃气表应当尽量远离温度较高的设备和电器设备,与灶具边、开水炉、热水器、低压电器设备和金属烟道水平的近距离应不小于 0.3m,与砖砌烟道的水平净距离应不小于 0.1m。

随着智能型气体腰轮流量计逐步推广普及,额定流量大于 $40m^3/h$ 的燃气表一般由腰轮流量计代替,主要是因为膜式燃气表没有温度应力修正功能,大流量仪表体积庞大,拆卸、周检、维护困难。仪表安装位置要求与家用燃气表相同,当采用高位安装时,表底距室内地面不小于 1.2m,表后距墙面不小于 3cm,并且加装表托固定;当采用低位安装时,应当平正地安装在高度不小于30cm的砖砌支墩或钢支架上,表背面距墙净距离不小于5cm。室外安装的燃气流量仪表应单独或集中安装在防护箱内,公共建筑和工商业用户的燃气流量仪表宜设置在单独房间内或调压柜内。

2. 膜式仪表安装

安装运输过程中,燃气表不得倒置、磕碰、摔打,不得进水和异物,不得破坏封缄;燃气表安装后应横平竖直,不得倾斜;严禁带表焊接法兰、吹扫管线、高压试漏;在计量仪表安装前,应预制与仪表相同尺寸的管段,代替仪表进行安装,待焊接法兰、吹扫、打压、试漏等所有工作完毕后,再拆下管段,换上仪表,充分保护计量器具不受伤害;仪表安装不得有应力存在,螺纹连接要保护好表嘴,法兰连接密封垫不得伸入管道内;安装时应同步安装封缄和防护表箱。

膜式燃气表是滑阀结构,它依靠阀盖的自重盖在阀口上,用它往复滑行去切换燃气流向,如果燃气表倾斜就可能给阀盖与阀口之间造成漏气的缝隙,使部分燃气不能进入计量室,而直接流出表体,影响燃气表的计量准确度。

仪表连接分为法兰连接和螺纹连接两种。

法兰连接时应符合以下规定:公称压力应符合设计要求,口径要与连接的钢管相符。一般采用平焊法兰。法兰焊接前应检查法兰密封面及密封垫片,不得有影响密封性能的划痕、凹陷、斑点等缺陷。法兰连接应与管道同心,法兰螺孔应对正,管道与燃气表、阀门的法兰端面应平行,不得强力对口。法兰垫片的尺寸应与法兰密封面相符。垫片表面应清洁,不得有裂纹、断裂等缺陷,不得使用斜垫片或双层垫片。垫片安装必须放在中心位置,垫片的内径不得小于管子外径,垫片的外径不应妨碍螺栓的安装操作。应当采用同一规格的螺栓,安装方向应当一致,螺栓的紧固应均匀对称,螺栓紧固之后应当伸出螺母2~3扣,涂上机油或黄油,以防锈蚀。

螺纹连接时应符合以下规定:管道与燃气表、阀门螺纹连接时应同心,不得用管接头强力对口。螺纹接头宜采用聚四氟乙烯带做密封材料。拧紧螺纹时,不得将密封材料挤入管内。连接燃气表前应先用空气介质将管线吹扫干净。将管线内的焊渣、锈蚀碎屑及其他杂物清除干净,以免进入表内影响计量准确度。安装完毕后应该充气打压,进行密封性试验。可以采用肥皂水等可行方法查找漏点。通气时应该先将表后阀门完全打开,再将表前阀门缓慢打开,以免高压大流量气体破坏燃气表,影响计量准确度和使用寿命。

3. 仪表使用

1)在额定的工作压力范围内使用燃气表

膜式燃气表的额定工作压力范围为0.5~5kPa,使用时应不超过压力上限值。

2)在额定的量程范围内使用燃气表

准确计量的前提条件是保证实际用气量在仪表流量范围内使用,避免出现流量不匹配,造成"大马拉小车"或"小马拉大车"现象。

3)在良好的环境中使用燃气表

根据仪表技术要求,在环境温度为-10℃~+40℃、有良好通风的室内单独安装使用。燃气表使用环境温度过高,一方面计量失准,另一方面燃气表内的橡胶件、塑料件极易老化,加速表寿命的缩短。燃气表长期处于潮湿的环境中,对其寿命也是有影响的。若外壳锈蚀严重,穿孔漏气还将造成安全事故。

4) 在变动小、无强磁干扰的环境中使用燃气表

近年来新发展的 IC 卡燃气表、远传表等智能型表采用磁传动、干簧管传感器技术,如果周围有强磁场干扰或强烈震动、谐振等,都会影响计量的准确度。

5) 使用中应加强检查,防止出现故障或其他异常而造成计量失准

加强对 IC 卡表管理,要重点检查基表气量、IC 卡剩余气量、购买气量是否相符;注意瞬时流量、铅封、电池等是否完好;仪表运行是否正常,断电是否关阀;对 IC 卡气量异常用户要重点检查,防止出现偷盗气或仪表故障。在抄表时,应注意观察各类仪表异常情况(诸如瞬时流量、温度压力、铅封、电池、封缄情况、周检情况等异常情况)。

检查工作尤其注意以下方面:检查仪表运行工作状态,主要包括通气状态下,计数装置运行是否正常(累加)及运行有无异常响动;检查仪表是否与用户用气设备相匹配;检查仪表是否出现锈蚀或被攻击等现象;检查仪表封缄的完整性;检查仪表是否超出周检期限等。

4. 人工温度压力修正

天然气贸易结算的状态为标准状态,我国规定参比标准状态为20℃,101325Pa。普通膜式燃气表是无温度压力修正的纯机械型流量仪表,计数器显示的气量是工况下的体积量,而不是标准状态下的体积量。因此,可以通过人工的方法,将燃气表计量的工作状态下(工况)的气量修正到标准状态(标况)时的体积流量。

根据气体状态方程,在不考虑压缩因子的情况下,修正公式为

$$V_0 = \frac{pT_0}{p_0 T}V = \frac{293.15}{T} \cdot \frac{p + 101325}{101325}V = K_T K_P V \qquad (4-23)$$

式中,V_0 为标准状态气量,m³ 或 L;V 为工作状态气量,m³ 或 L;p_0 为标准大气压,Pa,$p_0 = 101325$Pa;p 为工作状态绝对压力,Pa;p 为工作状态表压力,Pa;T 为工作状态绝对温度,K;K_T 为温度修正系数,为293.15K 与实际绝对温度之比;K_p 为压力修正系数,为实际绝对压力与101325Pa(标准大气压)之比,简易压力修正系数 K_p 值速查见表4-5。

表4-5 人工压力修正简易压力修正系数 K_P 速查

表前压,kPa	修正系数	表前压,kPa	修正系数	表前压,kPa	修正系数
1	1.01	10	1.1	100	1.99
2	1.02	20	1.2	125	2.23
3	1.03	30	1.3	150	2.48
4	1.04	40	1.4	175	2.73
5	1.05	50	1.5	200	2.97
6	1.06	60	1.6	225	3.22
7	1.07	70	1.7	250	3.47
8	1.08	80	1.8	275	3.71
9	1.09	90	1.9	300	3.96

对温度修正系数,可以通过对月度或季度平均气体温度进行平均计算,由于存在冬夏气量的峰谷差,在进行气量修正时可以考虑加权计算,压力可以按照实际的表前压力进行计算。如不考虑温度的影响,仅对压力进行修正,则简易的压力修正公式变为:

$$V_0 = \frac{p + 101325}{101325}V = K_p V \qquad (4-24)$$

二、智能 IC 卡燃气表

随着计算机技术和信息技术的发展,人们对普通的机械式燃气表进行了大量的改进尝试,增加了许多附加功能,新型智能化的燃气表应运而生,比较成熟的产品有智能 IC 卡燃气表、远传表、代码表等。IC 卡燃气表和代码表可以实现预付费功能,远传表可以实现远程抄表,进而也可以设置预付费功能。

(一) IC 卡燃气表的特点

IC 卡燃气表是以膜式燃气表为基表,以 IC 卡为信息媒介,加装控制器和电控阀门所组成的一种具有预付费功能的燃气表,控制器包括流量传感器、中央处理器、计数器、显示器、蜂鸣器、执行机构(阀门)、通信端口及其他部件。在用户缴纳燃气费后,所购气量数据通过专门的读写卡器写入 IC 卡中,用户将 IC 卡插入燃气表上的控制器内或靠近控制器读卡区,卡上气量数据自动读取到气表中,IC 卡卡片上的气量信息被清零,输入燃气表控制器内存的气量,用气时自动扣减,直到气量使用完毕。最后提示用户再次缴费。

IC 卡膜式燃气表以 IC 卡为信息载体进行收费、开通、仪表故障、受攻击情况及密码等信息传递,能够依据交费和用气情况自动控制气路通断,并且显示运行、新购电量、剩余电量、低电压、累积、异常等信息。

IC 卡膜式燃气表拥有可靠的防外磁干扰设计,其用气量双显示(数码字轮显示累积用气量,LCD 显示用户购气剩余值),可保证在断电情况下数据有效保存。其结构紧凑、体积小巧、性能价格比好。采用微功耗元器件,较长时间不需换电池。IC 卡容易加密,可防止非法修改、复制 IC 卡内数值。售气、用气管理容易实现微机化管理,既可单站工作,又可联网运行。

(二) IC 卡膜式燃气表的工作原理

气体流过流量传感器时,将气量信息转换为对应量值的脉冲信号,通过 CPU 进行各种信息的处理,最后通过液晶显示器显示剩余气量以及其他信息。流量传感器有多种结构形式,使用的检测原理也不一样,多数是基于磁电转换技术或光电转换技术的电路单元。传感器将天然气的流量转为电信号输入单片机进行计量。当从 IC 卡中读入 EEPROM 中的用气量被扣除完以前,会提醒用户提前购气,如不购气充值,系统将会关闭阀门,直到用户购买的用气量读入燃气表中才会重新开启阀门供气。IC 卡燃气表工作原理见图 4-14。

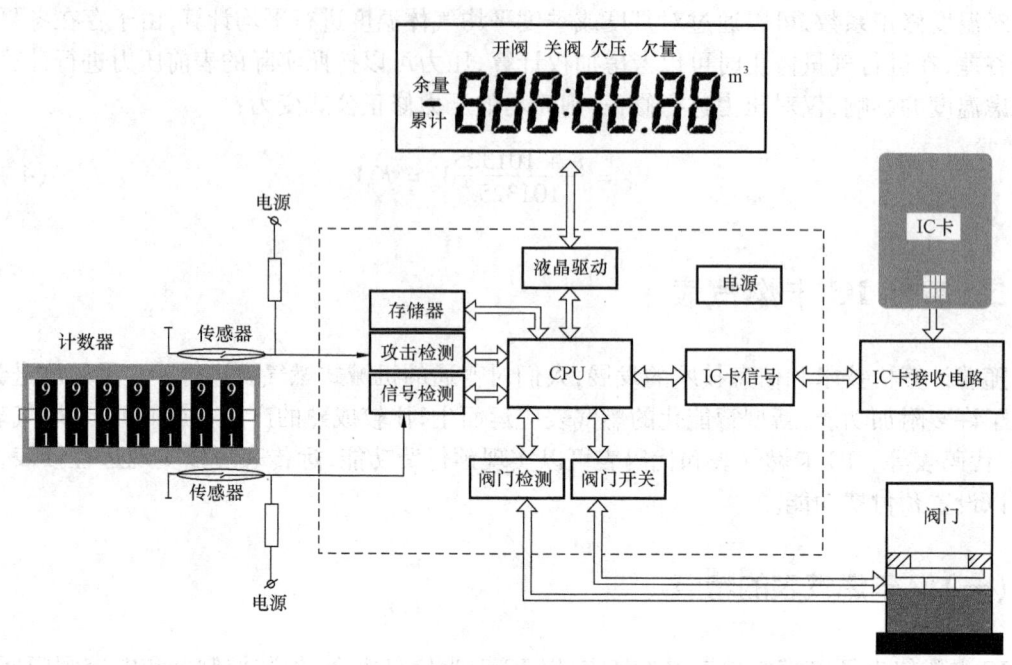

图 4-14 IC 卡燃气表工作原理

（三）IC 卡燃气表结构形式

IC 卡燃气表结构见图 4-15，内含以下组成部分。

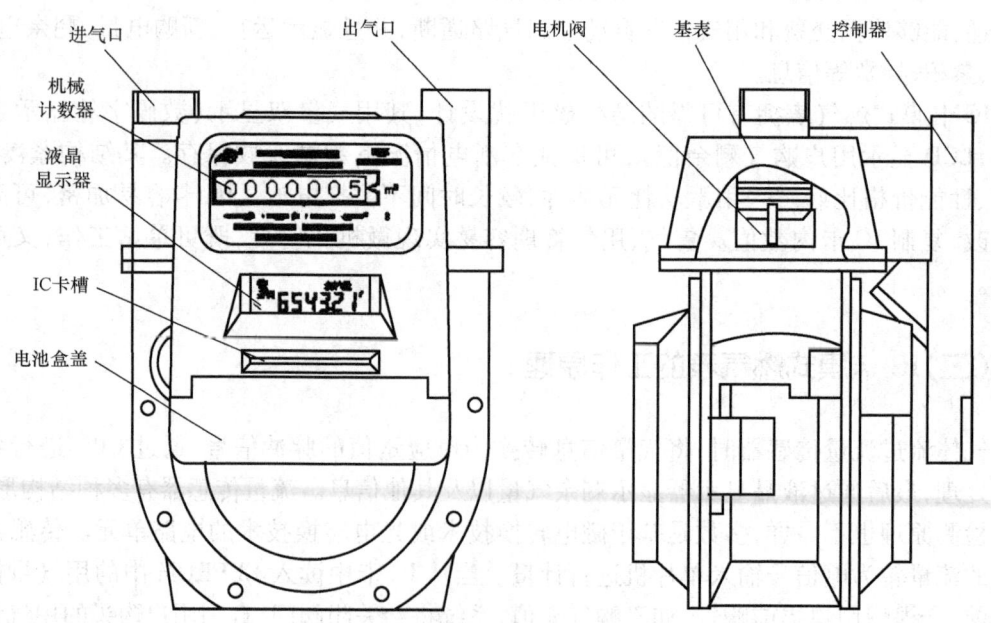

图 4-15 IC 卡膜式燃气表结构示意图

1. 流量传感器

流量传感器一般采用非接触式磁感应传感器,或采用低功耗红外传感器进行计量信号变换,其优点是基本不影响基表的计量性能。如采用磁干簧管、光电直读传感器或韦根传感器等,作用就是将磁感应元器件或者光电传感器产生的脉冲信号输出给控制器进行计量计费处理。传感器一般安装在基表计数器字轮附近,光电直读传感器一般设置在 $1\sim1000m^3$ 计数器字轮位置,可以直读多位计数器字轮数据。使用干簧管传感器时,可以在基表计数器 $100L(0.1m^3)$ 字轮上安装永久磁钢,当基表计数轮每转动一周时,干簧管就会吸合一次,产生一个脉冲信号,其脉冲当量为 100L。

彩图3 膜式燃气表

2. 控制器

控制器主要由低功耗的微处理器构成,包括安全认证模块、数据存储器及电源电路、执行机构驱动电路、显示器驱动电路、蜂鸣器驱动电路、保护电路等外围电路和软件等,形成了一个智能化的单片机系统。它将接收到的脉冲信号进行计量计费处理,以及判断是否出现过流量事故并采取相应的保护措施;将各种信息进行存储;拒绝非法入侵;判断掉电故障并采取保护措施;通过IC卡这一通信介质将各种信息与外界实现交互通信;驱动执行机构、显示器、蜂鸣器等各功能模块或装置进行工作。

3. 执行机构

执行机构的功能是接到开/关阀指令后开启或关断气路,一般采用高速、高灵敏度、低功耗的电机阀作为执行机构。在IC卡燃气表中,当气量用完后或电池电压过低时会自动关闭气阀。阀门的开启和关闭均由燃气表内部的电容的储能供电,当阀门在开启状态更换电池时,燃气表将首先关闭气阀。电机阀由阀体、阀芯、微型电动机、抗腐蚀橡胶密封件、伺服机构等零部件组成。

4. IC 卡

IC卡又称集成电路卡。它将一个集成电路芯片镶嵌于塑料基片中,封装成卡的形式。

IC卡芯片具有写入数据和存储数据的能力,IC卡存储器中的内容根据需要可以有条件地供外部读取,或供内部信息处理和判定之用。根据卡中所镶嵌的集成电路的不同可以分成以下三类。

(1)存储器卡,卡中的集成电路为EEPROM(可用电擦除的可编程只读存储器);

(2)逻辑加密卡,卡中的集成电路具有加密逻辑和EEPROM;

(3)CPU卡,卡中的集成电路包括中央处理器CPUEPROM、随机存储器RAM以及固化在只读存储器ROM中的片内操作系统COS(Chip Operating System)。

按卡与外界数据传送的形式来分,有接触式IC卡和非接触式IC卡两种。当前使用广泛的是接触式IC卡,在这种卡片上,IC芯片有8个触点可与外界接触。非接触式IC卡的集成电路不向外引出触点,因此它除包含前述三种IC卡的电路外,还带有射频收发电路及其相关电路。

5. 显示器

显示器以文字显示仪表状态以及对其所购用气量、剩余用气量等数据信息,一般为 LCD 显示。

6. 电源

电源一般为普通碱性电池或长寿命锂电池,碱性电池使用时间一般要求在一年以上,高性能锂电池使用时间一般要求不低于 10 年。

7. 管理系统

IC 卡用户管理系统可以实施对用气数据信息的保存、累积或费用计算,管理系统一般由仪表生产厂家提供,但存在一定缺陷,如不同厂家信息系统不兼容,系统升级不一致,抄表收费信息需要转换,密钥多不易管理、易失密等。燃气公司应建立自己的独立用户管理系统和营业收费系统,应建立自己的 IC 卡密钥管理体系,防止系统出现问题时给燃气公司带来巨大风险。管理系统除对用户的气量数据进行全面的抄收、管理外,还可以对每个用户仪表的运行状态信息进行查询。系统大致可以分为若干功能模块,不同厂家可能有不同功能设置,不同用户可能有不同需要,表 4-6 是一种 IC 卡燃气表管理系统的主要功能。

表 4-6 某 IC 卡燃气表管理系统的主要功能

售气处理	数据管理	统计报表	系统维护
新开用户	客户信息查询	日销售明细表	权限管理
售气	操作员查询	销售报表	修改密码
退款处理	异常用户分析	首次购气统计	系统设置
补卡	用户普查	新开户统计	票据打印
补气	气体分析	用户基本信息统计	设置日期
读卡	数据备份	气费发票统计	读写卡端口设置
换表	数据恢复	查阅用户档案卡片	制作工具卡
销户	修改数据	销售统计图	数据库升级
报停/恢复	数据导出	补气统计表	退出

(四)IC 卡燃气表使用注意事项

1. 各种功能卡的使用

1)清零卡

清零卡的功能是使燃气表内的数据变为初始状态。应注意:为使购气量与基表气量一致,新出厂的表,基表计数轮一般应调零。燃气表在第一次输入气量前,必须用清零卡清零。

2)用户 IC 卡

用户 IC 卡的功能是存放各种用户信息,如用户安全认证信息、用户购气量、卡号及各种参数等。

气量累加：当插入用户IC卡后，卡上购气量与燃气表内剩余气量累加后，更新燃气表内剩余气量，同时将气卡上购气量变为$0m^3$。

传递参数：当用户购气时，管理系统可以通过用户IC卡向燃气表传递各种参数。在制作新用户卡时，管理系统将设定的参数写在用户IC卡上，当控制器第一次插入用户IC卡时，自动先将参数读入，再处理气量；当燃气公司需要修改控制内的参数时，先在管理系统上将参数设置好，当用户购气时，选择传递参数，即可将用户IC卡上的参数修改为新的参数，当插入控制器时，先处理气量，再传递参数。注意：不同的用户气卡互不通用，即一表一卡。

3）回读卡

回读卡的功能是将燃气表内有关数据回读到卡上。将燃气表内剩余气量与卡上购气量累加后更新卡上购气量，并将回读卡改为用户气卡，同时清燃气表为出厂状态。注意：回读后的燃气表必须用清零卡清零后，插入用户气卡才能输进去气，否则有"读卡错"的错误提示。

4）专用气卡（一般为计量检定时使用）

专用气卡的功能是该卡可以直接输入气量到控制器内，而卡上气量不清，仍为原卡上气量。注意：专用气卡必须插入清过零的控制器；插入专用气卡时控制器内气量不能累加；用户气卡一旦输入气量，专用气卡将不能使用，必须经过清零后才能用。

2. 新IC卡表的安装使用

安装后，在用户第一次输气前，必须用清零卡成功清零（否则将输不进气）：将清零卡按正确方向插入卡槽中（如果原表中有气，可以听到关阀声），有"嘀—嘀—"声音提示及液晶显示"0000.0"及"请购气"，说明清零成功；如果显示"读卡错"或气量不为零，说明清零不成功，应检查原因。

经过清零卡成功清零后，插入用户气卡，听到"嘀—嘀—"两声，液晶先显示表内以前的气量"0000.0"，然后打开阀门，再显示卡上所购气量，说明卡上气量已成功读入控制器内，用户可以正常用气，此时IC卡上气量已为零，用户可购买下一次的气量以作备用；如果显示"读卡错"或第二屏显示气量不是卡上气量或阀门打不开，说明第一次输气不成功，应检查原因。

当用户插入气量大于零的卡时，听到"嘀—嘀—"两声，液晶先显示表内以前的气量，若阀门处于关闭状态又满足开阀条件，则打开阀门，再显示控制器内剩余气量和卡上购气量累加后的气量和，说明卡上气量已成功读入控制器内，此时IC卡上气量已为零；如果显示"读卡错"或第二屏显示气量不是控制器内剩余气量和卡上购气量累加后的气量和，说明输气不成功，应检查原因。

由于某种原因需要将表内数据回读到卡上时，通过专用写卡器制作回读卡，正确插入表内，听到"嘀—嘀—"两声，关闭阀门，液晶屏先显示表内以前的气量，再显示气量零，说明回读成功；如果显示"读卡错"或第二屏显示气量不为零，说明回读不成功，应检查原因。

三、智能型远传表

作为一代智能燃气表的代表，IC卡燃气表经历了近20年的发展，技术日渐成熟，功能日趋完善,实行预付费,加速了燃气企业的资金周转,提高了资金利用率,解决了入户难、抄表难、收费难的问题。但也有局限性和不足,具体表现在:

(1) IC卡燃气表不能及时反映燃气购销量,直接影响燃气企业购销差的准确计算,对企业的利润等指标带来较大的不确定性。

(2) 多数燃气企业不能完全掌握IC卡表的核心技术,密钥管理不完善,易失密或破解,许多企业使用的IC卡表不时遇到伪卡或私自非法售气充值现象,这样就给燃气公司带来巨大的损失或隐患。

(3) 随着上游气源价格的不断调整,下游建立价格联动机制时,1C卡燃气表信息的单向性不能及时同步调整已购气量的价格,用户数量巨大时的损失是不容忽视的。

有鉴于此,无线远传抄表可以最大限度地满足燃气企业和用户的性能需求,做到既能简化操作程序,方便用户,提高人民群众的生活质量,提高企业形象,也减轻企业负担,降低企业的经济成本,并能够提高用气的安全性,系统的推出很好地解决了上述存在的问题。

(一)智能型远传表工作原理

远传表是在基表上加装传感器、中央处理器、液晶显示器、通信功能设备以及阀门等组成具有远程传输功能的计量仪表。它是集微电子技术、自控传感技术、通信技术及网络技术于一体,能直观显示燃气气量数据,又能通过有线或无线技术传输气量信号或数据的新型燃气表。无线远传表工作原理见图4-16。

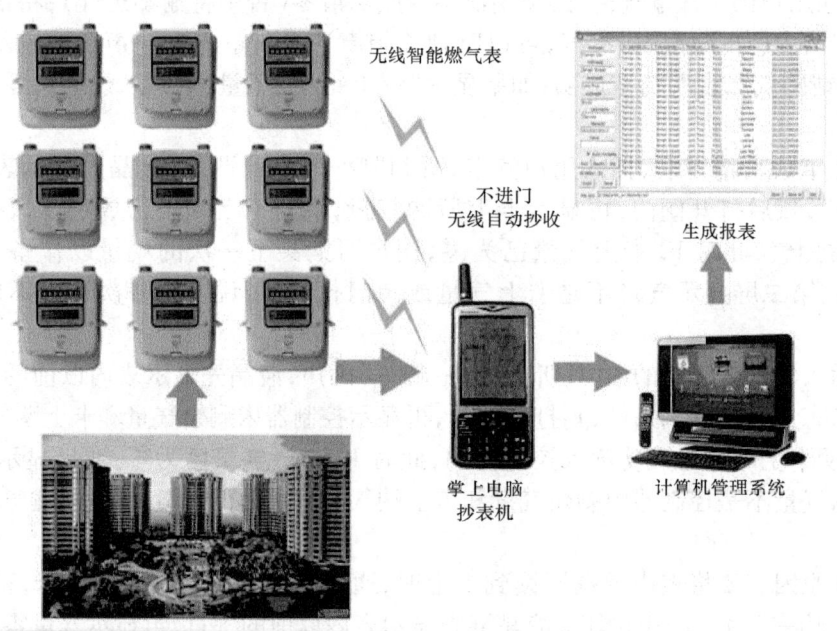

图4-16 无线远传表工作原理图

远传表采取模块化设计,可以组合成多种形式,满足不同的功能需求,如计数传感器可以采取光电直读和干簧管等,传输方式可以采取数据专线传输、电力载波传输、无线传输、网络传输等,抄表方式可以采用手操器采集器方式、GPRS集中器方式、车载群发方式多链路路由方式等。一种常见的抄表工作流程为:通过燃气销售管理系统发出抄表指令,通过 GSM 无线模块与小区的集中器进行通信,集中器接到指令后经 485 总线再将指令传给每幢楼采集器,采集器接到指令后打开电源,给 485 总线上的若干只表具传感器供电,传感器受电后按程序将燃气表的直读数据信息传给数据处理器,数据经 CPU 换算处理后经单片机按程序发给采集器,采集器收集完所有燃气表数据后再按顺序将数据通过集中器和 GSM 无线网络直接发送进入燃气销售管理系统,系统具有对设备和仪表的实时监控、故障显示、抄收、费用换算、统计分析、用户信息存储等功能。

(二)智能型远传表结构形式

普通的远传表抄控系统是由远传表、采集器、集中器、通信控制器、GSM 无线数据传输模块、售气管理系统等几部分组成。根据配置不同,可以产生多种形式的集抄系统,其中一例见图 4-17。

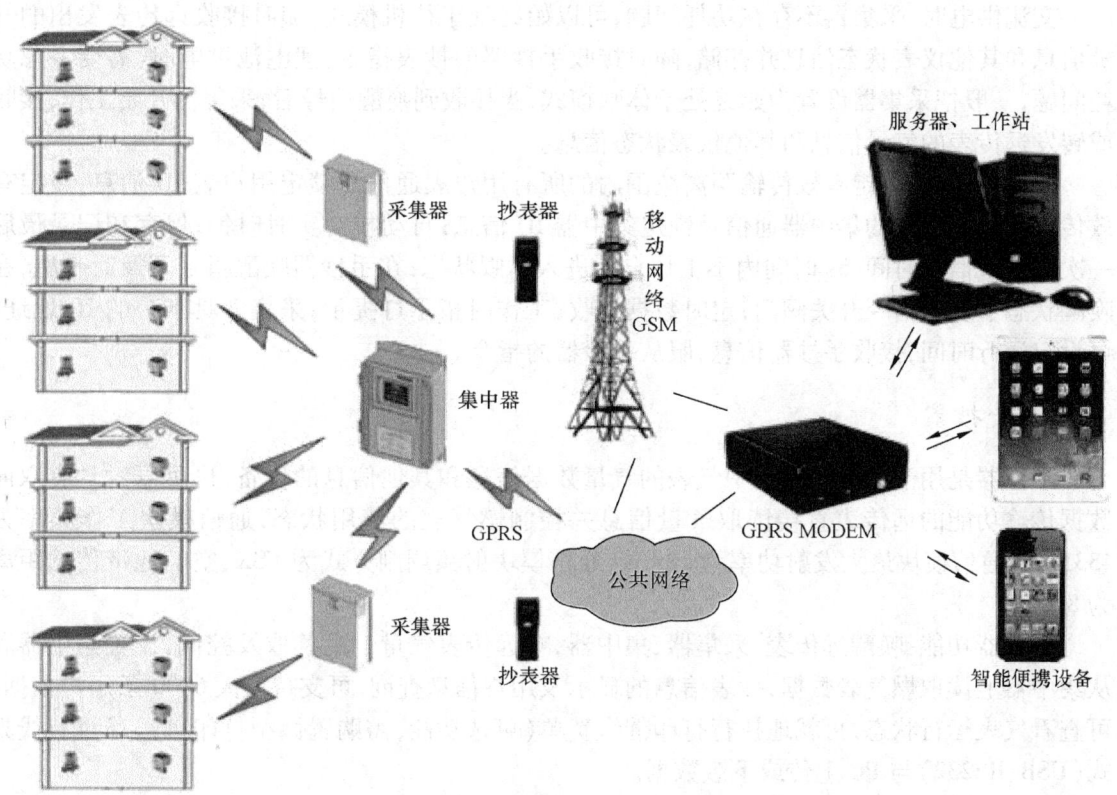

图 4-17 某无线远传超表和控制系统配置示意图

1. 远传表

远传表由燃气基表、流量传感器、微处理控制模块、无线收发模块、控制电机阀门等部件组成,可以按不同的配置,组合成不同功能和应用场合的无线远传燃气表。具有 IC 卡预付费的无线远传燃气表功能除具有 IC 卡表的预付费控制功能外,还具备实时调整气价功能,用户存储在表中的不是气量,而是金额;实时监控燃气表的运行状况,以便不入户即可了解用户的燃气设备运行是否正常,燃气表可与手抄器、采集器、集中器等无线抄控系统进行通信,手抄器可对燃气表进行开关阀控制和参数查询与修改;欠费可通过手操器关阀、开阀;具有防窃气功能,如封印接入关阀报警功能、拆表关阀功能、磁攻击关阀功能,卡座受到金属片攻击时自动关阀功能等。

某些公司研发的无线远传膜式燃气表通过 2G/4G 无线网络平台实现燃气表端数据传送到云平台,可实现远程阀门控制、用气状态监控、阶梯气价实时调整、数据分析以及异常报警等功能。结合手机 APP 软件可以完成远程充值、实时互动等功能。

2. 采集器

采集器主要负责采集远传表发送过来的数据信息并存储在存储器中,实时等待手抄器或车载无线抄表器的唤醒并向它们传递采集的数据。它由微处理器、无线通信模块、电源系统和天线组成,采集器分为交流电、直流电、太阳能电源三种供电方式供电,无线采集器可以采集 100 个无线燃气表的数据信息。采集器与远传表和手抄器之间采用无线通信。

交流供电时,采集器不存在功耗问题,可以始终处于待机模式,随时接收远传表发出的气量信息和其他仪表状态信息并存储,随时接收手抄器的抄表指令;锂电池供电时,需要考虑功耗问题,一般把采集器设置为始终处于休眠模式,当接收到唤醒信号后,采集器开始工作,接收或转发远传表的气量信息和其他仪表状态信息。

采集器功能:设定有效传输距离范围内的所有用户表通信及锁定用户表 ID 信息;设定有效传输距离范围内的集中器通信及锁定集中器 ID 信息;自动校对实时时钟;保存和记录最后一次数据通信的时间,5s 时间内不工作自动进入休眠状态;在手抄器唤醒指令下及时唤醒,在唤醒状态下发送指令开关阀门;定时数据接收,工作时指示灯提示;采集器具唯一的 ID 地址,可设定运行时间,接收手抄器信息,服从手抄器的指令。

3. 手抄器

手抄器是用于读取采集器中气表的气量数据信息和其他信息的设备,也可以对具有双向数据传输功能的远传表直接读取气量信息并控制燃气表的使用状态,通信模块工作频率为 433MHz,通信模块最大发射功率为 10mW,通信模块射频调制方式为 FSK,空旷地带传输距离为 800m。

手抄器功能:唤醒远传表、采集器、集中器,对远传表气量信息读取及控制,设置集中器和从集中器上读取燃气表数据,抄表信息的显示及用户信息查询,可支持最大 6000 条用户数据,可查看气表运行状态,可就地执行打印催缴费单(可选功能,需购置微型打印机),通过有线方式(USB、RS232)与 PC 上传或下载数据。

4. 集中器

集中器利用移动无线网 GPRS 业务对其采集到的远传表数据进行数据传输,GPRS 集中器可以在线实时抄表,也可以定时抄表,GPRS 的计费是以数据量来计算的,不是以时间计费,所以营运成本低,适合燃气表的抄表。GPRS 传输具有很高的数据安全性和准确性,不作专门布线,前期投资少、见效快,后期升级、维护成本低,而且设备安装方便、维护简单。

集中器功能:无线唤醒功能和自动唤醒功能;初始化集中器;添加、修改、删除燃气表通信编号;查询、设定集中器时间;按序号快速抄读集中器中的燃气表数据信息;按远传表通信地址方式抄取集中器中的燃气表数据信息;设定路由表参数;抄表日气量数据及其他信息自动上传。

5. 管理系统

根据远传表工作模式及其抄表方式的不同,管理系统可以具有不同的功能需求,但大多数具有用户管理、设备管理、业务管理、统计分析、系统维护、无线通信管理等功能。

第三节　腰轮流量计

气体腰轮流量计是燃气行业应用较为广泛的一种容积式流量计,准确度相对其他仪表可以做到最高。利用机械测量元件(计量室)将流体连续不断地分割成单个已知的体积,根据计量室逐次、重复地充满和排放该体积部分流体的次数来测量流体体积总量。优点主要有:准确度高;流量计前后不需要直管段;量程范围较宽;直读式仪表无须外部能源就可直接得到流体总量,使用方便;温度、压力自动补偿的一体化智能型腰轮流量计具有自动体积转换、压缩因子修正、标态总量显示输出的功能,使流体标态体积计量更加科学准确。腰轮流量计存在的一些缺点有:机械结构较复杂,大口径仪表体积庞大笨重。腰轮流量计一般只适用于中小口径场合;对流体洁净度要求较高,适用于洁净单相流体,测量含有颗粒、脏污物的流体必须安装过滤器;仪表在测量过程中会给流动带来脉动,大口径仪表会产生较大噪声,甚至使管道产生振动。

一、腰轮流量计工作原理

腰轮流量计通过腰轮和壳体包围成一个具有一定容积的计量室,当流体流过时,流量计的进口和出口之间存在一个压力差,在这个压力差的作用下,使流量计内的运动部件不断运动,将流体依次充满和排出计量室。预先求出该空间的体积,测量出运动部件的运动次数,从而求出流过该空间的流体体积。另外,根据每单位时间内测得的运动部件的运动次数,可以求出流体的瞬时流量。

腰轮流量计工作原理如图 4-18 所示。当上边腰轮或下边腰轮运行到水平位置时,腰轮与壳体共同形成一个容积固定的上、下部计量室,在一个运行周期内,上、下部计量室各排出一次流体。它有两个腰轮状的共轭转子,分别固定在各自的转轴上,有一个腰轮转动,另一个腰轮通过齿轮啮合同步作反向转动,相互间始终保持线接触,既不能相互卡住,又不能有大的泄漏间隙。当有流体通过流量计时,在进出口流体压差的作用下,两腰轮将按如图 4-18(a)所示方向旋转。上边的转子顺时针转动,下边转子逆时针转动。当下边的腰轮横放(水平状态)时,在它下边存有一定体积量的流体,上边转子处于垂直位置,此时上边转子受力平衡,下边转子因压力差而继续逆时针转动,通过同步齿轮带动上边转子转动,如图 4-18(b)所示。连续转动时,下边包围的定量流体从出口排出,见图 4-18(c)。继续转动时,下边转子运行到垂直位置,上边转子为水平位置,上边的腰轮又将进来的流体存入上部计量室中,见图 4-18(d),并准备将流体排出。当两个腰轮各完成一周的转动时,所排出的流体为一回转体积量 V_0 在腰轮转轴上带动一副蜗轮副和一套变速齿轮组合传送到计数装置进行累计流量计量。

  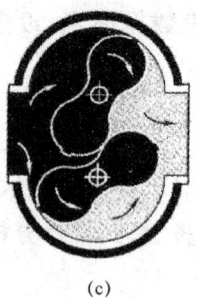 

(a)   (b)   (c)   (d)

图 4-18 腰轮流量计工作原理示意图

设回转体积量为 V_0 流体流过时腰轮的转数为 n，则在 n 次动作的时间内流过流量计的流体体积 V 的计算式为

$$V = nV_0 \qquad (4-25)$$

二、腰轮流量计结构形式

智能型腰轮流量计由流量测量单元和流量积算显示单元两大部分组成，可选配温度、压力传感器，实现温度压力补偿功能，其内构示意图见图 4-19，工作透视示意图见图 4-20。

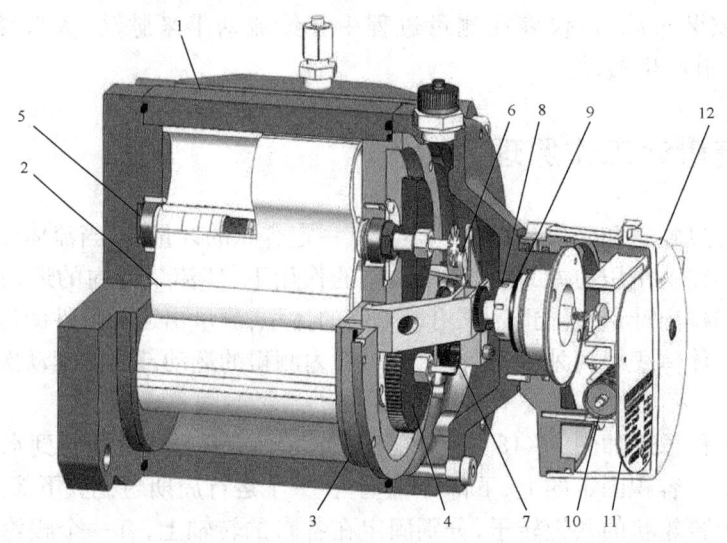

图 4-19 腰轮流量计内构示意图

1—表体；2—腰轮转子；3—轴承盖；4—同步齿轮；5—润滑轴承；6—高频脉冲发生器；
7—齿轮；8—磁耦合；9—隔板；10—计数器；11—铭牌；12—计数器护罩

动态图13 立式腰轮流量计结构

动态图14 卧式腰轮流量计

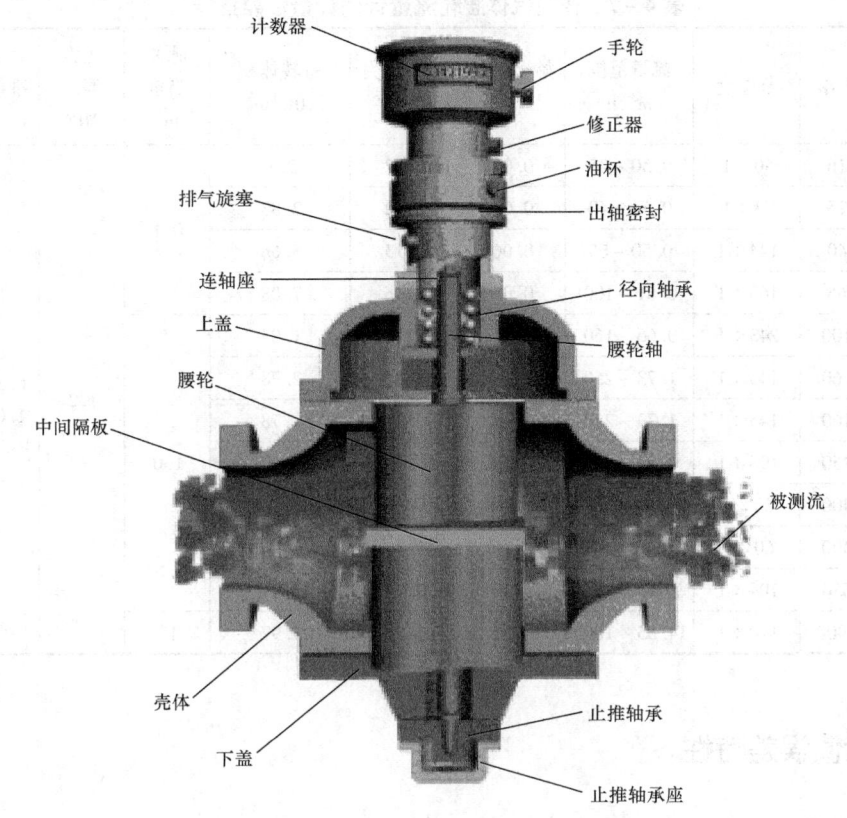

图4-20 腰轮流量计工作透视示意图

流量测量单元主要包括计量室、润滑系统和传动机构,流量积算显示单元包括机械计数器、积算仪、高低频脉冲发生器。

计量室:腰轮流量计由一对腰轮和壳体构成,两腰轮是有互为共轭曲线的转子。腰轮、计量室壳体一般由铝合金或不锈钢制成,腰轮与壳体、腰轮与腰轮、腰轮与隔板等的间隙非常小,一般在 $80 \sim 150 \mu m$。

润滑系统:包括储油腔、加油孔、泄油孔、观察窗、油道、甩油片等。

传动机构:包括磁性联轴器、同步齿轮、减速变速机构。

机械计数器:传统的腰轮流量计为纯机械式仪表,包括磁耦合和计数器等。

积算仪:积算仪包括中央处理器、LCD 显示器、存储器等,实现存储、积算、显示、温压补偿等功能。

高低频脉冲发生器:将高频脉冲信号(如转数)或低频体积(通常为 $1m^3$)信号发送到远距离采集使用。

三、腰轮流量计计量特性

腰轮流量计的计量特性主要包括流量计的示值误差特性和压力损失特性,以及这些特性受状态参数和(流体)物性参数变化的影响情况。表4-7是普通气体腰轮流量计的计量性能指标。

表 4-7　普通气体腰轮流量计的计量性能指标

公称通径 DN mm	规格	范围度	流量范围 m³/h	始动流量 m³/h	压力损失 kPa	每转体积 10⁻⁴ m³	脉冲当量 m³	压力等级 MPa	准确度	壳体材料
50	G16	50:1	0.50~25	0.08	0.07	2.1	0.1			
	G25	73:1	0.55~40	0.06	0.12	2.83				
	G40	144:1	0.50~65	0.06	0.13	5.66				
	G65	163:1	0.61~100	0.06	0.16	7.08				
80	G100	243:1	0.66~160	0.04	0.19	1.05	1.2	0.5级 1.0级	铝合金
	G160	145:1	1.73~250	0.15	0.28	2.78				
100	G160	145:1	1.73~250	0.15	0.28	2.78	1.0			
	G250	198:1	2.02~400	0.10	0.39	4.20				
	G400	60:1	10.83~650	0.70	0.31	1.05				
150	G400	60:1	10.83~650	0.70	0.31	1.05				
	G650	104:1	9.62~1000	0.80	0.47	1.57				
200	G1000	110:1	14.55~1000	1.20	0.55	1.97	10			

（一）示值误差特性

腰轮流量计的示值误差可用下式表示：

$$E = \frac{V_\text{显} - V_\text{实}}{V_\text{实}} \times 100\% \tag{4-26}$$

式中，$V_\text{显}$ 为流量计显示值，m³；$V_\text{实}$ 为通过流量计的实际值，m³。

若计量室固定体积为 V_0，在一定时间内，腰子转动次数为 n，则在该时间内流过流量计的体积量为

$$V_\text{实} = nV_0 \tag{4-27}$$

在该时间内流量计通过机械传递装置将体积流量 V 传递到计数显示装置，使计数器上的数字累加，以显示通过流量计的流体体积，$V_\text{显}$ 和 n 的关系可以表示为 $V_\text{显} = n\alpha$，式中，α 为与机械传动比和计数器单位量值有关的流量计齿轮比常数。可得

$$V_\text{实} = V_\text{显} \cdot \frac{V_0}{\alpha} \tag{4-28}$$

$V_\text{实}$ 与 $V_\text{显}$ 非常接近，可得误差 E 的计算式为

$$E = \left(1 - \frac{V_0}{\alpha}\right) \times 100\% \tag{4-29}$$

式（4-29）表明腰轮流量计的示值误差只跟回转体积 V_0 和齿轮比常数 α 有关，对于已制造完毕的流量计，这两个参数都为常量，因此式（4-29）所表示的误差也是常量，与通过流量计的流量大小无关，理论上误差特性曲线上是一条平行于 x 轴的直线，见图 4-21 中直线 1 所

示。而实际上的腰轮流量计误差特性曲线是图 4-21 中曲线 3,通过机械计数器齿轮比的调整,可以对误差曲线进行平移,可调整到图 4-21 中曲线 2 所示位置。

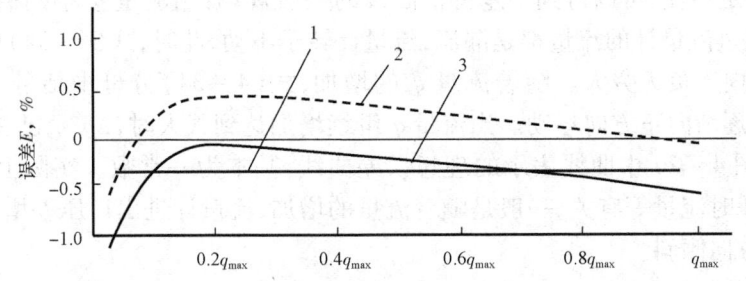

图 4-21　腰轮流量计误差特性曲线

腰轮流量计实际误差特性曲线呈现这种变化趋势的原因是缝隙泄漏现象。一部分流体没有经过"计量室"计量而直接从间隙流过,在流量计示值上并未反映出来。漏流越大,流量计误差就越大,对于给定的流量计,它产生漏流的间隙是一定的,在一定的间隙下,通过流量计间隙的漏流流量 Δq 与流量计前后的压力差有一定的关系,当流量计的间隙相对较大,通过流量计的流体黏度又较小时,可以认为通过流量计间隙的漏流是湍流流动,几乎不受黏度的影响,大多数流体介质属于这种情况,其漏流量可用下式表示:

$$\Delta q = C \sqrt{\frac{\Delta p}{\rho}} \tag{4-30}$$

式中,C 为与流量计结构有关的常数;Δp 为流量计前后差压;ρ 为流体密度。

从式(4-30)可以看出,随着差压 Δp 的增加,漏流量也增加。前面在分析流量计误差特性时假设的漏流流量为常数,这并不符合实际情况。实际上,随着通过流量计流量的增加,流量计前后的压力损失也增加,漏流也随着增加。有时漏流增加的速度甚至比流量还快,这就是有的腰轮流量计在流量很大时其误差曲线要向负方向倾斜的原因。根据泄漏量可以推导出腰轮流量计的实际误差计算公式和特性曲线。

假设通过间隙的漏流量为 Δq。当以流量 q_v 通过流量计的流体总量为 $V_实$ 时,漏流总量 ΔV 的计算式为

$$\Delta V = \Delta q \cdot \frac{V_实}{q_v} \tag{4-31}$$

实际通过流量计的总量为

$$V_实 = nV_0 + \Delta V \tag{4-32}$$

代入整理可得

$$V_实 = V_显 \cdot \frac{V_0}{\alpha} \cdot \frac{1}{(1 - \Delta q/q_v)} \tag{4-33}$$

流量计实际误差的计算公式为

$$E = \left[1 - \frac{V_0}{\alpha(1 - \Delta q/q_v)}\right] \times 100\% \tag{4-34}$$

从式(4-34)可以看出,由于漏流流量 Δq 的存在,误差 E 不再是一个常数,而是与泄漏量 Δq 和瞬时流量 q_v 有关的变量,其特性曲线也不是一条直线,而是一条随流量变化的曲线。

假设 Δq 恒定不变,可以得到误差特性曲线的一般规律:当流量 q_v 小到极限情况时,可认为 $q_v = \Delta q$,即通过流量计的流量都是漏流,流量计转子不动,此时,式(4-34)中分数项的分母为零,误差正趋向于负无穷大。随着流量 q_v 的增加,式(4-34)分母中括号内的数值逐渐增加,误差曲线也逐渐向正方向移动。当流量 q_v 继续增加达到很大时,$\Delta q/q_v$ 已变得很小,误差曲线逐渐趋向于图 4-26 中曲线表示的理想误差曲线,基本为一常数。实际上,并不是恒定不变,而与差压、瞬时流量等有关,一般是随着流量的增加,流量计进出口压差增大,泄漏量增加,误差曲线向负方向倾斜。

(二)压力损失

产生压力损失的原因有两个方面:一是由于流量计测量元件动作的机械阻力引起的压力损失;二是由于流体沿程阻力引起的压力损失。腰轮流体流量计的压力损失跟流量的关系一般呈二次曲线的规律变化,如图 4-22 所示。可以看出,压力损失随流量的增加而增加,并且流体压力越高,压力损失也越大。

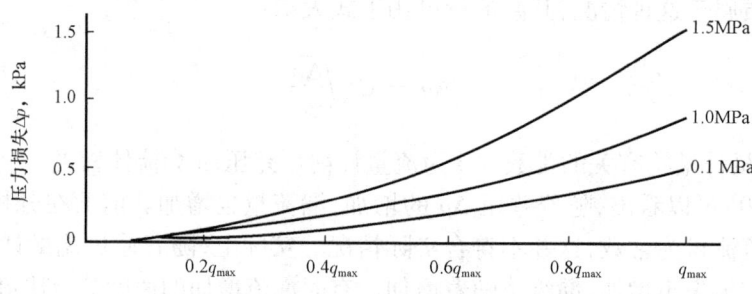

图 4-22 气体腰轮流量计压力损失特性曲线

(三)物性参数对示值误差的影响

腰轮流量计产生误差的主要原因是漏流的存在,在研究物性参数对流量计特性的影响时,主要研究物性对漏流的影响。对于液体介质,主要考虑流体黏度的影响;对于气体介质,主要考虑流体密度的影响。

在同流量条件下,当流体密度增加时,它所引起的差压增加而导致漏流量增加的影响仍然基本可以忽略。误差曲线将随流体密度的增加而向正向移动。随着工作压力的提高,误差曲线向正向偏移。

(四)摩擦阻力对示值误差的影响

流体在经过流量计时,将会受到许多阻力的影响,如腰轮的形状、腰轮和腔体表面光洁度、腰轮与腰轮之间的间隙等,其中最重要的是腰轮运动时的机械摩擦力,主要有腰轮的摩擦力、齿轮间的摩擦力等,摩擦力的大小直接影响到流量计的误差特性,摩擦阻力大的流量计,随着流量的增加,误差特性曲线向负方向倾斜较快,摩擦阻力小的流量计,随着流量的增加,误差特性曲线向负方向倾斜较慢。因此,要避免腰轮流量计出现较大的摩擦阻力,要及时对仪表加注润滑油。

四、腰轮流量计的使用

腰轮流量计有很高的准确度、重复性和稳定性,但是如果选型不当或安装使用不当,反而更容易损坏,造成计量失准或仪表故障。选定了合适规格的腰轮流量计后,正确的安装和使用以及定期维护是保持流量计高准确度正常工作的保证。下面对腰轮流量计的设计、选型、安装、使用和维护做简要介绍。

(一)设计与选型

选用腰轮流量计时,应依据用户的实际用气量选择规格相匹配的仪表,使用户的实际用气量处于仪表上限流量的 60% ~ 80%。流量范围在 $25m^3/h$ 以下的场合宜选用膜式燃气表,$40 \sim 160m^3/h$ 宜选用具有温度压力修正的腰轮流量计,$160m^3/h$ 以上宜选用智能型气体涡轮流量计。

腰轮流量计宜垂直安装,气体流动方向为上进下出。流量计前安装适用的过滤器,仪表在压力波动较大,有过载冲击或脉动流时,仪表前应设置缓冲罐、膨胀室或安全阀等保护设备。

(二)安装

流量仪表应当安装在遮风、避雨、防暴晒、通风良好、震动少、无强磁干扰、温度变化不剧烈、便于抄表和检修的地方。燃气流量仪表应当尽量远离温度较高的热力设备和电器设备。与灶具边、开水炉、热水器、低压电器设备和金属烟道水平的净距离应不小于 0.3m,与砖砌烟道的水平净距离应不小于 0.1m。

在安装运输过程中,燃气表不得倒置、磕碰、摔打,不得进水和异物,不得破坏封缄;燃气表安装后应横平竖直,不得倾斜;严禁带表焊接法兰、吹扫管线、高压试漏;在计量仪表安装前,应预制与仪表相同尺寸的管段,代替仪表进行安装,待焊接法兰、吹扫、打压、试漏等所有工作完毕后,再拆下管段,换上仪表,充分保护计量器具不受伤害;仪表安装不得强力对接,不得有应力存在,螺纹连接要保护好表嘴,法兰连接密封垫不得伸入管道内;安装时应同步安装封缄和防护表箱。

安装前注意检查转子转动是否灵活。应正确吊装计量表,严禁在流量计算仪处用绳拴结起吊仪表。初始安装检查过滤器,防止过滤器被损坏。安装后,运行前及时对前后油腔加注润滑油,加油时注意观察油标视镜,油位在中线上 105mm 处。拆卸流量计时,应打开放油孔,将油腔中润滑油全部放尽。加油时注意流量计泄压。流量计应采取无应力安装,充分考虑工作温度引起的管道应力。

(三)使用与维护

新安装的腰轮流量计,经安装检查无误后,应进行试运行工作。

（1）关闭流量计前后的阀门（开关阀和调节阀），缓慢打开旁通阀，使流体从旁通阀流过，冲洗管道中残留的杂物并使流量计进出口压力平衡，若无旁通管路，则可先用一短管代替流量计装在管路中使流体通过，待管路被洗干净后，取下短管换上流量计。

（2）启动流量计，对有电信号远传的智能型流量计，先接好信号线和电源线，接通电源使仪表正常工作。然后，先缓慢打开流量计前的开关阀，再缓慢打开流量计后的调节阀，最后缓慢关闭旁通阀门。用流量计出口的调节阀调节流量，使流量计在正常流量下工作。

（3）观察记录各项运行参数的变化，如温度、压力等。系统应没有大的振动、噪声和泄漏等情况，经稳定运行一段时间后，试运行结束。经常注意被测介质的流量、温度、压力等参数是否符合流量计的相应使用范围。

（4）仪表严格执行"有压启动"原则。一般应制定严格的操作程序及规范，包括流量计的使用规范、检验流量计的操作规程和检定周期、流量计故障处理程序、备用流量计的启用规定及流量计和旁通阀的封印等。

（5）定期进行检查、维护和检验。内容包括流量计、阀门、管路系统、过滤器、温度计、压力表等。

（四）使用注意事项

（1）新表投运前要吹扫管线，以去除残留焊屑垢皮等。此时应先关闭仪表前后截止阀，让气流从旁路管流过，若无旁路管，仪表位置应装短管代替。

（2）吹扫管线后，要做到有压启动，并且在开始时要缓慢增加流量，使转子充分啮合运转自如。

（3）新启用流量计时，过滤器网易被打破，试运行后要及时检查网是否完好。在以后的管理中根据过滤器前后压差判断是否要清洗。

（4）气体腰轮流量计启用前必须加润滑油，日常运行也经常检查润滑油存量。

（5）使用气体腰轮流量计时，应注意不能有急剧的流量变化，因腰轮有惯性作用，急剧流量变化将产生较大附加惯性力，使转子损坏。

（6）仪表在周检拆卸时，应及时卸尽表内润滑油，不可带油拆卸运输，否则油会进入到计量室内，影响仪表计量性能，在检定完毕安装无误后，再重新加注润滑油。

第四节　涡轮流量计

涡轮流量计是一种最常用的速度式流量计，它利用涡轮的旋转角速度与流体流速成正比的性质测量平均流速，从而得到瞬时流量和累积流量，是目前流量仪表中成熟的、高准确度的计量仪表。它具有压力损失小、准确度高、反应快、流量量程比宽、抗振与抗脉动流性能好等特点。广泛应用于工业锅炉、燃气调压站、输配气管网、城市天然气门站等领域的贸易计量。

一、涡轮流量计工作原理

涡轮流量计的涡轮叶片与流动方向有一定的夹角，当流体进入流量计时，先经过机芯的前导流体并加速,在流体的作用下,涡轮产生转动力矩,在克服阻力矩和摩擦力矩后开始转动。

达到平衡时,转速稳定,涡轮转动角速度与流量成线性关系,对于机械计数器式的涡轮流量计,通过传动机构(磁耦合)带动计数器计数,对电子式流量积算仪的流量计,对流量传感器发出的脉冲信号进行积算和处理,最终输出显示流体的瞬时流量和累积流量,脉冲信号的频率 f 与体积流量 q_v 成正比,即

$$q_v = f/K \tag{4-35}$$

式中,K 为涡轮流量计的仪表系数。在流量计使用范围内,K 为常数,其值由检定时给出,当然有些流量计采用多段(如5段)仪表系数,通过计算机进行非线性修正,这样仪表的准确度会更高,涡轮流量计作为标准表使用时,一般采用这种方法来提高仪表的准确度。图4-23是涡轮流量计的典型结构示意图。

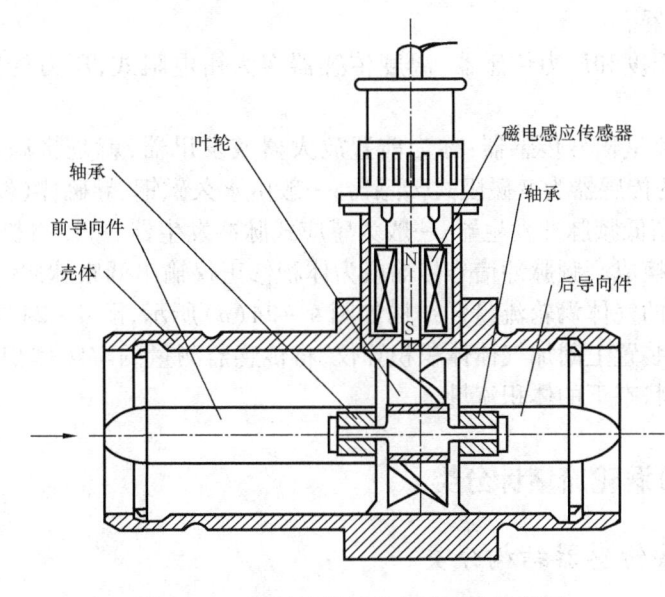

动态图15 涡轮流量计

图4-23 涡轮流量计的典型结构示意图

二、传感器结构形式和涡轮流量计分类

(一)传感器结构

涡轮流量传感器一般由壳体、导流件、涡轮、轴、轴承、加油润滑系统、传动机构、温度和压力传感器、流量信号传感器、高低频脉冲发生器等组成,不同厂家的产品结构大同小异,但其主要部件是基本一致的。

(1)壳体:壳体是传感器的主体部件,它起到承受被测流体的压力、固定安装检测部件、连接管道的作用。一般采用不导磁铸钢、不锈钢或硬铝合金制造。

(2)导流件:在传感器进出口安装,它对流体起导向整流以及支承叶轮的作用,通常选用不导磁不锈钢或硬铝材料制作。反推式涡轮流量传感器的后导流件还要求能产生足够的反推力,其结构形式很多。

(3)涡轮:又称叶轮,是传感器的检测元件,它由高导磁性材料制成。叶轮有直板叶片、螺旋叶片和丁字形叶片等几种,叶片数视口径大小和测量介质而定,涡轮由支架中轴承支承。涡轮几何形状及尺寸对传感器性能有较大影响,要根据流体性质、流量范围、使用要求等设计,涡轮的动平衡很重要,直接影响仪表性能和使用寿命。

(4)轴与轴承:支承叶轮旋转,需有足够的刚度、强度和硬度、耐磨性、耐腐蚀性等,它决定着传感器的可靠性和使用期限。传感器失效通常是由轴与轴承引起的,因此它的结构与材料的选用以及维护很重要。

(5)加油润滑系统:由油杯组件、止回阀(单向阀)、油管、接头、密封圈、储油管等组成。对于多数轴承需要强制加油润滑,以防止轴承磨损,同时采用内藏式储油管,可有效避免因一次加油过量影响仪表精度及污染机芯,也可有效避免使用过程中因失油造成轴承损伤。

(6)传动机构:由蜗杆、连杆、磁耦合和齿轮组等组成,将涡轮的转动按一定的数比传动给机械计数器。

(7)温度和压力传感器:温度传感器多为铂电阻式,压力传感器一般为硅压阻式压力传感器。

(8)流量信号传感器:称为前置放大器或发讯器,就是将涡轮的旋转信号转换为脉冲信号,常用的传感器为变磁阻式传感器,一般由永久磁钢、导磁棒(铁芯)、线圈等组成。

(9)高低频脉冲发生器:一般为感应式脉冲发生器,可以将机械计数器的读数按一定的脉冲当量转换成高频脉冲信号传输或为体积修正仪输出低频脉冲信号。

典型的气体涡轮流量计结构如图4-24(a)所示,图4-24(b)所示为结构剖面图。在传感器显示装置上附加气体体积积算仪,将传感器测量的实际体积流量经压力、温度修正后,转换为标准状态下的体积流量。

(二)涡轮流量计分类

1. 按传感器结构分类

(1)轴向型(普通型):叶轮轴中心与管道轴线重合,是最主导的产品种类,有全系列产品(DN10~DN600)。

(2)切向型:叶轮轴与管道轴线垂直,流体流向叶片平面的冲角约90°,适用于小口径微流量产品。

(3)机械型:叶轮的转动直接经磁耦合带动机械计数机构,指示积算总量,测量准确度比电信号检测的传感器稍低,其传感器与显示装置组成一体型仪表。

(4)智能型:在机械型传感器上加装电子式积算仪、温度压力传感器等部件,可以直接显示瞬时流量和累积流量,同时可以输出远传脉冲信号或数字信号。

2. 按信号检测方式分类

(1)感应式:传感器叶轮中嵌有永磁性材料。当叶轮和永磁性材料旋转时,磁场交替接近与远离传感器表体外的检测线圈,线圈的感应电势随着变化,此周期变化的频率信号经放大后输出。

(2)变磁阻式:叶轮叶片或轮箍由导磁材料制成,传感器表体外检测线圈中装有永磁性材料。当叶轮旋转时,线圈内永磁性材料形成的磁路,因导磁性叶片交替接近或远离,磁通产生周期性变化,线圈的等效阻抗也随着变化,在放大线路中产生连续的脉冲波。

(3) 干簧管式:嵌在叶轮(或与其同步的其他旋转元件)里的永磁性材料周期性地打开和闭合传感器表体外笛簧管的簧片触点,这种开关作用使恒流(或恒压)源产生电脉冲信号。

(4) 光电式:叶轮叶片或叶轮驱动的元件随着叶轮旋转,周期性地遮断光束,所产生光脉冲信号转换成电脉冲信号,近年出现光纤传输方式,有效地提高了抗干扰能力。

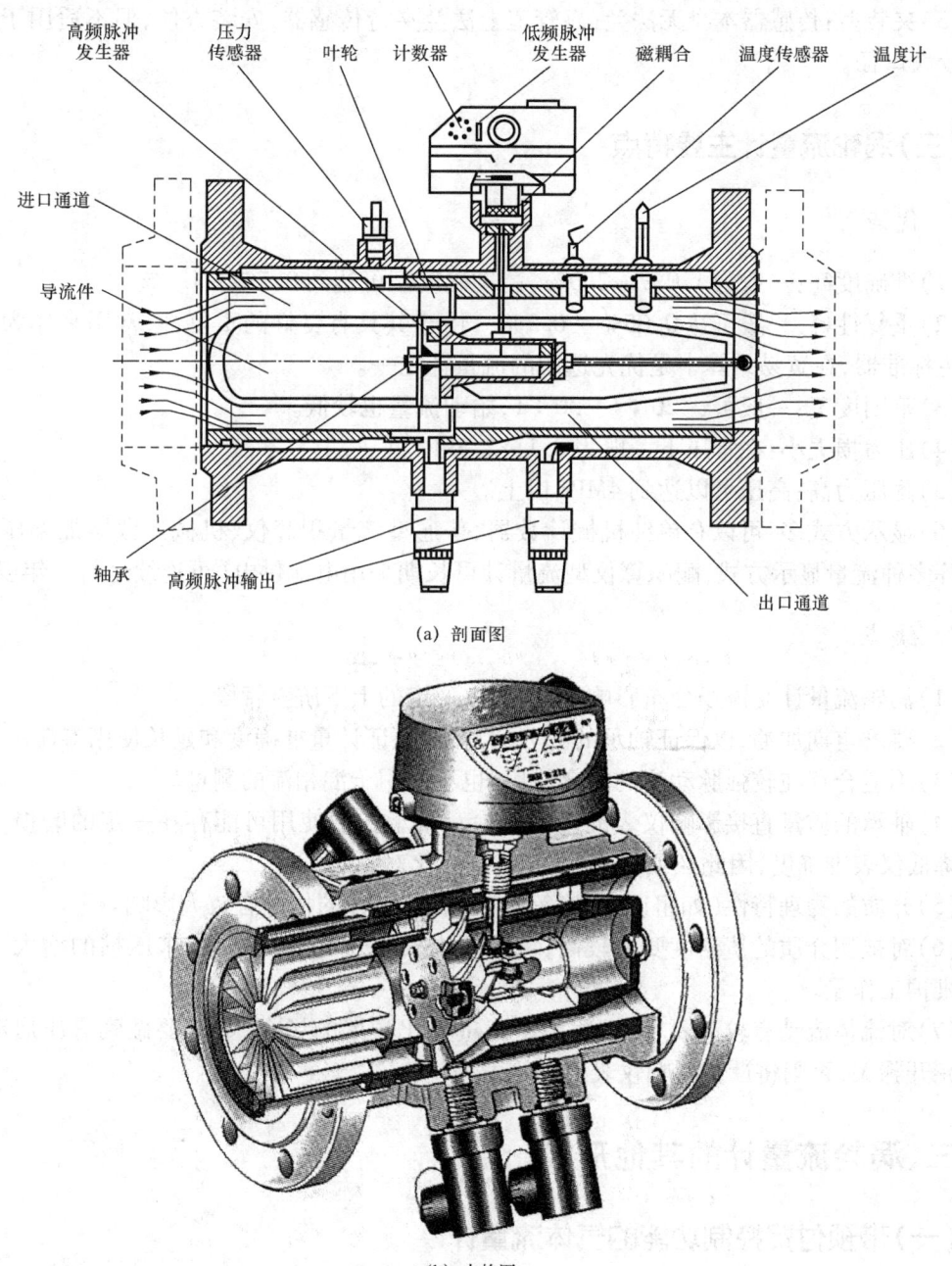

图 4-24 气体涡轮流量计结构示意图

3. 按传感器与管道连接方式分类

(1)法兰连接型:传感器以法兰方式与管道连接。定型产品法兰标准按国家标准。压力限于6.3MPa以下。

(2)螺纹连接型:传感器以螺纹方式与管道连接。螺纹有密封型管螺纹和非密封型管螺纹两种,可承受高压,但不适用于较大口径。

(3)夹装型:传感器本身无法兰,靠管道上法兰夹持传感器,安装方便,但不适用于较高压力和较大口径。

(三)涡轮流量计主要特点

1. 优点

(1)准确度高:一般为1.0%~2.0%,高准确度型可达到0.5%~1.0%。

(2)重复性好:一般可达0.05%~0.2%。由于其具有良好的重复性,常用来作为标准装置的主标准器,在贸易结算中是优先选用的流量计之一。

(3)范围度宽:一般可达20:1~30:1,始动流量也较低。

(4)压力损失小:在常压下一般为0.1~2.5kPa。

(5)耐压力高:高压可以达到4MPa以上。

(6)显示方式多:可以有单纯机械计数器、普通型流量积算仪、机械计数器加温压补偿积算仪等多种流量显示方式,配积算仪型流量计可长期采用电池供电(可连续运行2年以上)。

2. 缺点

(1)涡轮流量计受流场分布影响较大,要求一定的上下游直管段。

(2)要求定期加油,以保证轴承的充分润滑,以保证计量准确度和延长使用寿命。

(3)不适合存在较强脉动流的场合使用,也不适用于混相流的测量。

(4)轴承的质量直接影响仪表的使用寿命。轴承长期使用可能存在一定的磨损,这样将大大降低仪表准确度,因此必须定期检定、校准或比对。

(5)介质的物理特性(如密度、黏度等)对涡轮流量计的特性有较大影响。

(6)对被测介质的清洁度要求较高,需按要求安装过滤器,但也带来压损的增大,增大清洗等维护工作量。

(7)对流体流动有较高要求,不适用于流量变化频繁的场合,一般要做到有压启动,避免阀门骤开骤关,否则将严重影响仪表的使用寿命。

三、涡轮流量计的其他形式

(一)带预付费控制功能的气体流量计

1. 工作原理

仪表是将流量计和流量控制器及阀门集成在一起的一个独立计量系统,既能对气体流量进行计量并换算到标准状态下的瞬时流量和总量,又能以 IC 卡(CPU 卡)为媒介,先购气后使用,对气体用气量进行实时计算控制,实现预付费功能。当气流进入涡轮流量计时,通过涡轮转动角速度与流量呈线性关系得到与流体体积流量成正比的脉冲信号,该脉冲信号与压力传感器、温度传感器检测到的压力、温度信号同时输给 IC 卡流量补偿控制仪进行处理,同时采用 IC 卡作为传输介质,将用户购得的气量输入其中,IC 卡流量补偿控制仪根据输入的信号和购气量以及原来所剩余量进行计算处理,得到介质的温度、压力、标准体积流量、总量和余量值,并根据余量值控制阀门开关而实现供气的控制,从而实现预付费。

2. 仪表结构

仪表由流量计基表、流量控制器、阀门三部分组成,结构见图 4-25。流量计基表还可以配气体腰轮流量计、旋进旋涡流量计等。

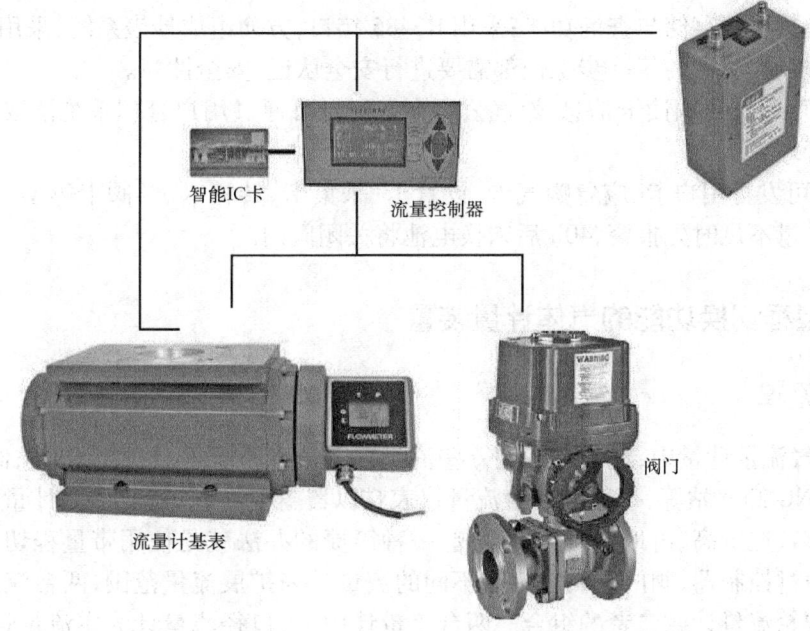

图 4-25 预付费气体流量计结构

3. 功能特点

预付费功能气体涡轮流量计是具有防网络攻击、防复制、保证使用过程安全可靠和保密等功能的新一代流量计,是理想的工业预付费计量仪表。产品的主要特点如下。

(1)采用涡轮流量计为基表,性能稳定,可靠性好,始动流量低,压力损失小,抗振与抗脉动流性能好,主要性能指标达到国际先进水平,符合 ISO9951 标准。

(2)特殊的流道结构,避免了气流在轴承间的流动,提高了涡轮流量计的介质适应性,独特的反推结构和密封结构设计可确保轴承长期可靠运行。

(3)采用磁阻元件来代替磁敏感线圈,既避免了磁吸力的存在,又提高了检测灵敏度,进一步降低了始动流量,并提高了产品的稳定性和可靠性。

(4)独立式机芯,互换性好,维护方便,具有性能优良的整流器,对前后直管段要求很低

(前2DN,后1DN)。

(5)采用四通阀门设计,便于压力传感器的保护和在线对压力准确度进行检定。

(6)零压损结构设计,采用球阀结构,阀门通径与管道直径相同,开阀、关阀可靠性好,采用开阀卡控制用户频繁开关阀门,保证燃气设备用气安全。

(7)电池电量耗尽后,阀门快速关闭,此时所有用户信息都将存储在非易失性存储器中,方便用户使用。

(8)集IC卡操作、流量补偿计算和控制功能于一体,结构紧凑、可靠性高。

(9)可检测介质温度、压力,并进行自动补偿和压缩因子自动修正,直接显示标准体积瞬时流量和总量。

(10)具备多种补偿方式可供用户选择:温度和压力自动检测补偿、压力自动检测温度设定补偿、温度自动检测压力设定补偿、温度和压力均为设定补偿。

(11)采用微功耗技术设计,整机功耗低,内电池可使用5年以上;采用EEPROM数据存储技术,具备历史数据的存储与查询功能;采用RS485接口,方便组成抄表系统;采用IC卡,并内嵌ESAM安全模块,对卡的每一步操作都需要进行安全认证,安全性高。

(12)卡内可存储每次读卡信息,燃气公司在售气时可通过用户管理系统读取卡内所有信息,方便用户管理。

(13)系统可发行用户卡、应急购气卡、设置卡、采集卡、转移卡、开阀卡等多种卡,方便使用管理,电池电量不足时先报警,40h后未换电池将关闭阀门。

(二)带量程切换功能的气体计量装置

1. 工作原理

在城市燃气流量计量中,经常会遇到一些流量范围较宽的场所,如城市门站、储配站、大型工商业用户、CNG卸气站等,一般的单台流量仪表难以覆盖全量程,建成多路计量控制系统又会造成站场复杂、造价高、占地面积大等问题,一种简捷的办法就是使用带量程切换功能的气体计量装置,通过控制器、阀门和两台大小不同的流量计来扩展流量范围,两台流量计可以是涡轮流量计、腰轮流量计或二者的组合。两台流量计中,大口径流量计为主流量计,小口径为辅流量计,二者流量范围有一定的交叉,一般配套形式为DN25/DN80、DN50/DN100或DN80/DN200等,通过组合可以把量程比扩展到100:1~1000:1。

在流量为零时,关闭主流量计阀门,打开辅流量计阀门,计量装置处于等待状态,当辅流量计有流量流过,且工况流量低于设定的切换流量上限值时,由辅流量计进行计量,不进行切换;当工况流量高于辅流量计上限流量切换值时,辅流量计通知主流量计打开主流量计阀门,主流量计正常计量开始后,关闭辅流量计阀门,由主流量计进行计量;当工况流量低于主流量计下限流量切换值时,主流量计通知辅流量计打开辅流量计阀门,辅流量计开始正常计量后,关闭主流量计阀门,由辅流量计进行计量。主流量计的下限流量切换值与辅流量计的上限流量切换值之间有一定的阈值,应避免二者频繁切换。

2. 结构形式

带量程切换功能的气体计量装置主要由主、辅流量计,主、辅流量控制阀等组成,其结构见图4-26。主、辅流量计还可以配气体涡轮流量计、气体腰轮流量计、旋进旋涡流量计等。

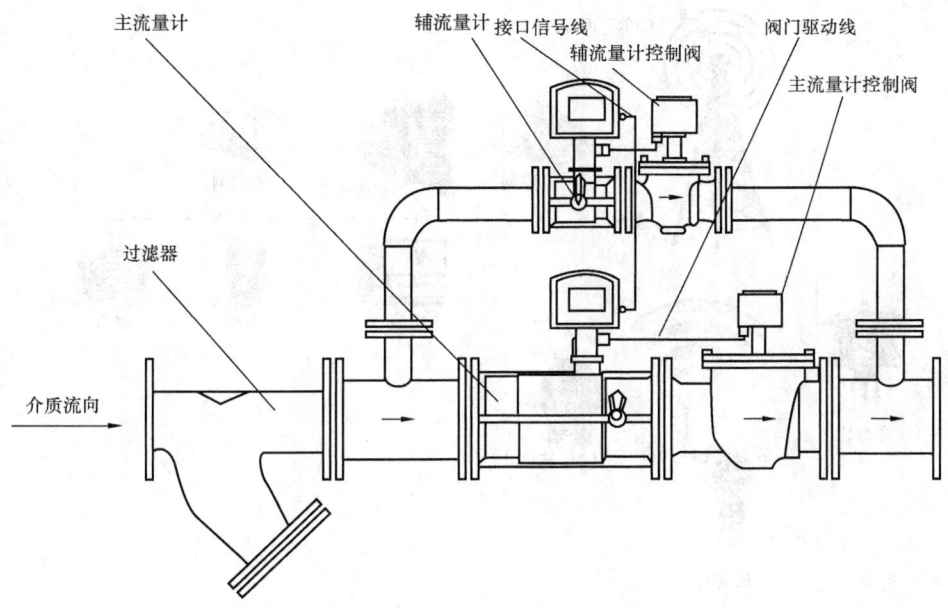

图 4-26　带量程切换功能的气体计量装置结构原理图

3. 仪表特点

(1) 主辅流量计可采用多种流量计组合形式，灵活方便。
(2) 流量范围可根据情况选择，可方便实现宽量程使用。
(3) 计量控制系统方便实用，造价低，占地少，性价比高。
(4) 计量装置采用低功耗设计，在无外部供电情况下依靠电池供电可运行较长时间。

（三）带远程监控功能的流量计

1. 工作原理

各类工业流量计或皮膜表（具有脉冲、数字信号输出）的输出信号通过 RS485 通信模块，将瞬时流量、总量、温度、压力等信号传输到无线通信模块，再通过无线通信网络将这些实时信号传输到上位机终端管理系统，从而实现现场数据的无线传输和监控，无线通信模块分为外置和内置两种，其工作原理示意图见图 4-27。

2. 结构形式

基本结构形式由普通脉冲数字信号输出的工业流量计、数据采集器（无线通信模块）、上位机（服务器）和管理系统组成，另一种结构由内嵌无线通信模块的流量计、上位机（服务器）和管理系统组成，基本区别是流量计内置或外置无线通信模块。GPRSJSM 射频和红外等无线通信模块，可组成多种形式的无线通信网络，同时具备多种信号输出接口，可方便与其他二次仪表或计算机系统联网组成网络管理系统，是城市燃气、石油、化工、冶金等行业气体流量计的理想配套仪表。

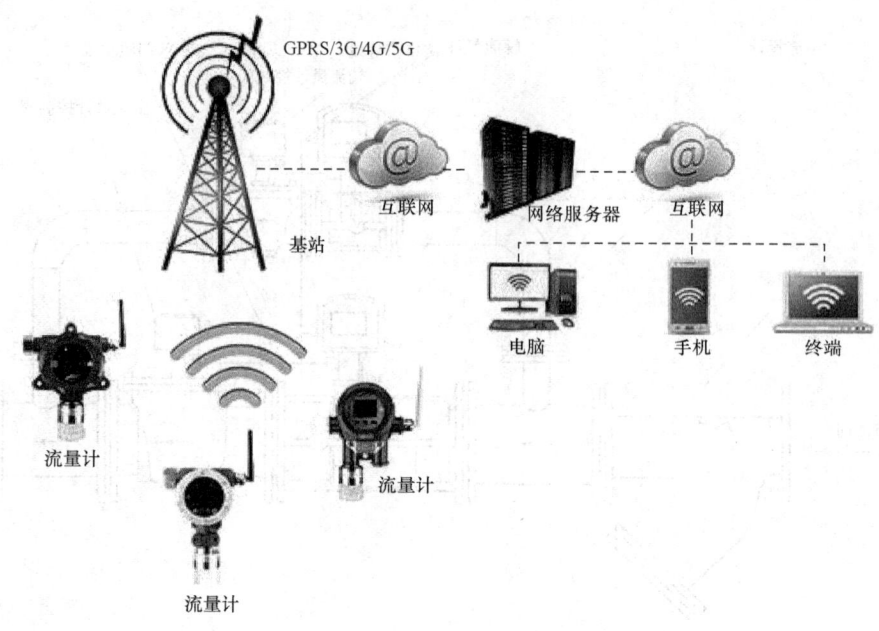

图 4-27 无线通信计量系统工作原理示意图

3. 功能特点

（1）内嵌 GPRSJSM 射频和红外等无线通信模块，可组成多种形式的无线抄表系统，并可由内置电池供电，无须外接电源，使用方便。

（2）可检测介质的温度与压力，并根据不同被测介质（天然气、煤气、空气、氧气、氮气等），按相应数学模型进行自动补偿和压缩因子自动修正，将工况体积流量和总量直接转化到标准状态下的体积流量与总量。

（3）采用先进的微功耗高新技术，功耗低，能凭内电池长期供电运行。

（4）采用大容量 EEPROM 数据存储技术，具备历史数据的存储与查询功能。

（5）采用大屏幕点阵 LCD 显示，同时显示工况和标况的流量与总量、温度、压力、转换系数及压缩系数比值、日期时间等数据，清晰直观，读数方便。

（6）外置式无线通信监控系统可以方便地对老式的流量计（具备 RS485 通信接口）进行远程监控改造。

（四）无线组网方式

（1）一台带 GPRS 模块的设备作为主机，以 GPRS 或短信模式与监控中心联网，在同一区域内的其他修正仪作为从机以射频方式与主机相连。适合于流量计安装集中（无阻碍物的 100m 半径范围内）、有移动信号覆盖、无外电源、日抄表次数低于 10 次的场合。

（2）一台带 GPRS 模块的设备作为主机，以 GPRS 或短信模式与监控中心联网，在同一区域内（1200m 范围内）的其他修正仪作为从机以 RS485 方式与主机相连。适合于流量计安装距离较远（小于 1200m）、有移动信号覆盖、无外电源、日抄表次数低于 10 次的场合。

（3）所有修正仪带射频模块，与带 GPRS 模块和射频模块的数据采集器相连，再由数据采集器与监控中心联网。适合于流量计安装集中(无阻碍物的100m半径范围内)、有移动信号覆盖、有外电源、日抄表次数低于50次的场合。

(4)所有修正仪以RS485接口与带GPRS模块的数据采集器相连,再由数据采集器与监控中心联网。适合于流量计安装距离较远(小于1200m)、有移动信号覆盖、有外电源、要求抄数频的场合。

四、涡轮流量计的计量特性

涡轮流量计的计量特性是指流量计在全流量范围内变化时的测量误差、仪表系数、压力损失等性能变化状况,表4-8是普通气体涡轮流量计的计量性能指标。

表4-8 普通气体涡轮流量计的计量性能指标

公称通径 mm	规格	流量范围 m³/h	始动流量 m³/h	压力损失 kPa	仪表系数 m⁻³	脉冲当量 m³	压力等级	准确度(级)	壳体材料
50	A	6~65	0.8	1.60	13800	0.1	1.6 2.5 4.0	0.5级 1.0级 1.5级 (分界流量为$0.2q_{max}$)	≤1.6MPa 铝合金 >1.6MPa 球墨铸铁、碳钢、耐蚀铜
50	B	10~100	0.8	1.30	9370				
80	A	8~160	1.6	0.70	6250				
80	B	13~250	2.3	0.90	4500				
80	C	20~400	2.3	1.50					
100	A	13~250	2.6	0.45	2900	1.0			
100	B	20~400	3.5	0.80	2300				
100	C	32~650	3.5	1.80					
150	A	32~650	7.0	0.40	1850				
150	B	50~1000	9.0	0.60	1260				
150	C	80~1600	9.0	1.50					
200	A	50~1000	9.0	0.20	780		1.6 2.5		
200	B	80~1600	15	0.40	560				
200	C	130~2500	15	0.70					球墨铸铁
250	A	80~1600	16	0.20	300	10			
250	B	130~2500	16	0.40					
250	C	200~4000	16	0.90					碳钢 耐蚀钢
300	A	130~2500	26	0.20	180				
300	B	200~4000	26	0.45					
300	C	320~6500	26	1.10					

五、涡轮流量计的使用

(一)涡轮流量计选型与设计

燃气流量仪表应当安装在遮风、避雨、防暴晒、通风良好、震动少、无强磁干扰、温度变化不剧烈、便于抄表和检修的地方。室外安装的仪表应单独或集中安装在防护箱内。燃气流量仪表与低压电气设备之间的间距应大于 0.1m。不允许为扩大流量范围而并联使用仪表。仪表应当尽量远离温度较高的设备和电器设备。

应依据用户的实际用气量选择相匹配的流量仪表，使用户的实际用气量处于流量仪表上限流量的 60%～80%。流量范围在 160m^3/h 以上的场合宜选用智能型气体涡轮流量计。

仪表在压力波动较大、有过载冲击或脉动流时，仪表前应设置缓冲罐、膨胀室或安全阀等保护设备。涡轮流量计宜水平安装，周围不得有强外磁场干扰和强烈的机械振动，流量计不宜在流量变化频繁和有强烈脉动流或压力波动的场合使用。上游设计过滤器必须按照说明书要求设计上下游直管段。

（二）涡轮流量计安装

安装运输过程中，燃气表不得倒置、磕碰、摔打，燃气表不得进水和异物，不得破坏燃气表封缄；燃气表安装后应横平竖直，不得倾斜；严禁带表焊接法兰、吹扫管线、高压试漏；在计量仪表安装前，应预制与仪表相同尺寸的管段，代替仪表进行安装，待焊接法兰、吹扫、打压、试漏等所有工作完毕后，再拆下管段，换上仪表，充分保护计量器具不受伤害；仪表安装不得强力对接，不得有应力存在，法兰连接密封垫不得伸入管道内。

安装前注意检查涡轮转动是否灵活。严禁在流量计算仪处用绳拴结起吊仪表。初始安装检查过滤器，应防止过滤器被损坏。流量计安装后运行前及时加注润滑油。

（三）涡轮流量计使用与维护

（1）不能轻易打开流量计表头前、后盖，不能轻易变更流量计中的接线与参数。
（2）在开启阀门时一定要缓慢打开阀门，以免涡轮和轴承在过流量时受到冲击而损坏。
（3）对需要加油的流量计，要按要求定时加油，以保证轴承的充分润滑，提高运行可靠性和使用寿命。
（4）防止长时间超流量运行，以免严重影响使用寿命。
（5）对于电子显示的流量计，要注意电池是否欠压，并及时更换。
（6）要正确处理涡轮流量计的仪表系数。每一台的仪表系数均通过检定给出，要谨防丢失。
（7）涡轮流绘计长期使用后，因轴承的磨损等原因，仪表系数 K 值会发生变化，因此要注意周期调校检定。若超差无法通过调校达到准确度，应更换涡轮机芯或流量传感器。

第五节　超声流量计

超声流量计是利用超声波在流体中传播时会受到流体运动的影响而研制的一种流量计，超声流量计近几年发展非常迅速，尤其在天然气测量领域，具有很多流量计不具备的优点，如：准确度高，可达 0.5%～1.5%；流量范围宽，量程比可达 30∶1～150∶1；口径大，公称直径可以达到 1000mm 以上；压力高，可以耐压 15MPa 以上；仪表无压力损失，无阻流件，无活动件；

在较大口径领域具有很高的性价比。

一、超声流量计工作原理

超声流量计的测量原理主要有传播时间法、多普勒法、波束偏移法、相关法和噪声法。声波在流体中传播将受到流体流动的影响,顺流方向声波传播速度会增大,逆流方向则减小,对同一传播距离就有不同的传播时间。利用传播速度之差与被测流体流速之间的关系得到流体的流速,该方法称为传播时间法,又按测量具体参数不同,分为时差法、相位差法和频差法。

时差法实际上是以超声波传播速度和流体流速进行矢量叠加为基础的超声波顺流从换能器2到换能器1的传播速度c被流体流速v所加快,传播时间t_1的计算式为

$$t_1 = \frac{L}{c + v\cos\beta} \quad (4-36)$$

超声波逆流从换能器1到换能器2的传播速度c被流体流速v所减慢,传播时间t_2的计算式为

$$t_2 = \frac{L}{c - v\cos\beta} \quad (4-37)$$

式中为管轴线与声道之间的夹角,即声道角;c为声波在静止流体中的声速,m/s;$v\cos\beta$为流体在声道方向的速度分量,m/s;L为声程,m;v为流体沿管道轴向的流速,m/s。

对上述公式进行换算后,得

$$v = \frac{L}{2\cos\beta}\left(\frac{1}{t_1} - \frac{1}{t_2}\right) \quad (4-38)$$

频差法与时差法的关系为

$$\Delta f = f_1 - f_2 = \left(\frac{1}{t_2} - \frac{1}{t_1}\right) \quad (4-39)$$

相位差法与时差法的关系为

$$\Delta \Phi = 2\pi \Delta f = 2\pi(f_1 - f_2) = 2\pi\left(\frac{1}{t_2} - \frac{1}{t_1}\right) \quad (4-40)$$

可以看出,三种方法没有本质区别,后两种方法已基本不采用。只需测得t_1和t_2即可得到声道上各点流速的平均值,即线平均流速$\bar{v}$,这并不是管道截面上流体的面平均流速$\bar{\bar{v}}$,二者的数值是不同的,其差异取决于流体的速度分布。

二、超声流量计结构和分类

(一)超声流量计结构

超声流量计由超声换能器和转换器组成。结构见图4-28。
(1)超声波换能器:也称为超声波探头,利用磁致伸缩效应或压电效应,通过换能器将高

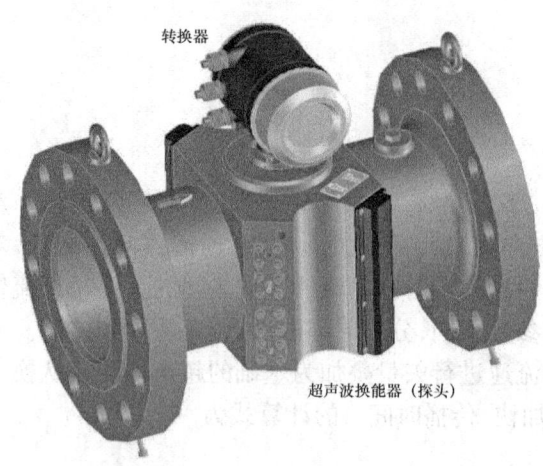

图4-28 超声流量计结构示意图

动态图16 超声流量计探头工作

频电能转换为机械振动。既可以发射超声波,也可以接收超声波。发射换能器是利用压电元件的逆压电效应,而接收换能器是利用压电效应。压电材料一般为锆钛酸铅。换能器的安装固定方式一般分为便携式和固定式,便携式换能器可以随意移动,夹装在管道外表面,不与流体接触,一般为单声道。固定式换能器固定在管壁上,与流体接触。其声道可以是单声道,也可以是双声道或多声道,又可分为标准管段型和插入型等形式。

(2)转换器:也叫控制器或变送器,通常由中央处理器(CPU)、控制单元、发射单元、接收单元和显示单元几部分组成。一般的超声流量计都可以显示瞬时流量、累积流量、流动方向以及其他温度压力等参数。

(二)超声流量计分类

按测量原理分类,超声流量计分为使用传播时间法、多普勒法、波束偏移法、相关法和噪声法的流量计,常用的是传播时间法和多普勒法的类型。

按被测介质分类,超声流量计分为气体和液体两类。两种测量介质的换能器工作频率各异,通常气体在100~300kHz,液体在1~5MHz。气体测量仪表不能用夹装式换能器,因固体和气体边界间超声波传播效率较低。

按声道数分类(仅是对传播时间法),常用的超声流量计具备单声道、双声道、多声道(三至八声道)等几种声道形式。各声道布置又可分为以下几种:单声道[有Z法(透过法)和V法(反射法)两种形式]、双声道[有X法(2Z法、交叉法)、2V法和平行法三种形式]、四声道(有4Z法和平行法两种形式)、八声道(有平行法和两平行四声道交叉法两种形式)。其他多声道可以采取上述方式的组合形式。

(三)超声流量计主要特点

1. 超声流量计的优点

(1)准确度高(0.3%~0.5%),重复性好;
(2)量程比宽(1:40~1:200),流速范围:0.2~30m/s;
(3)可测量双向流,可精确测定脉动流;
(4)无压损,对压力的很大变化不敏感;
(5)对沉积物不敏感,无可动部件,免维护;
(6)不存在磨损,无示值漂移现象;
(7)可带压更换传感器,且更换后无须重新标定;

(8)具自诊断功能;

(9)对上下游直管段要求较短(相对差压式流量计)。

2. 超声流量计的缺点

(1)超声流量计安装在一些阀门附近(尤其在阀门下游)时,若气流速度很高,阀门两端有较大的压降,一些阀门会产生大量的超声波噪声,超声波信号可能被超声波噪声所淹没而无法分辨,影响超声流量计正常工作;

(2)由于CO_2会使超声波衰减,因此不适用于CO_2浓度过高(超过20%)的气体混合物;

(3)超声流量计不适合多相流的流量测量;

(4)气体中的某种成分对超声流量计或超声探头有腐蚀伤害作用,如果它的浓度过高,则超声流量计不适用;

(5)不适合使用在高温(100℃以上)、大口径管道中极低压气体(≤0.1MPa)和流速也极低(≤0.5mm/s)的条件下。

3. 影响超声流量计准确计量的主要因素

(1)气体速度分布:仪表上游的阻流件(弯头、变径、阀门等)、上下游直管段内径错位和粗糙度会改变流体的速度分布,进而影响超声流量计的计量。

(2)物性参数:CO_2的含量不能超过10%,同时组分的改变会影响到仪表的计量。

(3)气质:气体中含有H_2S、CO_2等腐蚀性介质或含水、油及污物,会对换能器造成影响。

(4)上下游直管段:声道数与上下游直管段长度相匹配,否则在不满足时会对准确计量造成影响。

(5)噪声:各种声学噪声和电气噪声会淹没超声流量计的正常声波,进而影响准确计量。

4. 降低噪声的措施

(1)人为设置弯头,阻止声波的直线传播,可以降低噪声大约35dB,见图4-29。

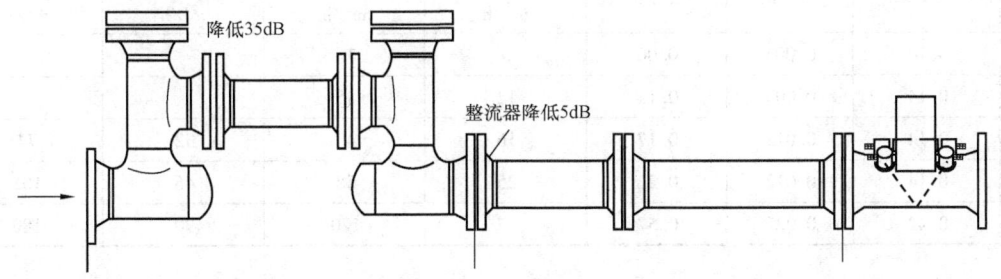

图4-29 使用双弯头降低噪声原理

(2)通过金属泡沫形成的阻挡板,达到阻挡和吸附噪声的效果,可以降低噪声50%。

三、计量特性

超声流量计的计量特性是指流量计在全流量范围内变化时的测量误差等性能变化状况(见表4-9、表4-10、表4-11)。

表 4-9 气体超声流量计计量性能指标

公称通径 mm	量程比	流量范围 m³/h	压力等级 MPa	准确度级	壳体材料	输出信号
100	30:1	30~800	1.6 2.5 4.0 6.0 10.0 15.0	0.5 1.0	不锈钢 1Cr18Ni9	脉冲输出; 4~20mA (二线制); 现场显示
150	40:1	45~1800				
200	50:1	60~3000				
250	65:1	75~5000				
300	90:1	90~8000				
400	120:1	100~12000				
500	130:1	150~19000				
600	140:1	200~28000				
750	150:1	300~45000				
900	150:1	425~65000				
1050	150:1	525~80000				
1200	150:1	700~100000				

表 4-10 TRX 型气体超声波流量计计量性能指标

口径 mm	量程比	流量范围 m³/h	准确测量范围 m³/h	压力等级 MPa	准确度级	壳体材料	输出信号
40	300:1	0.05~95	0.3~90			铝合金、 PPS、 氟硅橡胶	4~20mA 现场显示
80	425:1	0.3~360	0.8~340				
100	500:1	0.9~650	1.2~600				

表 4-11 SONIX 型气体超声流量计计量性能指标

型号	最大工作压力 MPa	始动流量 m³/h	最小流量 m³/h	1.8kPa、1/2in 流量 m³/h	0.14MPa、1/2in 流量 m³/h	1.8kPa、2in 流量 m³/h	0.14MPa、2in 流量 m³/h
6	0.14	0.004	0.06	6	15		
12	0.14	0.009	0.11	12	25		
16	0.14	0.012	0.17	16	40	32	74
25	0.14	0.012	0.22	25	58	46	105
57	0.42	0.022	0.57	57	120	90	180

四、超声流量计的使用

(一)超声流量计仪表选型与设计

过去因进口气体超声流量计价格昂贵,在我国一般的工商业用户中很难推广使用,一般只在城市燃气门站选用,随着国产气体超声流量计的逐步推出,价格已有较大的下降空间,在下游高压和较大管径(大流量)场合可以考虑使用超声流量计。在选型时可以根据实际情况,考虑合适的声道数和准确度等级,不能过高追求仪表的准确度和流量范围。在根据性价比综合考虑确定使用之后,对于超声流量计计量特性的选择,与其他速度式流量计(如涡轮流量计)基本一样,如测量范围、准确度等级等与气体涡轮流量计一样,以下是有关超声流量计的一些特殊要求。

1. 安装环境

温度:安装流量计的外界环境温度应符合仪表使用要求,同时应根据安装点具体的环境及工作条件,对流量计采取必要的隔热、防冻及其他保护措施(如遮雨、防晒等)。

振动:流量计的安装应尽可能避开振动环境,特别要避开可引起信号处理单元、超声波换能器等部件发生共振的环境。

电气噪声:在安装流量计及其相关的连接导线时,应避开可能存在较强电磁或电子干扰的环境,否则应咨询制造厂并采取必要的防护措施。

2. 管道配置

流动方向:如果所使用的流量计具有双向流测量功能,并且准备将其运用于这种测量场合,那么在设计安装时,流量计的两端都应视为上游,即下游的管道配置形式和相关技术要求应与上游一致。

(二)超声流量计安装

管道安装:紧邻流量计的上、下游须安装一定长度的直管段,在该直管段上除取压孔、温度计插孔和密度计(或在线分析仪)插孔外应无其他障碍及连接支管。上、下游直管段的最短长度可按标准要求配置。

突入物:流量计的内径、连接法兰及其紧邻的上、下游直管段应具有相同的内径,其偏差应在管径的 ±1% 以内;流量计及其紧邻的直管段在组装时应严格对中,并保证其内部流通通道的光滑、平直,不得在连接部分出现台阶及突入的垫片等扰动气流的障碍。

内表面:与流量计匹配的直管段,其内壁应无锈蚀及其他机械损伤。在组装之前,应除去流量计及其连接管内的防锈油或沙石灰尘等附属物。使用中也应随时保持介质流通通道的干净、光滑。

温度计插孔:温度计插孔轴线宜垂直或逆气流 45° 相交于管道轴线,温度计插入深度应尽可能让感温元件位于管道中心,并控制在 75~150mm 以内。如果所安装的流量计仅是对单向流进行测量,应将温度计插孔设在流量计下游距法兰端面 2~5 倍公称直径之间;如果所安装的流量计是准备用于双向流测量,温度计插孔应设在距流量计法兰端面至少 3 倍公称直径的位置处。

声学噪声干扰:来自于被测介质内部的噪声可能会对流量计的准确测量带来不利影响,在设计及安装过程中应让流量计尽可能远离噪声源或采取措施消除噪声干扰。

流动调整器:是否安装流动调整器以及安装哪种流动调整器将主要取决于两个方面的因素,即所选择的流量计种类(单声道或多声道)及上游速度分布剖面受干扰的严重程度。

气体过滤:在气质较脏的场合,可在流疑计的上游安装效果良好的气体过滤器,过滤器的结构和尺寸应能保证在最大流量下产生尽可能小的压力损失和流态改变。在使用过程中,应监测过滤器的差压,定期进行污物排放和清理,确保过滤器在良好的状态下工作。

流量计安装:流量计应水平安装,其他安装方式须咨询制造厂。在设计和安装时,应留有足够的检修空间。

(三)超声流量计现场验证测试要求

外观检查:在外观检查中,应仔细检查流量计内腔和超声换能器端头是否有污物沉积、磨损或其他可能影响流量计性能的损伤。

零流量测试:在无流动介质的情况下,检查流量计的读数是否为零或在流量计本身规定的允许范围内。

声速测试及分析:在进行现场验证测试时,若有必要,可进行声速测试和分析。首先测出某一工况条件下的实际声速,再计算出相同条件下的理论声速,二者之间的差值应当在流量计本身规定的允许范围内。

声道长度测试及分析:首先测量出实际声道长度;然后在零流量的条件下,由理论声速和测量出的传播时间计算出声道长度,二者之间的差值应当在流量计本身规定的允许范围内。

声道间读数差异检查:对于多声道气体超声流量计,应检查不同声道在零流量条件下的读数,其读数差异应当在流量计本身规定的允许范围内。

测试报告:根据测试、检查及分析结果,应做出包括流量计名称、型号规格、制造厂、投运日期、工况条件(气质、流量、压力、温度及安装方式等)、测试机构(人员)、测试内容及方法、测试结果、异常情况原因分析及建议措施等在内的测试报告。

第六节　涡街流量计

涡街流量计是基于卡门涡街原理的一种新型流量计。在流动的流体中插入一迎流面为非流线形柱状物时,流体在其两侧交替地分离释放出两列规则的旋涡,称为卡门涡街,旋涡分离频率与介质流速、旋涡发生体的几何形状以及尺寸有关,且与流速成正比,与柱体宽度成反比。

涡街流量计的特点是量程范围较宽、准确度高、压力损失小,在测量工况体积流量时几乎不受流体密度、压力、温度、黏度等参数的影响,仪表无可动机械部件,因此可靠性高、维护量小,仪表常数能长期稳定。由于它具有其他流量计不可兼得的优点,广泛应用于石油、化工、热力等行业,适用于各种气体、蒸汽及液体介质流量的测量,是孔板流量计最理想的替代产品。

一、涡街流量计工作原理

在流场中设置一非流线形阻拌体(旋涡发生体),流体经过时从旋涡发生体两侧交替地产生有规则的旋涡列,旋涡列在旋涡发生体下游非对称交错排列。在一定雷诺数范围内,旋涡的分离频率与流体的流速成正比,且与旋涡发生体几何尺寸和管道尺寸有关。其原理如图4-30(a)所示,图4-30(b)所示为卡门涡街流动状态示意图,从图中可以清晰看到旋涡的排列和形状与理论图形非常一致。

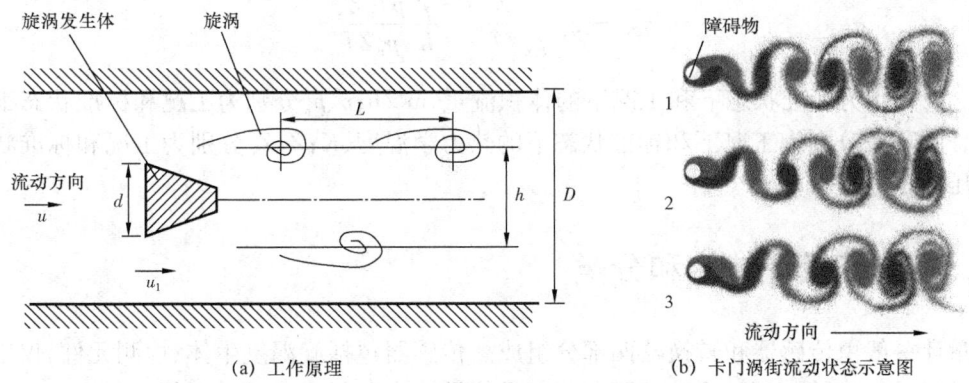

(a) 工作原理　　　　　　　　　(b) 卡门涡街流动状态示意图

图 4-30　卡门涡街形成原理示意图

设旋涡的频率为 f，被测流体的平均流速为 v，旋涡发生体迎面宽度为 d，管道内径为 D，根据卡门涡街原理，有如下关系式：

$$f = Sr \frac{v_1}{d} = Sr \frac{v}{md} \tag{4-41}$$

$$m = 1 - \frac{2}{\pi}\left[\frac{d}{D}\sqrt{1-\left(\frac{d}{D}\right)^2} + \arcsin\frac{d}{D}\right] \tag{4-42}$$

式中，v_1 为旋涡发生体两侧平均流速，m/s；Sr 为斯特劳哈尔数；m 为旋涡发生体两侧弓形过流面积与管道横截面面积之比。

体积流量 q_v 的计算式为

$$q_v = \frac{\pi D^2}{4}v = \frac{\pi D^2 mdf}{4Sr} \tag{4-43}$$

设 $K = \left(\dfrac{\pi D^2 mdf}{4Sr}\right)^{-1}$ 为涡街流量计的仪表系数，则管道内体积流量 q_v 的计算式为

$$q_v = f/K \tag{4-44}$$

仪表系数 K 除与旋涡发生体、管道的几何尺寸有关外，还与斯特劳哈尔数有关。斯特劳哈尔数为无量纲参数，它与旋涡发生体形状及雷诺数有关，在 $Re_D = 2 \times 10^4 \sim 7 \times 10^6$ 范围内，Sr 可视为常数，这是仪表正常工作范围。当测量气体流量时，根据气体状态方程，标准状态下的体积流量计算式为

$$q_{vn} = q_v \frac{pT_n Z_n}{p_n ZT} = \frac{f}{K} \frac{pT_n Z_n}{p_n ZT} \qquad (4-45)$$

式中，q_{vn}、q_v 分别为标准状态下和工况下的体积流量，m³/h；p、p_n 分别为工况和标准状态下的绝对压力，Pa；T、T_n 分别为工况下和标准状态下的热力学温度，K；Z、Z_n 分别为工况和标准状态下的气体压缩系数。

二、涡街流量计结构和分类

流量计一般由传感器和转换器两部分组成。传感器包括旋涡发生体、检测元件、仪表表体等，转换器包括前置放大器、滤波整形电路以及信号输出和现场显示单元等。

（一）仪表结构

1. 旋涡发生体

旋涡发生体是传感器的主要部件，其形状和检测方式与仪表流量特性（仪表系数、线性度、重复性等）密切相关，要求能控制旋涡在旋涡发生体轴线方向同步分离；在较宽的雷诺数范围内有稳定的旋涡分离点，能保持恒定的斯特劳哈尔数；能产生较强的涡街，信号的信噪比高；形状和结构简单，便于加工；材质满足流体性质的要求，耐腐蚀、耐磨蚀、耐温度变化；固有频率在涡街信号的频带外等。

在使用中已较为成熟的旋涡发生体有圆柱形、三角柱形、T形柱形、方形柱形、复合柱形、组合柱形等多种。其截面形状如图 4-31 所示，其中三角柱形是应用最广泛的一种。

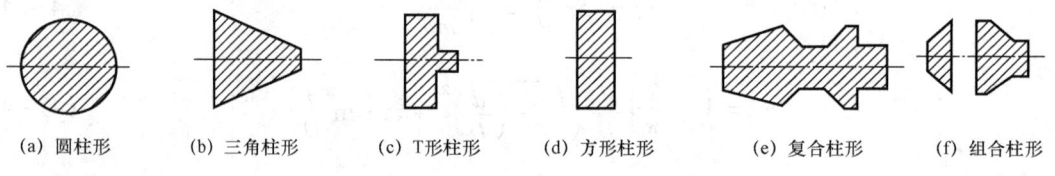

(a) 圆柱形　　(b) 三角柱形　　(c) T形柱形　　(d) 方形柱形　　(e) 复合柱形　　(f) 组合柱形

图 4-31　旋涡发生体形状示意图

2. 检测元件

有些旋涡发生体与传感器探头是分离的，也有设计为一体的，检测元件安装在传感器探头上，采用热敏、应变、磁电、电容、应力、光电、超声等敏感元件，用以检测发生体产生的卡门涡街信号。

根据检测元件的安装位置可将旋涡发生体的检测方式分为以下几类：用设置在旋涡发生体内的检测元件直接检测发生体两侧压力脉动，简称体内法；旋涡发生体上开设导压孔，在导压孔中安装检测元件检测发生体两侧差压，简称导压法；检测旋涡发生体周围交变环流，简称交变环流法；检测旋涡发生体背面交变差压，简称背面差压法；检测尾流中旋涡列，简称尾流法。

3. 转换器

转换器的信号处理方法与传感器的检测方式和检测元件有关，传感器把涡街信号转换成电信号,通过前置放大器对该信号进行放大、滤波、整形等处理,最后得到与流量成比例的脉冲信号。

有的涡街流量计采取一体化设计,现场显示流量信息,CPU对采集到的脉冲信号进行处理,转化为数字信息储存在相应的寄存器中,并通过显示器显示,通过通信端口进行远传通信。

(二)涡街流量计分类

此类仪表按传感器连接方式可分为法兰型和夹装型,按检测方式可分为热敏式、应力式、电容式、应变式、超声式、振动体式、光电式和光纤式等,按用途可分为普通型、防爆型、高温型、耐腐型、低温型、插入型等,按传感器与转换器组成可分为一体型和分离型。下面介绍几种常用的类型。

1. 热敏式涡街流量计

此类涡街流量计的检测元件采用热敏元件,旋涡分离引起局部流速变化,流速变化又会交替地改变热敏电阻阻值。热敏电阻放在电桥桥路的两个臂上,恒流电路将桥路的电阻变化转换为交变电压信号,对这个信号进行放大测量就可以得到与旋涡频率同步的脉冲信号。热敏式检测法检测灵敏度高,下限流速低,对振动不敏感,一般用于清洁无腐蚀性流体的测量。

2. 电容式涡街流量计

此类涡街流量计的差动电容检测元件相当于一个悬臂梁,当旋涡产生时,在两侧形成微小的差压,使振动体绕支点产生微小变形,从而导致一侧电容间隙减小,另一侧电容间隙增大,通过差分电路检测可以得到与旋涡频率同步的信号输出。设计时保证振动体与电极惯性力相当,则可实现当管道振动时振动体与电极都在同方向上产生变形,使差动信号为零,从而提高其耐振性能。电容式检测法提高了耐振性能,可耐温度高,但其缺点是检测电路复杂、工艺性较差。

3. 振动体式涡街流量计

此类涡街流量计的旋涡发生体轴向开设圆柱形深孔,孔内放置轻质磁性空心小球或圆盘(振动体),旋涡产生的差压推动振动体上下运动,位于振动体上方的检测传感器(有电磁传感器也有光纤传感器等)检测出振动频率。这种检测方法的优点是抗振性能好,可用于高温和低温流体的测量。但是由于有了运动部件,它只适用于清洁度较高的流体的测量。

4. 超声波式涡街流量计

此类涡街流量计的旋涡发生体后面管壁上交叉安装两对超声波探头,超声波发射探头连续发射高频声信号,声波横穿流体传播。当旋涡产生时,旋转方向相反的旋涡对声波产生低频调制作用。接收探头接收被调制的声波信号,经信号转换、放大、检波、整形后输出与旋涡频率同步的脉冲信号。仪表有较高的检测灵敏度,下限流速较低,但温度及流场变化等对声波调制的影响较大,因此此检测法仪表多用于温度变化小的气体流量的测量。

5. 应力式涡街流量计

此类涡街流量计的旋涡的分离是交替产生的,也就是说,会在旋涡发生体两侧(或后面)产生静压差。这个压差会使柱体受到与流动方向垂直的流体作用力,这个作用力称为横向升力,应力式检测法就是将这个升力用压电传感器进行检测,经电荷—电压转换、放大、滤波、整形,输出与旋涡发生频率同步的脉冲信号。应力式检测法信号传感器响应速度快、信号强、工艺性好、制造成本低、工作温度范围宽、现场适应性强、可靠性高,是目前涡街流量计的主要检测方式。但对管道振动比较敏感,因此不适合在管道振动较强的场合使用。

(三)涡街流量计的使用特点

涡街流量计兼有节流式流量计无运动部件、可靠性高的优点和涡轮流量计数字信号输出的优点,同时有一些其他流量计所不具备的特点。其仪表无运动部件,没有机械磨损,可靠性好;量程比一般为10:1,基本适应流量大小波动频繁、变化较大场合的测量;准确度为0.75%~2.0%,重复性为0.2%~0.5%;有良好的介质适应性和通用性,可以用于气体、液体、蒸气流量的测量,也可以用于高温、高压、腐蚀及脏污介质的流量测量;仪表系数不受测量介质的物性参数(如温度、密度、黏度等)变化的影响,也即工作状态下仪表系数保持不变,使仪表的标定简单方便,只要在一种典型介质中进行校验标定就可适用于各种介质的测量,这是其他流量计不可比拟的;输出信号为数字脉冲信号;安装方便,维护量小;与节流式流量计相比压力损失小;抗振动能力差,不宜在振动强烈场合使用,涡街流量计是一种流体振动式流量测量仪表,与其他振动式仪表一样,其耐振能力较差,尤其是应力式测量仪表在静态和下限小流量测量状态时,这个问题显得相对比较突出,因此不宜在管道振动比较强烈的场合使用。

三、涡街流量计计量特性

涡街流量计的计量特性是指流量计在全流量范围内变化时的测量误差、仪表系数、压力损失等性能变化状况,表4-12是涡街流量计的计量性能指标。

表4-12 涡街流量计计量性能指标

公称通径 mm	流量范围 m³/h	压力等级 MPa	准确度等级	压力损失 kPa	壳体材料	输出信号
25	10~100	1.6 2.5 4.0	1.0 1.5		不锈钢 1Cr18Ni9Ti	脉冲输出; 4~20mA (二线制); 现场显示
40	20~270			2.10		
50	30~420			2.90		
80	80~1100			4.20		
100	100~1700			5.40		
150	260~3800			3.80		
200	460~6800			7.60		
250	700~10600			16.00		
300	1000~15000					

四、涡街流量计的使用

(一)仪表选型设计

选型时应充分考虑仪表的使用特点,应注意以下几点:仪表需要一定的直管段长度,应避免在振动强烈的场合使用,仪表的流量范围应给予保证,使用的额定流量应处在仪表流量上限的 60% ~ 80% 为最佳,在根据实际情况综合考虑确定使用之后,再按照一般速度式流量计(如涡轮流量计)的选型设计方法进行具体规格的选用设计,此处不再赘述。

(二)使用注意事项

安装运输过程中,燃气表不得倒置、磕碰、摔打,不得进水和异物,不得破坏封缄;燃气表安装后应横平竖直,不得倾斜;严禁带表焊接法兰、吹扫管线、高压试漏;在计量仪表安装前,应预制与仪表相同尺寸的管段,代替仪表进行安装,待焊接法兰、吹扫、打压、试漏等所有工作完毕后,再拆下管段,换上仪表,充分保护计量器具不受伤害;仪表安装不得强力对接,不得有应力存在,法兰连接密封垫不得伸入管道内;安装时应同步安装封缄和防护表箱。

仪表可以水平、垂直或倾斜安装,但为防止积液干扰,安装位置要注意保证仪表处于较高位置;涡街流量计与管道的连接时,上、下游配管内径与涡街流量计内径相同,配管应与传感器同心,密封垫不能凸入管道内,其内径可比传感器内径大 1 ~ 2mm;减小振动对涡街流量计的影响,首先,在选择传感器安装场所时尽量注意避开振动源;其次,采用弹性软管连接在小口径设备中,可以考虑通过加装管道支撑物达到减振的目的。

第七节 旋进旋涡流量计

旋进旋涡流量计与涡街流量计同属于流体振动型流量计,是燃气企业早期普遍使用的一种流量计,但在计量特性上与涡街流量计有一些差别。其抗来流干扰能力强,所需直管段长度比涡街流量计短得多。其仪表特点为:无机械可动部件,稳定可靠,寿命长,长期运行无须特殊维护;采用双检测技术可有效地提高检测信号强度,并抑制由管线振动引起的干扰;仪表不需要直管段;压力损失较大,为涡街流量计的 4 ~ 5 倍;仪表抗震性差。

智能型流量计集流量传感器、微处理器、压力、温度传感器、通信模块于一体,采取内置式组合,使结构更加紧凑,可直接测量流体的流量、压力和温度,并按照气体状态方程进行实时补偿和压缩因子修正,还可以进行 RS485 数据传输。

一、旋进旋涡流量计工作原理

流体经过旋涡发生体时被强迫绕管轴剧烈地旋转,形成进动的旋涡流,其中心为旋涡核,外围为环流,如图 4 - 32 所示。涡核沿管道收缩段行进时旋涡流加速,此时,涡核直径沿流动方向逐渐缩小,而旋涡强度逐渐加强,达到扩张段时,由于旋涡急剧减速,压力上升,旋涡中心

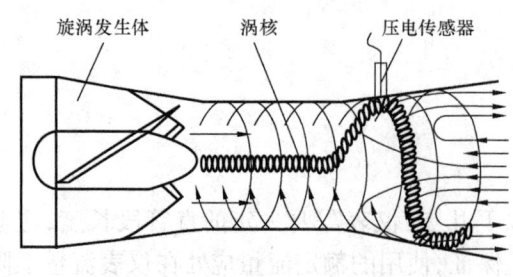

区的压力比周围低,于是就产生了回流。在回流的作用下,旋涡流偏离原轴线前进方向,迫使像刚体一样旋转的涡核在扩张段做一种类似陀螺的运动。旋涡流的进动是贴近扩张段的壁面进行的。旋涡进动频率与流体的流速成正比,因此测得旋涡进动频率即得到体积流量。其计算公式为

图 4-32 旋进旋涡流量计工作原理

$$q_v = f/K \quad (4-46)$$

式中:q_v 为体积流量,m^3/h;f 为旋涡进动频率,Hz;K 为仪表系数,$1/m^3$。

二、旋进旋涡流量计结构形式和分类

(一)旋进旋涡流量计结构

旋进旋涡流量计结构如图 4-33 所示,它由壳体、旋涡发生体、修正仪和流量传感器组成。

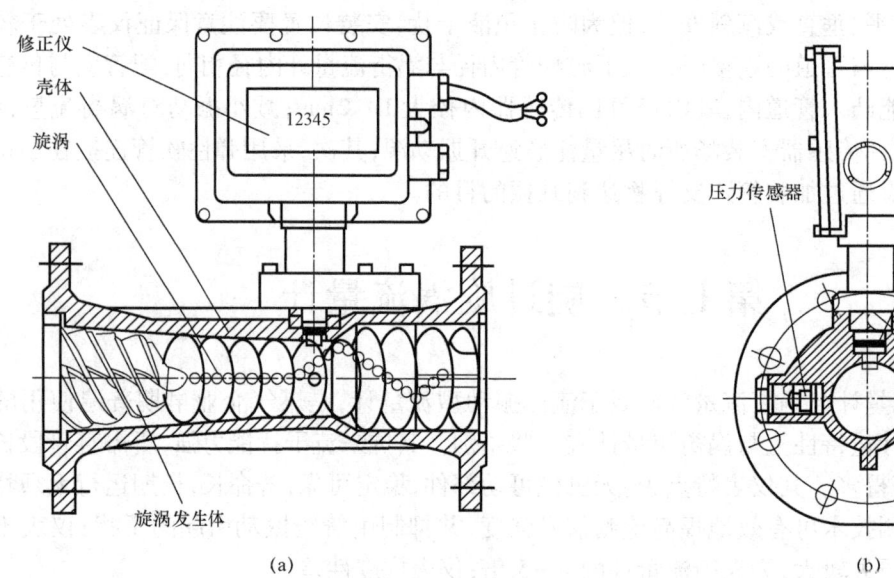

(a)   (b)

图 4-33 旋进旋涡流量计结构示意图

动态图19 智能旋进式流量传感器结构

1. 旋涡发生体

旋涡发生体又称为流体起旋器,其形状见图 4-34(a)。一般由铝合金、不锈钢或能耐流体作用的材料制造,安装在流量计入口处,用于强迫气流旋转产生旋涡流。一般其叶片螺旋角为 60°、后锥角 β 为 30°、圆锥角 γ 为 9°~10°,其叶片轴长 L_1 为 45mm(与仪表口径有关),叶片数为 6 片,叶片厚度为 1.5mm。

2. 壳体

壳体一般由铸铝、不锈钢、碳钢等材料制造,其形状类似文丘里管,由入口段、收缩段、喉部、扩大段和出口段组成,用于流体加速和扩张。一般其前锥角 θ_1 为 $9°\sim10°$(与旋涡发生体圆锥角一致),扩张段扩角 θ_2 为 $60°$,后直管段直径 D 为 $60mm$(与仪表口径有关),其外形见图 4-34。

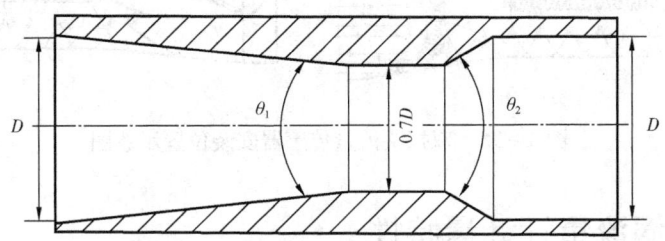

图 4-34 传感器旋涡发生器与对应的壳体形状示意图

3. 流量传感器

流量传感器用于检测旋涡进动频率,主要有压电、热敏、应变、电容等类型的传感器。

4. 积算仪

流量积算仪由温度、压力检测信号通道以及微处理单元组成,并配有外输信号接口,输出各种信号。压电传感器检测微弱电荷信号经前置放大、滤波、整形后变成与流量成正比的脉冲信号,进行 LCD 计数显示。气体测量时可以进行压力、温度修正,得到质量流量(用标准状态的体积流量表示)。

(二)旋进旋涡流量计分类

根据测量介质,仪表可分为测量气体和液体两种。按结构形式,仪表可分为单探头和双探头两种结构形式。单探头结构因无法区别流体振动信号和压力波动及机械振动信号,因此抗干扰能力较弱,在存在强干扰的场合将会导致"零流量计数"和小流量计量不准等问题,已逐步被双探头结构取代。双探头结构由于能有效克服压力波动及机械振动干扰问题,因此计量准确可靠,对环境条件和介质的适应性强。单探头结构的旋进旋涡流量传感器如图 4-33 所示。双探头结构的旋进旋涡流量传感器按压电传感器安装方法又分为对称安装(180°)、前后安装和垂直安装(90°)三种方式。图 4-33 所示为一种垂直安装形式,前后安装形式和对称安装形式见图 4-35。

对称安装的双传感器方式,只要将差动式传感器两敏感元件的输出电荷信号进行差动放大,即可得到幅度两倍于单传感器幅度的电压信号,而输出频率与流体振动频率一致,这有利于提高流量计的下限灵敏度。但是,当无流体通过流量计时,若管道内部介质压力存在波动,或存在机械振动,差动式传感器因其内部的两只敏感元件性能基本一致,具有较为一致的频谱特性,也即对于各种干扰信号,两敏感元件可输出幅度与相位均较一致的电荷信号。因此,再经差动放大处理,即可将干扰信号剔除。当流量信号与干扰信号并存时,该结构的流量传感器也可将干扰信号剔除,而将流体振动信号进行检测,大大提高了流量计的抗干扰能力,双传感器的旋进旋涡流量传感器具有较好的抗压力波动或机械振动干扰性能。

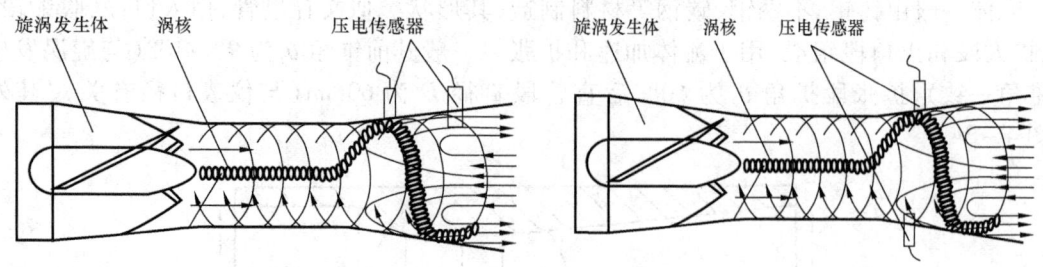

图 4-35 双探头流量传感器安装位置示意图

三、旋进旋涡流量计计量特性

旋进旋涡流量计的计量特性是指流量计在全流量范围内变化时的仪表计量特性曲线、示值误差、准确度、仪表系数、压力损失等性能变化状况,表 4-13 是旋进旋涡流量计的计量性能指标。

表 4-13 旋进旋涡流量计的计量性能指标

公称直径 mm	规格	流量范围 m^3/h	压力等级 MPa	准确度等级	压力损失 kPa	壳体材料
20	B	1.2~15	1.6、2.5 4.0、6.3 10、16	1.0 1.5	3.30	≤2.5MPa, 铝合金; >4.0MPa, 不锈钢
25	B	2.5~30			2.10	
32	B	4.5~60			2.90	
50	D	6~75			4.20	
	B	10~150			3.90	
80	D	18~200	1.6、2.5		5.40	1.6MPa, 铝合金; ≥2.5MPa, 不锈钢
	B	28~400			3.70	
100	D	40~600	4.0、6.3 10		3.80	
	B	50~800			5.90	
150	D	100~1200	1.6、2.5、 4.0		7.60	
	B	150~2250			11.00	
200	B	360~3600			16.00	

(一)仪表计量特性曲线

流量计计量特性曲线一般用仪表系数与流量的关系曲线表示。理想的特性曲线是一条平行于流量 q 轴的水平直线 K_0,在流量范围内的实际特性曲线见图 4-36,是一条曲线,为提高准确度,通常可以通过积算仪对仪表系数进行非线性修正,如五段非线性修正。

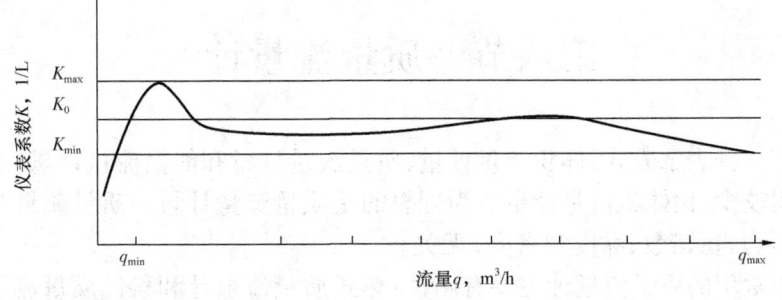

图 4-36　流量计特性曲线示意图

（二）示值误差

旋进旋涡流量计在显示器上可以显示瞬时流量，但仅供参考，其准确计量还要靠脉冲数的累积计量，通常仪表的相对示值误差（也可以称为非线性误差）可以通过下式表示：

$$E = \frac{K_{max} - K_{min}}{K_{max} + K_{min}} \times 100\% \qquad (4-47)$$

四、旋进旋涡流量计的使用

（一）仪表选型与设计

在选型过程中应注意：仪表压力损失较大，尤其在低压使用时要计算准确，否则会影响到正常用气，仪表在设计时不必考虑直管段问题，流量范围与其他速度式流量计一样要保证处于最佳使用状态，一般表前应加装过滤器。

（二）使用注意事项

安装运输过程中，燃气表不得倒置、磕碰、摔打，不得进水和异物，不得破坏封缄；燃气表安装后应横平竖直，不得倾斜；严禁带表焊接法兰、吹扫管线、高压试漏；在计量仪表安装前，应预制与仪表相同尺寸的管段，代替仪表进行安装，待焊接法兰、吹扫、打压、试漏等所有工作完毕后，再拆下管段，换上仪表，充分保护计量器具不受伤害；仪表安装不得强力对接，不得有应力存在，法兰连接密封垫不得伸入管道内；安装时应同步安装封缄和防护表箱。

流量计可以水平、垂直安装或任意角度倾斜安装，安装时被测流体的流向应与壳体上指示流向的箭头一致；室外安装时，上部应有遮盖物，以免雨水浸入和烈日暴晒而影响流量计使用寿命；流量计周围不能有强的外磁场干扰及强烈的机械振动，应避开高温热源和辐射热源的影响，也应避开带有强腐蚀环境影响；流量计不可安装在带有强烈振动的场合，且当管道较长时，在传感器的上下游，必须消除由于过长的管道所产生的振动；旋进旋涡流量计对直管段要求较低，原理上流量计前后不需要直管段，但一般要求仪表前后分别有 $3D$ 和 $1D$ 长的直管段，特殊情况要求 $5D$ 和 $3D$ 的长度。当单弯管和双弯管的弯管半径大于 $1.8D$ 时，流量计前后可以不要直管段。

第八节 质量流量计

流量测量有三种表示方式:体积流量计量、质量流量计量和能量流量计量,能量流量计量目前在我国应用较少,比体积流量计量更为理想的是质量流量计量。质量流量与流体的物理性质(如温度、压力、雷诺数、黏度和密度)无关。

燃气计量中常用的质量流量计主要有两种:热式质量流量计和科氏质量流量计。早期的质量流量计基于量热式测量原理,流体通过一段被加热的管道时,管壁的温度分布发生变化,后半段管壁的平均温度与前半段管壁平均温度的差,与管内流体的质量流量成正比。随后又出现一种热功耗式质量流量计,它是基于流体通过一段温度比流体温度高的热丝时,流体的质量流量与流体从热丝带走的热功率之间存在一个比例关系。只需测知维持热丝比流体高温差向热丝提供的电功率即可测知流体的质量流量。后来出现了科氏质量流量计,利用流体在振动管内流动时,产生与质量流量成正比的科里奥利力原理,通过测量这个力而得到流体的质量流量,是一种直接式质量流量仪表。热式质量流量计流量范围宽,适宜测量中小流量,准确度适中,一般为 1.0% ~ 1.5%;科氏质量流量计可测的流体范围广,适宜测量中高压天然气,测量准确度高,可达 0.15% ~ 0.3%,对流体的流速分布不敏感,故无须上下流直管长度要求,可同时读出流体的密度,适用于双向流动的流体。科氏质量流量计的缺点是价格高,不适合测量低压气体,对安装现场振动敏感,口径不能做太大,最大管径为 400mm。

一、科氏质量流量计工作原理

科里奥利质量流量计是利用流体在直线运动的同时处于一旋转系中,产生与质量流量成正比的科里奥利力,通过对力(或位移量、振动频率等)的测量,从而达到测量流量的目的。

如图 4-37 所示,当质量为 m 的质点以速度 v 在对 P 轴作角速度 ω 旋转(振动)的管道内移动时,质点受到两个分量的加速度及其力。法向加速度即向心力加速度 α_r,其量值等于 $\omega^2 r$,方向朝向 P 轴;切向加速度 α_t,即科里奥利加速度,其量值等于 $2\omega v$,方向与 α_r 垂直。由于复合运动,在质点的 α_t 方向上作用着科里奥利力 $F_c = 2m\omega v$,管道对质点作用着一个反向力 $-F_c = -2m\omega v$。当密度为 ρ 的流体在旋转管道中以恒定速度 v 流动时,任何一段长度 Δx 的管道都将受到一个切向科里奥利力 ΔF_c,公式为:$\Delta F_c = 2\omega v \rho A \Delta x = 2\omega q \Delta x$。直接或间接测量在旋转管道中流动流体所产生的科里奥利力就可以测得质量流量。

然而,通过旋转运动产生科里奥利力是困难的,管道的旋转通过管道振动产生,即由两端固定的薄壁测量管,在中点处利用外加电磁场驱动,达到测量管谐振或接近谐振的频率,在管内流动的流体产生科里奥利力,使测量管中点前后两半段产生方向相反的挠曲,用光学或电磁学方法检测挠曲量,以求得质量流量。又因流体密度会影响测量管的振动频率,而密度与频率有固定的关系,因此质量流量计也可测量流体密度。图 4-38 是质量流量计测量管振动示意图。

质量流量计一般在传感器上设置 3 个线圈组(1 个驱动线圈组、2 个检测线圈组)和 1 个温度传感器。质量流量计大多数采用双流量管结构,这种结构的优势在于:双管比单管能产生更大的振幅,也就是将信号放大 1 倍;单管不便于安装磁体和线圈,而双管比较方便;流量计外界的振动大,双管结构优于单管的抗振能力。驱动线圈组设在流量管的正中位置,当没有流量的时候,驱动线圈组以一定的频率振荡,这个时候两个检测线圈组会检测到同步的正弦信号。但是当有流量产生的时候,进出两个检查线圈组输出的正弦波信号存在一定的相位差,通过这个相位差来计算质量流量。

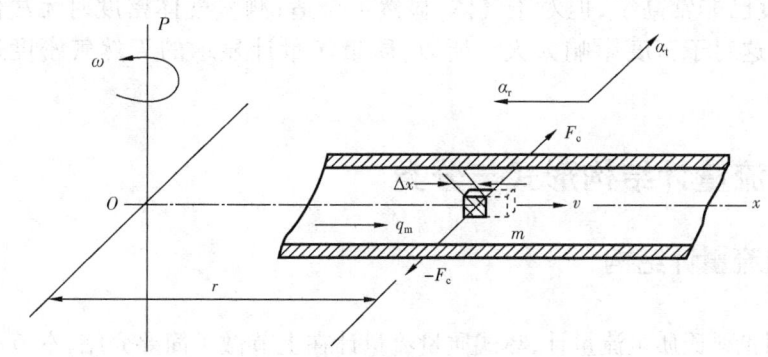

图 4-37 科里奥利力示意图

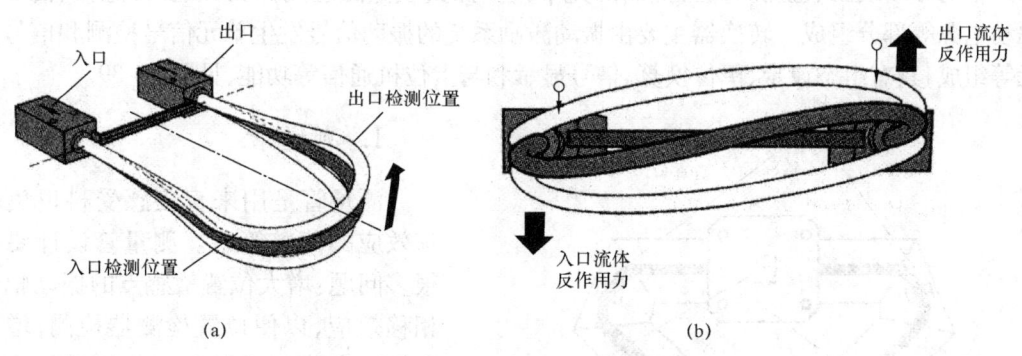

图 4-38 质量流量计测量管振动示意图

质量流量计可以直接测量流体的密度。首先来看一个现象:轻的砝码振动的频率会高于重的砝码,从这里大致可以说密度的检测与频率的检测相关。其实这里还有一个细节,我们的质量流量计在一开始就会有一个驱动线圈通过一个驱动频率来使流量管振荡;当有流体流过的时候,检测线圈检测到相位差去算质量,检测到频率去算密度。而这个检测到的频率和驱动线圈频率是不同的,实际上,驱动线圈的频率会根据检测到的频率来进行调节,当调节到一个谐振频率的时候,驱动频率和检测频率就一致了。

流体的密度与流量管振荡周期的平方成正比。质量流量计通过测量流量管谐振频率的大小来测量流体的密度,计算公式为

$$f = \frac{1}{2\pi}\sqrt{\frac{c}{m_1 + m_2}} \tag{4-48}$$

又有 $m_1 = \rho \times V$,所以可得下式:

$$\rho = \frac{c}{4\pi^2 f^2 V} - \frac{m_2}{V} \tag{4-49}$$

式中,f 为谐振频率;c 为振动管机械刚度或弹性系数;m_1 为流体振动质量;m_2 为振动管振动质

量;ρ 为流体密度;V 为流体体积。

需要注意的是,一般不建议使用质量流量计直接测量天然气密度,这是因为:用质量流量计测量气体时,气体密度较低,流量计密度测量的准确度和被测气体密度相比拟,仅差一个数量级,显得误差太大,如空气的密度是 0.001g/mL,而密度测量准确度为 0.0002g/mL,对于液体准确度已非常高了,但对于气体,显然不合适;测量气体密度时无法保证流量管中存在其他杂质,这对于密度影响太大。所以,质量流量计显示的天然气密度通常仅作为一个参考值。

二、质量流量计结构形式与分类

(一)质量流量计结构

本章重点讨论科氏质量流量计,热式质量流量计在上节做了简要介绍,本节不再详细阐述。科氏质量流量计由流量传感器和转换器两部分组成。传感器主要由测量管、壳体、测量管振动激励系统中的驱动线圈、检测测量管挠曲的光学检测探头或电磁检测探头、温度传感器、信号处理和驱动电源等部分组成。转换器主要由振动激励系统的振动信号发生单元信号检测和信号处理单元等组成,具有组态设定、单位换算、信号显示和与上位机通信等功能,见图 4-39。

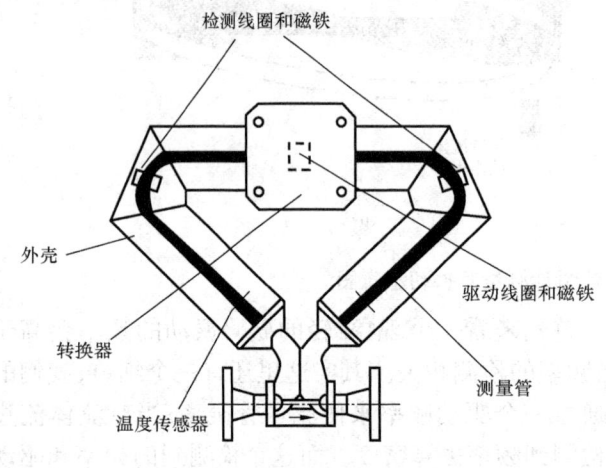

图 4-39 质量流量计结构示意图

1. 测量管

测量管是用来直接感受科里奥利相移效应的薄壁管道。测量管设计要考虑很多问题:增大位置敏感点的振动幅值和相移效应,以便位置检测器检测;增强测量管对安装现场以及工艺管道的抗振能力;使测量管能承受较高的流体压力;降低流体流过测量管的压损;使测量管便于清洗等。

早期质量流量计仅用一只测量管,又称单管型质量流量计。后来大多数改用两只并行的测量管,其中流体的流向相同,驱动器使这两只管向相反方向振动。这两根测量管多数是并联的,即流体流入流量计后被分成两路进入测量管,其优点是降低了压损,但它要求分流比(1:1)在不同流量时保持不变,然而测量管壁黏附杂物或管壁腐蚀都会影响这个比值。并联式测量管宜用于测量纯净的非腐蚀性流体。当采用两根串联测量管时,可以保证通过每只管的流量相同,但这种流量计压损较大。

各种测量管设计成不同的几何形状,目的在于降低管道的刚性,增大科里奥利相移效应,或为采用较厚管壁以提高管道耐压能力创造条件。弯形测量管的谐振频率在 40~150Hz,易受现场振动的干扰,直形测量管的谐振频率在 600~1200Hz,抗现场振动能力强。从便于管道清洗和有利于避免管内积存气体考虑,单直管或并联双直管最合适。

2. 驱动器

一般用电磁驱动器,由激励绕组和铁芯两部分组成。单管型,绕组部分固定在流量计壳体上,铁芯固定在测量管上。双管型,绕组和铁芯分别固定在两根测量管上。大部分流量计只用一个驱动器,少数用两个驱动器。

3. 位置检测器

位置检测器有电磁式和光电式两种,输出信号与测量点的位移量成正比。用一个驱动器的流量计,两个位置检测器位于与驱动器对称的位置上;用两个驱动器的流量计,位置检测器装在驱动器所在管道另一侧的相对位置上。

(二)质量流量计分类

质量流量计按测量管形状可分为弯曲形和直形,按测量管段数可分为单管型和双管型,按双管型测量管段的连接方式可分为并联型和串联型,按测量管流体流动方向和工艺管道流动方向的布置方式可分为并行方式和垂直方式。

(1)弯曲形测量管:U 字形、C 字形、B 字形、S 字形、圆环形、长圆环形等。弯曲形测量管的仪表系列比直形测量管的仪表多。设计成弯曲形状是为了降低刚性,因与直形相比可以采用较厚的管壁,仪表性能受磨蚀腐蚀影响较小;但易积存气体和残渣,引起附加误差。

(2)直形测量管:直形测量管的流量计不易积存气体、便于清洗,流量传感器尺寸小、质量轻,但刚性大,管壁相对较薄,测量值受磨蚀腐蚀影响大。有些型号直形测量管仪表的激励频率较高,为 600~1200Hz,远高于弯曲形测量管的激励频率,不易受现场振动频率的干扰。

(3)并联型测量管:流体流入传感器后经上游管道分流器分成两路进入并联的两根测量管段,然后经与分流器形状相同的集流器进入下游管道。并联型为较多型号仪表所采用。分流器要求尽可能等量分配,但使用过程中分流器由于沉积黏附异物或磨蚀会改变原有流动状态,引起零点漂移和产生附加误差。

(4)串联型测量管:流体流过第一测量管段再经导流块引入第二测量管段。本方式流体流过两测量管段的量相同,不会产生因分流值变化而引起的问题,适用于双切变敏感的流体。

三、质量流量计的计量特性

质量流量计的计量特性是指流量计在全流量范围内变化时的测量误差、仪表系数等性能变化状况,表 4-14 所示为加气机专用气体质量流量计的计量性能指标,表 4-15 所示为通用型气体质量流量计的计量性能指标。

表 4-14 加气机专用气体质量流量计的计量性能指标

公称直径 mm	质量流量范围 kg/min	体积流量范围 m³/h	压力等级 MPa	准确度等级	重复性 %	零点稳定性 kg/min	壳体材料
50	1~100	68~7550	34.5	0.5	0.3	0.009	不锈钢

表4–15 通用型气体质量流量计的计量性能指标

公称直径 mm	质量流量 (20℃、0.7MPa 空气) kg/h	体积流量 (20℃、0.7MPa 空气) m³/h	质量流量 (20℃、3.4MPa 天然气) kg/h	体积流量 (20℃、3.4MPa 天然气) m³/h	压力等级 MPa	准确度等级	壳体材料
10	8	6	30	45	10、12 高压:40	0.05 (20:1) 0.35 (100:1) 1.25 (500:1)	不锈钢 镍合金
25	110	90	450	600			
50	300	230	1140	1530			
100	1300	100	5000	6700			
200	4000	3100	15200	20500			
300	13300	10300	50500	68000			
400	34000	26250	128000	172000			

四、质量流量计的使用

（一）流量传感器安装一般要求

由于测量管形状及结构设计的差异，口径相近、流量范围不同的型号传感器的重量和尺寸差别很大，例如80mm口径中轻者仅45kg，重者可达150~200kg。其安装要求也千差万别，因此必须按照制造厂规定的安装方法安装，并规避禁止事项，例如，有些型号流量传感器直接连接到管道上即可，有些型号却要求设置支撑架或基础。为隔离管道振动以免影响仪表，有时候传感器与管道之间要以柔性管连接，而柔性管与传感器之间又要一段有支撑件分别固定的刚性直管。选购之前应向拟购质量流量计的厂商索取安装使用说明书。

为除去导致设备过早磨损和测量误差的固形物和夹杂气体，按流体和管道条件在传感器上游装过滤器或气体分离器等保护装置。若需要在现场在线校准仪表，应考虑引流连接口和阀及相应的空间。

（二）流量传感器安装姿势和位置

流量传感器测量管内残留固形物、结垢、具蒸馏气体等均将影响测量准确度。一般来说，装于自下而上流动的垂直管道较为理想；但对于非直形测量管质量流量计，装在垂直管道还是水平管上取决于管道振动状况和应用条件。

安装位置必须使测量管内充满液体，例如，水平管道上流体流过流量计后直接放入容器而无背压，测量管往往不能充满，会使输出信号激烈波动。

（三）截止阀和控制阀的安装

为使调零时没有流动，流量计上下游设置截止阀，并保证无泄漏。控制阀应装在流量计下游，保持尽可能高的静压，以防止发生气蚀。

(四)脉动和振动

为不使流程中发生的和外部的机械振动影响流量计,采取下列措施:设置脉动衰减器,设置振动衰减器或柔性连接管,装配特殊的流量传感器的夹装固定设备等。

(五)防止流量计间相互影响

同一型号两台流量计串联安装,或多台流量计接近地并行(或并联)安装,尤其装在同一支撑台架时,测量管振动会使各流量计间相互影响,产生干扰而引起异常振动,严重时使仪表无法工作。安装时应采取防范措施,如:向制造厂提出错开接近仪表的共振频率值;拉开流量传感器距离,不设置在同一台架上,独立设置支撑架;流量传感器异方向安装;流量传感器间设置防振材料隔离等方法。

(六)管道应力和扭曲

流量计法兰与管道法兰连接旋紧螺栓时用力要均匀,勿使流量计产生应力(例如管道两法兰平面不平行所致)。在使用过程中,由于工艺流程压力和温度变化,流量计会受到管线轴向力或扭曲应力影响,影响测量性能,要做好必要的固定支架。

(七)零点漂移和调零

零点漂移来自流量传感器部分,主要原因有:(1)机械振动的非对称性和衰减,其因素包括管端固定应力影响、振动管刚度变化、双管谐振频率不一致、管壁材料内衰减。(2)流体的密度黏度变化,其影响原因是结构不平衡,即使在空管时将双管的谐振频率调整一致,到充满流体时也可能产生零点漂移,同样因黏度引起的振动衰减与频率有关,在流动时亦可能产生零点漂移。调零必须在现场进行,流量传感器排尽气体,充满待测流体后再关闭传感器上下游阀门,在接近工作温度的条件下调零。安装方面变动或温度大幅度变化时需重新调整。

第九节 浮子流量计

浮子流量计在气体流量计量中应用较为普遍,其工作原理是利用浮子在垂直放置的锥形管中的升降测量流量,浮子的位置高低与流量的大小有关,在测量过程中,浮子前后的压差始终保持不变,通过改变流通面积来改变流量,又称为变面积式流量计,也称为转子流量计。浮子流量计具有结构简单、性能可靠、读数直观、压力损失小、刻度近似线性、测量范围宽、维修方便、价格低廉等优点,广泛应用于液体、气体流量测量。

一、浮子流量计工作原理

如图4-40所示,浮子流量计利用一根自下向上扩大的垂直锥形管和一个沿着锥管轴上

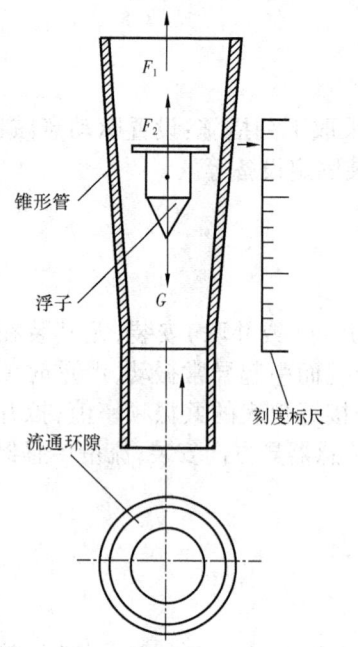

下移动的浮子进行流量测量。被测流体从下向上经过锥管和浮子形成的环隙时，浮子上下端产生差压形成浮子上升的力，当浮子所受上升力大于浸在流体中浮子的重力时，浮子便上升，环隙面积随之增大，环隙处流体流速立即下降，浮子上下端差压降低，作用于浮子的上升力亦随着减小，直到上升力等于浸在流体中浮子重力时，浮子便稳定在某一高度，浮子在锥管中的高度与通过的流量大小有关。

当流量计浮子稳定在某一高度位置时，如图 4-40 所示，浮子受 F_1、F_2、G 的作用而处于平衡状态。

流体介质向上的浮力 F_1 的计算式为

$$F_1 = V_f \rho g$$

浮子自身向下的重力 G 的计算式为

$$G = V_f \rho_f g$$

图 4-40 浮子流量计工作原理示意图

动态图20 浮子流量计

当流体流经浮子时，使得浮子上、下游产生差压，该差压的大小和流体在浮子与锥管壁间环隙通道中的流速平方成正比，即 $p_1 - p_2 = C\rho v^2/2$。则差压形成的上升力 F_2 的计算式为

$$F_2 = C\rho v^2 A_f/2 \qquad (4-50)$$

式中，A_f 为浮子的迎流面积，m^2；C 为阻力系数；ρ 为流体介质密度，kg/m^3；V_f 为流体速度为浮子的体积，m^3；ρ_f 为浮子材料的密度，kg/m^3；g 为当地重力加速度，m/s^2。

当浮子在流体中处于平衡时，则 $G = F_1 + F_2$。可以得到流体在环隙处的流速 v 的计算式为

$$v = \frac{1}{\sqrt{C}} \sqrt{\frac{2V_f g(\rho_f - \rho)}{A_f \rho}} \qquad (4-51)$$

则体积流量 q_v 的计算式为

$$q_v = vA = \frac{A}{\sqrt{C}} \sqrt{\frac{2V_f g(\rho_f - \rho)}{A_f \rho}} \qquad (4-52)$$

式中，A 为流通环隙的面积，m^2。

由式(4-51)可知，对于已知材料和尺寸的浮子及流体介质成分，公式中的变量都是固定不变的，说明无论浮子停留在任何位置，流体流过环隙面积的平均流速都是一个常数。从流量方程式(4-52)可以看出，体积流量 q_v 仅与流通面积 A 成正比。

对同一种浮子流量计，所测量的流体介质不同时，由于介质密度 ρ 不同，流量 q_v 与浮子高度 h 之间的对应关系也将不同，原来的流量刻度不再适用。所以，浮子流量计应该用实际流体介质进行检定。实际上，浮子流量计所能测量的介质千差万别，不可能对所有被测流体介质的

浮子流量计进行试流试定,一般情况下,采用水对测量液体介质的流量计进行出厂检定,采用空气对测量气体介质的流量计进行出厂检定。如果用来测量非检定介质时,应该对浮子流量计的读数进行修正,即对浮子流量计的刻度进行换算。

二、浮子流量计结构和分类

(一)浮子流量计结构

浮子流量计主要由锥形管、浮子和流量指示部分等组成。为满足不同的测量需要,锥形管和浮子可以设计成不同的形式,流量指示也可以有多种形式。

1. 锥形管

锥形管是一种下边流通面积小、上边流通面积大的带有锥度的直管,常见的锥管形状见图 4-41,根据使用材料不同,可分为透明锥形管和金属锥形管(不透明)两种,透明管浮子流量计的内腔一般为透明锥形管,透明锥形管的内腔有圆锥体平滑面和导向棱筋等异形两种。圆锥体平滑面内腔的横截面为一个圆,形状如图 4-41(a)所示。对导向棱筋内腔的横截面形状如图 4-41(b)、图 4-41(c)所示。金属管流量计的内腔有锥形管与孔板两种。锥形管内腔与透明锥形管内腔相同,孔板配套的浮子要求是锥形的。

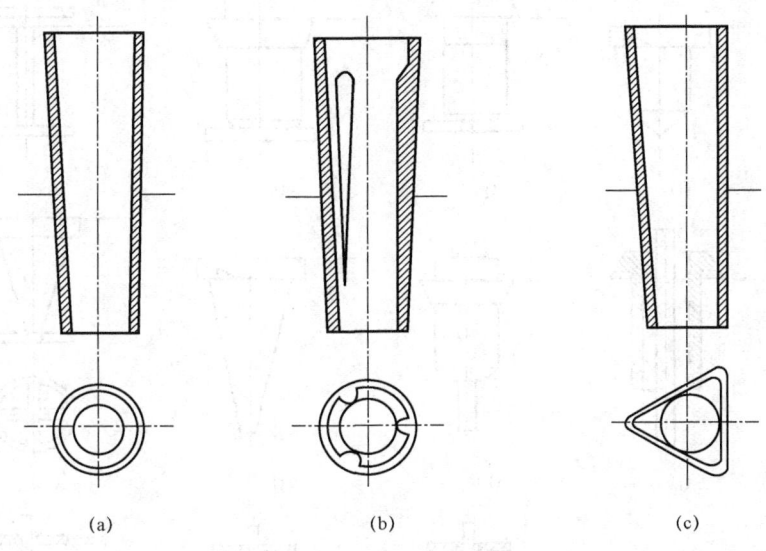

图 4-41 锥形管形状示意图

2. 浮子

浮子的形状和使用材料多种多样,其形状与锥形管形状、流量范围、测量介质、锥形管材料有关,常见的浮子形状见图 4-42,其中(a)至(f)配透明锥形管,(g)、(h)配棱筋导向透明锥形管,(i)至(k)配导杆导向透明锥形管,(l)至(n)配透明直管,(o)至(q)配金属锥管。

(1)透明材料锥形管所用浮子:如图 4-42 所示,其中(a)浮子与(e)号浮子的流量系数较小,(d)浮子的流量系数较大。对口径大于 15mm 的流量计一般要设计导向杆,见(j)浮子,其中(k)浮子的流量系数最大。

(2)导向棱筋透明材料锥管所用浮子:如图4-42所示,(g)浮子流量系数最小,(h)浮子流量系数最大。浮子上部的工作边与下部的定位片对浮子起到了很好的导向作用。

(3)金属锥形管所用浮子:如图4-42中(p)、(q)浮子所示,由于锥管是金属材料加工而成的,故常采用标准规格浮子配不同锥度锥管的办法来满足不同流量测量的要求。

(4)与孔板配合使用的浮子:如图4-42中(n)浮子,浮子体是锥形的,它依靠改变孔板内径与浮子锥度来满足不同流量测量的要求。

(5)其他要求不高仅作流量指示的流量计浮子:如图4-42中(k)、(l)、(m)浮子,其结构是孔板与浮子配合,外管是一个透明的圆柱管,在浮子工作直径下部开一个缺口,从而使浮子在测量时产生转动,浮子产生转动后提高了浮子的稳定性,但无助于提高准确度。目前国内制造厂商很少采用这种方式来提高稳定性,而大多采用导杆导向的办法来提高稳定性,对金属管流量计几乎全部采用导杆导向。

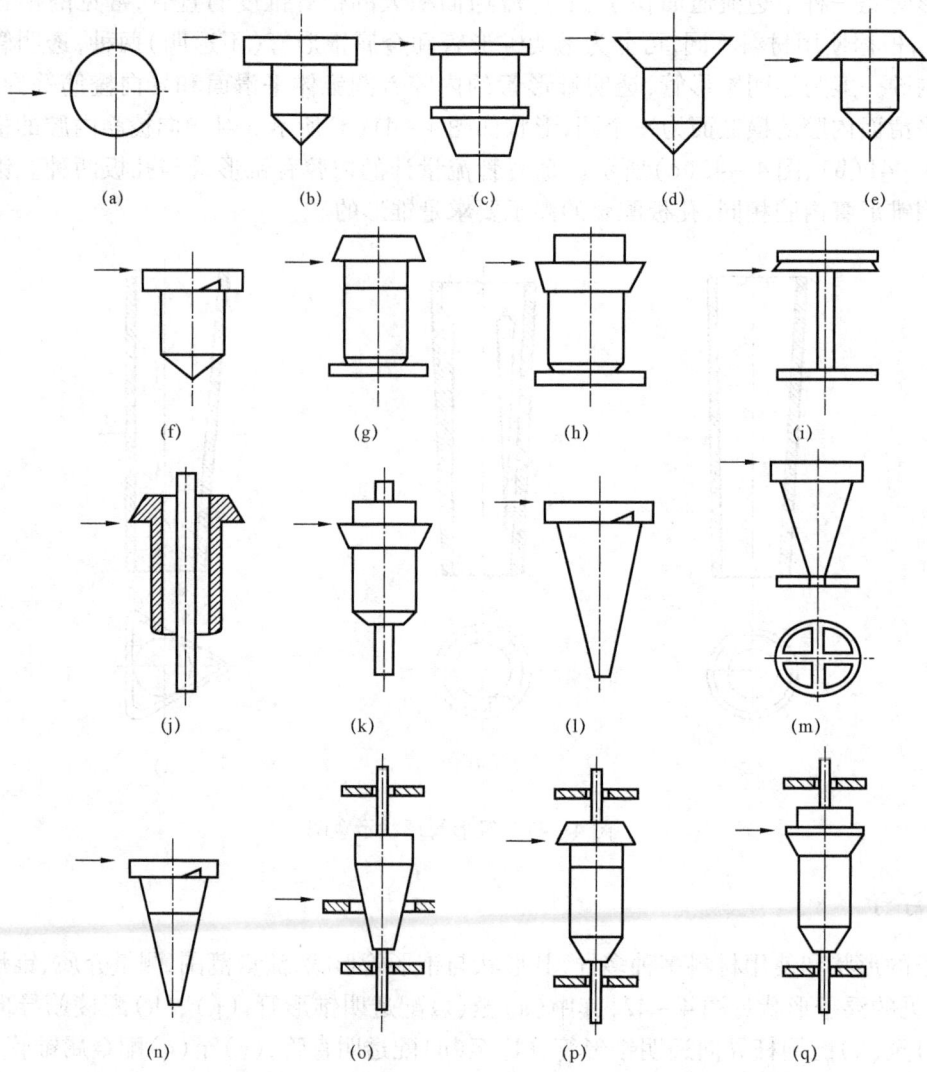

图4-42 浮子形状

3. 流量指示和远传机构

流量计的流量指示方式有就地显示和远传型两大类。一般透明锥管浮子流量计多属于就地显示型,从外观上可以清楚地看到浮子的位置。金属管由于外面看不到浮子的位置,因此此类仪表多设计为远传型,浮子的位置通过磁耦合传出,通过转换单元把浮子的位移量转换为电流信号或气压模拟信号,此类仪表分别称为电远传浮子流量计和气远传浮子流量计。

(二)浮子流量计分类

此类仪表可按锥管的制作材料分为用透明锥形管(或透明直管)浮子流量计和金属管浮子流量计;可按安装方式分为垂直安装式与水平安装式;可按有否信号输出分为现场显示型与远传信号输出型(后者又分为电远传型和气远传型);可按与管道连接方式分为软管连接、螺纹连接、卡口连接和法兰连接;可按用途分为普通型(也称常规型)、防腐型、防爆型、夹套保温型和吹流型;可按被测流体分为液体用、气体用和蒸气用。

1. 透明锥形管浮子流量计

透明锥形管用得最多的材料是玻璃,其缺点是如对无导向结构仪表操作不慎,易击碎玻璃管。还有用透明工程塑料如聚苯乙烯、聚碳酸酯、有机玻璃等制成,具有不易击碎的优点,也有用石英制成的特殊款式。

2. 金属管浮子流量计

金属管浮子流量计可用于较高的介质温度和压力,且无玻璃管浮子流量计锥形管被击碎的潜在危险。其锥管与壳体制成一体结构,也有锥管套入壳体的分离结构,改变流量规格只要调换不同圆锥角的锥管,使用较为方便。

3. 带有附加功能的浮子流量计

对于一些特殊场合和特殊流体介质,需要对传统的浮子流量计进行一定的改造,增加一些特殊功能,如对有脉动流的场合增加阻尼功能,对高温介质增加散热器,对高黏度介质增加保温套结构等。

三、浮子流量计的使用

(一)浮子流量计的安装

(1)浮子流量计一般应安装在环境温度低于60℃、可防止仪表直接雨淋日晒的地方,且应安装于便于安装、操作、调整和安全的位置。

(2)浮子流量计必须竖直安装在无振动的管道上,不应有明显的倾斜,若有倾斜,应小于2°。

(3)为了方便检修、更换流量计和清洗测量管道,现场应该留有足够的空间,在流量计的上下游应安装必要的阀门。一般情况下,上游应安装全开阀门,后面用流量调节阀门,并在流量计的位置设置旁通管路,安装旁通阀门。

(4)对于脏污流体,应在流量计的上游安装过滤器,如果被测介质中含有磁性物质,则应在流量计的上游安装磁过滤器。必要时应安装冲洗配管,定时对流量计及测量管道进行冲洗。否则,浮子的洁净程度将会对流量计的测量值有影响。

(5)在有可能产生流体倒流的管道上安装流量计时,为避免因流体倒流或水锤现象损坏流量计,应在流量计的下游安装单向阀。

(6)如果浮子流量计的浮子波动大,不稳定,原因之一有可能是流体本身有脉动,另一原因是流量计本身的振荡。若是前者的原因,应改进管道系统;若因后者,则应针对具体问题加以解决。

(7)搬动浮子流量计时,应将浮子和指针固定,避免移动时浮子上下移动而使指针及其他部件受到冲击损坏。

(8)在拆装金属管流量计时,须注意浮子连杆的露出部分,用户可连接一段保护连杆露出部分的直管段,在安装时可与流量计同时拆装。

(二)浮子流量计的使用

(1)浮子流量计在管道上正确安装后,使用时应缓慢地开启上游阀门至全开,然后用下游流量调节阀调节流量。当流量计停止使用时,应缓慢地关闭全开阀,再关闭流量调节阀。

(2)使用时应防止被测流体的压力有急剧的变化,避免浮子打坏玻璃锥管。

(3)如果被测流体的参数(如密度、温度、压力和黏度等)与流量计刻度时的状态不同,必须对流量计的示值刻度进行刻度换算。

(4)当流量计的锥管和浮子受到损害和污染时,应及时更换和清洗,以免影响流量计的准确度。

(5)使用中的流量计如有渗漏,应均匀紧固压紧螺栓、螺母或更换密封垫圈。

(6)浮子流量计的锥管刻度有百分数刻度和流量刻度两种,百分数刻度又分为等百分数刻度和非等百分数刻度。如果是等百分数刻度,使用时可根据锥管上的刻度读数,由生产厂家给出的曲线图表查得相应的流量值。采用非等百分数刻度的流量计,使用时需将刻度读数乘以该流量计的上限刻度值和密度修正值得到被测流体的实际流量。采用流量刻度的流量计,使用时则将刻度读数乘以该流量计的密度修正值。

(三)浮子流量计的维护

(1)在使用中应经常用目测的方法检查、观察其紧固件,如螺母、螺栓是否有松动现象,浮子上、下浮动是否自如,指针指示是否正常,转动是否灵活。

(2)在测量气体流量时,当流量计的浮子来回振荡时,应在流量计的后面加装阀门增加背压,并用其调节流量,流量计前的阀门应全开。当流量有波动时,可以在流量计的阻尼器内注入高黏度液体,如硅油等。保持机械转动部分的运动灵活,应在各转动部分加以少量的钟表油。

(3)金属管浮子流量计在出厂时已经检定和调整完毕,并给出检定流量和浮子位移的关系。如果流量刻度与检定流量或浮子位移不符合且机械平衡出现问题,应进行调校。

(4)当指示型金属管浮子流量计锥管内污损情况严重和浮子组件需要维修时,应按说明书的要求,将流量计从管路上拆下来,对锥管和浮子组件进行清洗。拆装清洗时,一定要注意不要损伤浮子的最大径部,浮子杆不要碰弯,如有弯曲现象,应采用人工或其他方法校宜。以上工作完成后,将检查安装好后的流量计在整个行程内运行是否灵活可靠。

(5)在使用中如发现浮子被卡在锥管上,不能用工具敲打玻璃管,应采用有效的方法解决。

(6)避免浮子的急剧冲击,在使用流量计时应先打开旁通阀,再打开流量计的前后阀门,如无旁路管道,应先打开流量计前面的阀门,再缓慢打开流量计后面的阀门。特别是流量计用于气体测量时,浮子流量计后的压力很低,流量计前面的阀门一定要全开,并用后面的阀门调节流量。

(7)在使用浮子流量计时,要防止因安装或维修中使得浮子组件弯曲或损坏浮子最大表面,弯曲的浮子组件将产生"卡死"现象,使得流量计无法工作。损坏浮子最大径、管中铁磁物质吸附在浮子杆上面会引起阻塞,使得流量计计量准确度下降。

第五章 气体成分计量

第一节 气体成分计量基本知识

城市燃气工作需要经常和可燃气体打交道,甚至是有毒有害气体,这些气体的泄漏可能引发燃气泄漏爆炸和人员中毒事故,因此对可燃气体和有毒有害气体的泄漏检测显得尤为重要,确定有毒有害气体的种类和浓度已经成为相关行业的劳动安全和环境保护的重要内容。同时密闭空间(缺乏良好通风的房间、地下管道、地下排水沟、地下储藏罐等)也是需要进行有害气体检测的重要场所,任何即将进入和已经进入密闭空间进行工作的人员,都必须时刻监测工作场所的氧气、可燃气体和有毒有害气体的浓度。

在城市燃气安全防护类强检计量器具中,常用的气体检测仪器有可燃气体检测报警器、甲烷测定仪、氧气测定仪、一氧化碳测定仪、二氧化硫测定仪、硫化氢测定仪,或多种仪器的组合等。可燃气体检测报警器等气体检测仪器分布于企业和存在安全隐患场合的各个角落,就像一双双电子眼保护着人类的安全,使相关人员随时掌握着可燃气体泄露情况。对于可燃气体检测报警器的选择,当前使用最广泛的是催化燃烧式可燃气体检测报警器,并且可以根据使用情况选择便携式或固定式可燃气体检测报警器。生产或储存岗位上,长期运行的泄漏检测选用固定式可燃气体检测报警器,其他如检修检测、应急检测、进入检测和巡回检测等选用便携式(或袖珍式)可燃气体检测报警器。

一、气体的危害与测量原理

城市燃气成分主要有:甲烷、乙烷、丙烷、丁烷、氢气等可燃气体,这些气体易燃易爆;一氧化碳、硫化氢等有毒气体,这些气体对人体具有毒害作用;还有一些其他种类的气体,如空气、氮气、二氧化碳等,既不是易燃易爆气体,也不是有毒有害气体,但其一些作业场所的含量不同对工作人员也会造成伤害甚至导致死亡。了解气体的性质,加强防护,保证安全,也是计量检测的重要内容。

(一)气体的危险特性

危险气体的危害主要体现在燃烧性、毒害性、窒息性、腐蚀性、爆炸性以及可能发生或加速氧化、分解、聚合等化学反应等方面。由于气体的扩散不受地形的限制,一些自然条件,比如风向、温度等都会影响气体的扩散速度,在泄漏和事故现场形成不断变化的燃烧爆炸或毒害危险区,进而波及更多的地方,形成比固体或液体泄漏更大的危险。

1. 燃烧性

多数有毒有害气体都具有可燃性,气体的燃烧往往同时伴有发光、发热等激烈的反应,由于燃烧产物的体积急剧膨胀,从而对周围的人员和环境造成巨大的压力冲击与高温破坏。

根据燃烧条件,燃烧必须同时具备可燃物、助燃物和点火源以及连续反应的链式环境,这一般称为燃烧四边形。对易燃气体而言,一旦泄漏并与空气接触,就已存在可燃物和助燃物两个条件,如果泄漏持久,可燃性气体的浓度和空气(氧气)就会达到一定的比例范围,若再存在火源,则发生爆炸就无法避免,而不断泄漏的可燃气供应形成链式反应,就引起持续燃烧。因此,要消除可燃气体的燃烧危险性,就必须严防易燃气体泄漏到空气中,同时阻止火源引入其中,或在易燃气体容易泄漏的场所严格控制火源的出现。

2. 毒害性

有毒气体的毒害性可以通过吸入或皮肤接触途径侵入人体,它们与人体组织发生化学或物理化学作用,从而造成对人体器官的损害,破坏人体的正常生理机能,引起功能或器质性病变,导致暂时性或持久性病理损害,甚至危及生命。有毒气体的毒性影响与有毒气体的本身性质、侵入人体的途径及侵入数量、暴露接触时间长短、作业人员防护设施用品及身体素质等各种因素有关。

3. 窒息性

大多数惰性气体如二氧化碳、氮气,其化学性质稳定且不易分解,一旦窒息性气体大量存在,就会使得氧气浓度下降,造成密闭空间内局部区域氧气含量下降。例如,为驱散密闭容器内的有毒有害气体,经常要使用惰性气体进行置换,此时若未能及时引入空气,工作人员立即进入其内部进行检修作业,就会发生氧气不足,有窒息的危险;在密闭空间或有限场所进行长时间消耗氧气的工作(如焊接),也可能造成窒息的危险。

4. 爆炸性

爆炸是指一个物系从一种状态转化为另一种状态,并在瞬间以机械功的形式放出大量能量的过程。爆炸有物理性爆炸和化学性爆炸两种。物理性爆炸是物质因状态和压力发生突变等物理变化而形成的,压缩气体超压及液化气受热气化引起的爆炸就属于物理性爆炸。物理性爆炸前后物质的化学成分及性质均无变化。化学性爆炸是指由于物质发生极其激烈的化学反应,产生高温、高压并释放出大量的热量而引起的爆炸。化学性爆炸以后物质的性质和成分均发生变化。可燃气体混合物爆炸、分解爆炸就属于化学爆炸。

(二)气体检测原理

气体检测是通过气体传感器采集气体的某些信息(如浓度、种类),经过处理后转化电信号(或声、光、数字等信号),显示气体的浓度或发出声光报警信号的。传感器根据检测原理可以分为两大类,即物理类气体传感器和化学类气体传感器。物理类气体传感器在工作过程中利用气体的物理性质,没有化学反应发生的气体传感器;反之,则称为化学类气体传感器。

物理类气体传感器检测原理包括热导原理、红外线吸收原理、顺磁性原理、质量原理等。

化学类气体传感器检测原理包括半导体原理、催化燃烧原理、电化学原理、光化学原理等。电化学型传感器又可分为电流型、电导型、电位型和场效应型传感器；半导体型传感器也是电化学传感器的一种，但多数都单独介绍；光化学型传感器包括光纤、荧光、化学发光、光声和表面等离子共振传感器。

根据各种传感器原理可以制造出各种气体检测仪器。目前，城市燃气中使用普遍的气体检测仪器品种繁多，主要有可燃气体检测报警器、氧气测定仪、一氧化碳测定仪以及多组分气体测试仪等。

二、气体计量的理论基础

化学是研究物质组成、结构及其变化的科学，化学计量是指对各种物质的成分和物理特性、基本物理常数的分析测定，化学测量采用相对测量，通过标准物质传递量值。气体的化学计量通过标准物质、标准方法和标准数据等手段进行量值传递和溯源，以下理论基础不可忽视。

（一）物质的量的含义

摩尔是一体系的物质的量，该体系中所包含的基本单元数与0.012kg碳－12的原子数目相等。在使用摩尔时，应指明基本单元是原子、分子、离子及其他粒子，或是这些粒子的特定组合。摩尔可用来代表特定数目的粒子，也可以用来代表以克为单位的特定质量。

1摩尔的物质具有的结构粒子数应是Avogadro常数，例如：1摩尔Cu原子等于6.02×10^{23} Cu原子；1摩尔SO_2分子等于$6.02 \times 10^{23} SO_2$分子；1摩尔C－C等于6.02×10^{23} C－C键。

摩尔代表物质的1克式量。如：1摩尔Fe的1克式量=55.85g；1摩尔CO_2的1克式量=$12.01g + 2 \times (16.00g) = 44.01g$。

当一种物质由单个原子（如Fe、C、…）组成时，摩尔和克原子量具有相同的质量并代表相同粒子数目（6.02×10^{23}）。对于分子型物质（如CO_2），摩尔和克分子量具有相同的质量并代表相同的粒子数目（6.02×10^{23}）。

（二）气体定律

气体是物质的一种存在状态。物质的分子在气体状态中彼此之间有着较大的间距，均匀地充满空间，无规则运动，互相之间不停地碰撞，运动随温度的升高而加剧，阻碍分子结合，气体能发生变形，当压力和温度变化时，其体积就会有大的改变。

气体可分为理想气体和实际气体，在自然界中存在的所有气体都是实际气体，在理想气体状态中，分子可以理解为点状的，忽略本身所占有的体积，并假设它们之间没有作用力。在压力相当小、温度相当高时，可以把许多自然气体和工业气体看成理想气体，用理想气体状态方程式进行计算。

1. 理想气体状态方程

理想气体状态方程是一个用来描述气体四个基本变量之间关系的方程式。通常以下式表示：

$$pV = nRT \quad (5-1)$$

式中，p 为压力，Pa；V 为体积，m³；n 为气体物质的量，mol；T 为以开尔文温标表示的气体绝对温度，K；R 为气体常数，对理想气体，如果压力、温度和体积都采 SI 单位，$R = 8.31451 \text{Pa} \cdot \text{m}^3/(\text{mol} \cdot \text{K})$。

2. 道尔顿(Dalton)分压定律

容器内的总压力等于组成气体压力之和。

某种气体的分压等于与混合气体相同温度和压力下，该气体在容器中单独存在时所具有的压力。

（三）气体含量表示方法

根据国家标准规定，气体含量有如下几种表示方法。

1. 气体的质量分数(W_B)

气体 B 的质量与混合气体中各组分的质量总和之比为气体的质量分数，有

$$W_B = \frac{m_B}{\sum_{i=1}^{n} m_i} \quad (5-2)$$

其量纲为 1，通常用 10^{-2}（%）、10^{-6}（ppm）、10^{-9}（ppb）、10^{-12}（ppt）为量纲表示。以前有使用%Wt（质量百分之一浓度）、ppmWt（质量百万分之一浓度）、ppbWt（质量十亿分之一浓度）为量纲表示。

2. 气体的质量摩尔浓度(σ_B)

气体 B 的物质的量 n_B 除以混合气体的总质量为气体的质量摩尔浓度，有

$$\sigma_B = \frac{n_B}{m_A} \quad (5-3)$$

式中，m_A 为混合气体的总质量；n_B 为气体 B 的物质的量。

3. 气体的物质的量浓度(C_B)

气体 B 的物质的量 n_B 除以混合气体的体积，得气体的物质的量浓度，简称气体 B 的浓度，有

$$C_B = \frac{n_B}{V} \quad (5-4)$$

4. 气体的摩尔分数(X_B)

气体 B 的物质的量 n_B 与混合气体物质的量的总和之比为气体的摩尔分数，有

$$X_B = \frac{n_B}{\sum_{i=1}^{n} n_i} \qquad (5-5)$$

式中，n_B 为气体 B 的物质的量（摩尔数），mol；n_i 为混合气体各组分物质的量的总和，mol。X_B 的量纲为 1，通常用 10^{-2}、%（mol/mol），10^{-6}（μmol/mol）表示。

5. 气体的体积分数（ψ_B）

气体 B 的体积与混合气体总体积之比为气体的体积分数，有

$$\psi_B = \frac{V_B}{\sum_{i=1}^{n} V_i} \qquad (5-6)$$

ψ_B 的量纲为 1，通常用 10^{-2}、%（mol/mol）、10^{-6} 表示。以前有使用 %VOL（体积百分数）、ppm-VOL 为量纲表示，应予以换算。

对于理想气体而言，摩尔分数等于体积分数，即 $X_B = \psi_B$。

应当指出的是，理想气体状态方程仅适用于常温常压下的一般气体。对于一些较易液化的气体，如 CO_2、SO_2、NH_3、C_3H_8、C_4H_{10} 等，在一般温度和压力下，与理想气体状态方程的偏差就比较明显。另外，一些气体在高压、低温及接近液态时，应用理想气体状态方程也会带来较大偏差。因此，对于这些气体，在应用理想气体状态方程时应增加一个气体压缩系数 Z 来加以修正，天然气的压缩系数参考第一篇第一章相关内容。气体检测计量中，一般可认为摩尔分数等于体积分数，其前提是气体满足理想气体状态方程，对于真实气体而言，两者并不完全相等，由于两者差别很小，所以往往忽略不计。

6. 气体的质量浓度（ρ_B）

气体 B 的质量 m_B 除以混合气体的体积 V 为气体的质量浓度，有

$$\rho_B = \frac{m_B}{V} \qquad (5-7)$$

ρ_B 常用的单位是 kg/m^3、g/m^3、mg/m^3。

（四）气体浓度或含量的换算

（1）摩尔分数（X_B）与质量浓度（ρ_B）的换算：

$$X_B(10^{-6}) = \frac{摩尔体积（L）}{摩尔质量（g）} \times \rho_B(mg/m^3) \qquad (5-8)$$

（2）质量分数（W_B）与质量浓度（ρ_B）的换算：

$$W_B(10^{-6}) = \rho_B \cdot V/(\rho \cdot V) = \rho_B/\rho \text{ 或 } \rho_B = \rho \cdot W_B \qquad (5-9)$$

（3）质量浓度（ρ_B）与物质的量（C_B）的换算：

$$\rho_B = C_B \cdot m_B/n_B \qquad (5-10)$$

只要了解以下关系,就不难进行正确换算:
(1)理想气体状态方程式 $pV = nRT$。
(2)物质的质量 g 与该物质的物质的量 n 的关系 $n = g/M$,式中 M 为物质的克分子量。
(3)在一定温度、压力下某物质质量 g,与该物质体积 V 的关系为

$$V = g/M \cdot V_{mol}$$

式中,V_{mol} 为物质在一定温度和压力条件下的摩尔体积。

表5-1是一些常见气体的摩尔体积。

表5-1 常见气体在0℃,101.325kPa下的摩尔体积

组分名称	摩尔体积 L/mol	相对分子质量	组分名称	摩尔体积 L/mol	相对分子质量
甲烷 CH_4	22.36	16.04	氧 O_2	22.39	32.00
乙烷 C_2H_6	22.16	30.07	水 H_2O	23.45	18.016
乙烯 C_2H_4	22.24	28.05	氦 He	22.42	4.003
乙炔 C_2H_2	22.22	26.04	氖 Ne	22.43	20.18
丙烷 C_3H_8	22.00	44.09	氩 Ar	22.39	39.95
丙烯 C_3H_6	21.96	42.08	氪 Kr	23.00	83.80
正丁烷 $n-C_4H_{10}$	21.50	58.12	氙 Xe	22.29	131.3
异丁烷 $i-C_4H_{10}$	21.78	58.12	氨 NH_3	22.08	17.034
正戊烷 $n-C_5H_{12}$	20.87	72.14	一氧化碳 CO	22.40	28.01
正庚烷 $n-C_7H_{16}$	22.47	100.19	二氧化碳 CO_2	22.26	44.01
氢气 H_2	22.43	2.016	氧硫化碳 COS	22.1	60.08
空气	22.40	28.96	硫化氢 H_2S	22.14	34.086
氮气 N_2	22.40	28.02	二氧化硫 SO_2	21.89	64.07

第二节 气体传感器技术基础

在前面介绍的流量、温度和压力计量中,都要用到传感器技术。传感器是一种将被测的物理量或化学量转换成与之有确定对应关系的电量输出的装置,又称变换器、换能器、转换器、变送器、发讯器或检测器,它是一种获得信息的设备,在计量检测活动中占有重要的位置。如果传感器的误差很大,即使后面的测量电路、放大器、指示仪等再先进也将难以提高整个检测系统的准确度。被测非电物理、化学量主要有力、压力、重量、力矩、应力、应变、位移、速度、加速度、流量、振动、噪声、物性、物质成分等,电量或电参量可以是电流、电压、电阻、电感、电容、电荷、频率、阻抗等。

一、气体传感器的基本特性

传感器的基本特性一般是指输入量和输出量关系的特性,它分为静态特性和动态特性。

当被测量不随时间变化或变化很慢时,可以认为检测系统的输入量和输出量都与时间无关,表示输入量和输出量之间的关系是一个不含时间变量的代数方程,由此方程确定的检测系统性能参数特性称为静态特性。当被测量随时间变化很快时,输入量和输出量就有一个动态关系,表示这一关系的是一个含有时间变量的微分方程,由此方程确定的检测系统对快速变化的被测量的响应特性称为动态特性。

(一)静态特性

静态特性是指传感器的输入为不随时间变化的恒定信号时,系统的输出与输入之间的关系。气体传感器的静态特性主要包括线性度、灵敏度、分辨力、迟滞、重复性、稳定性、漂移等。

1. 线性度

通常希望传感器的输出输入为线性关系,如果传感器非线性项系数较小或输入量变化范围较小,为简便计,常用一条直线(切线或割线)来代替校准曲线,使传感器输出输入特性线性化,所采用的直线称为拟合直线,校准曲线与拟合直线的偏差就称为传感器的线性度或线性误差,常用相对误差表示,线性度又称非线性误差,是指传感器实际的输入—输出特性曲线与拟合直线之间最大偏差占满量程输出的百分比。

线性度是以拟合直线为基准线而得出的,选取的拟合直线不同,其线性度也不同。拟合直线的选取有多种方法,如拟合直线通过实际特性曲线的起点和满量程点,称为端基拟合直线,由此得到的线性度称为端基线性度;连接理论曲线坐标零点和满量程输出点的直线,称为理论拟合直线,由此得到的线性度称为理论线性度。

2. 灵敏度

灵敏度是指传感器或检测系统在稳态下,输出量变化值与输入量变化值的比值。

如果检测系统输出和输入之间是线性关系,则灵敏度是一个常数;否则,它将随输入量的变化而变化。就其变化曲线而言,曲线越陡,灵敏度越高,曲线上任一点处的灵敏度就是由该点所做的曲线切线的斜率。

如果输入和输出的变化量有不同的量纲,则灵敏度也是有量纲的。例如,输入量为温度(℃),输出量为电压(mV),则灵敏度的量纲为 mV/℃。如果输入量和输出量是同类量,则灵敏度是无量纲的,此时也可把灵敏度理解为放大倍数。提高灵敏度,可得到较高的测量精度,但测量范围窄,稳定性也会变差。

3. 分辨力

分辨力是指检测仪表能精确检测出被测量的最小变化的能力。输入量从某个任意值(一般为非零值)缓慢增加,直到可以测量到输出的变化,此时的输入量就是该测量仪表的分辨力。

分辨力可用绝对值表示,也可用量程的百分数表示。一般模拟式仪表的分辨力规定为最小刻度分度值的一半;数字式仪表的分辨力一般可以认为是该表最后一位的一个字。有时也可把仪表的最大绝对误差看成该仪表的分辨力。分辨力说明检测仪表响应与分辨输入量微小变化的能力,分辨力越好,其灵敏度越高。

4. 迟滞

传感器在输入量由小到大(正行程)及输入量由大到小(反行程)变化期间,其输入输出特性曲线不重合的现象称为迟滞。也就是说,对于同一大小的输入信号,传感器的正反行程输出信号大小不相等,这个差值称为迟滞差值。迟滞误差又称为回差或变差。

5. 稳定性

稳定性包含稳定度和环境影响量两个方面。稳定度是指传感器在所有条件恒定不变的情况下,在规定时间内能维持其示值不变的能力,一般用示值的变化量和时间的长短的比值来表示。环境影响量是指由于外界环境因素的变化而引起的仪表示值变化的变化量。造成环境影响量的因素有温度、湿度、气压、电源电压或频率、电磁场等。表示环境影响量时要同时写出示值偏差及造成这一偏差的影响因素的大小。例如,温度每变化 $1℃$ 引起示值变化 $0.3mV$,其环境影响量可表示为 $0.3mV/℃$;又如电源电压变化 $±5\%$ 时,引起示值变化 $0.02mA$,可表示为 $0.02mA/±5\%V$。检测系统的稳定性越好,其抗干扰的能力越强。

6. 漂移

有时,测量中将零点和量程漂移作为稳定性指标。传感器漂移是指在输入量不变的情况下,传感器输出量随着时间变化的现象。产生漂移的原因有两个方面:一是传感器自身结构参数导致;二是周围环境条件(如温度、湿度等)导致。

(二)动态特性

传感器的动态特性是指其输出对于随时间变化的输入量的响应特性。所谓响应,就是当输入信号发生变化时相应的输出信号随之变化的情况。传感器检测系统要具有良好的动态特性,才能较准确地测出被测量的大小和随时间变化的规律,否则会引起较大的动态误差。检测系统的动态特性通常是用试验的方法得到的。

主要动态特性的性能指标有时域单位阶跃响应性能指标和频域频率特性性能指标。

二、气体成分检测仪器

(一)气体传感器分类

传感器输出的信号有不同形式,有电压、电流、频率、脉冲等,以满足信息的传输、处理、记录、显示和控制等要求。

气体传感器采集气体的某些信息(如浓度、种类)并将它转化为更易识别的信号(如声、光、电信号等)。气体传感器根据检测原理,可分为光学传感器、电位测量传感器、电流测量传感器、电导测量传感器、催化燃烧式传感器、红外线吸收式传感器、比色管式传感器、原电池型传感器、导热率型传感器、磁式传感器、化学发光传感器、库仑法传感器等,其中光学传感器包括光敏传感器、荧光传感器,电位测量传感器包括气敏电极传感器、固体电解质传感器,电流测量传感器包括燃料电池传感器、多孔气体扩散电极传感器等。

(二)气体成分检测报警仪

气体成分检测报警仪,简称气体报警仪,是用来检测气体成分浓度的仪器,通常由传感器、检测器、控制器等部件组成,可以实现声、光、电、振动等报警形式,按使用方式可分为便携式、移动式和固定式。

便携式气体报警仪是将传感器、测量电路、显示器、报警器、充电电池、抽气泵等组装在一个壳体内,成为一体式仪器,小巧轻便、便于携带,有的还采用泵吸式采样,可随时随地进行检测。固定式气体报警仪固定在现场,连续自动检测气体,超限自动报警,有些还可自动控制排风机等设备。固定式气体报警仪又分为一体式和分体式两种。一体式安装在现场,连续自动检测报警。分体式的传感器和信号变送电路组装在一个防爆壳体内,俗称探头,安装在现场(危险场所);数据处理、二次显示、报警控制和电源组成控制器,俗称二次仪表,安装在控制室(安全场所)。移动式气体报警仪综合了便携式和固定式两种仪器的特点,采用防爆设计,可以放置在任何危险场所,可配备多种气体传感器,实现多气体同时监测,具有大容量电池(可以运行更长时间)和数据传输功能。常见气体检测报警仪表工作原理及其检定规程见表5-2。

表5-2 常用气体检测报警仪表工作原理及其检定规程

测量气体	仪表名称	仪表检定规程	测量原理
可燃气体	可燃气体检测报警器	JJG 693—2011	催化燃烧、半导体、红外、热导、电化学
	催化燃烧式甲烷测定器	JJG 678—2007	催化燃烧
	光干涉式甲烷测定器	JJG 677—2006	光干涉
	热导式氢分析器	JJG 663—1990	热导
	催化燃烧型氢气检测仪	JJG 693—2011	催化燃烧
有毒有害气体	一氧化碳、二氧化碳红外气体分析器	JJG 635—2011	红外
	一氧化碳检测报警器	JJG 915—2008	电化学、半导体
	二氧化硫气体检测仪	JJG 551—2003	电化学、半导体
	硫化氢气体检测仪	JJG 695—2019	电化学、半导体
其他气体	氧化锆氧分析器	JJG 535—2004	电化学、半导体
	微量氧分析仪	JJG 945—2010	电化学
	电化学氧测定仪	JJG 365—2008	电化学
	顺磁式氧分析器	JJG 662—2005	顺磁

第三节 可燃气体检测报警器

可燃气体检测报警器是燃气企业常用的安全防护类计量器具,一般由检测器、指示器、报警显示器和电源几个部分组成。报警器有固定式、移动式和便携式等形式。检测器采样方式有扩散式和吸入式,检测器结构有一体式和分离式。报警显示器有声、光、电等报警方式。可燃气体检测报警器使用的传感器(检测器)主要有催化燃烧型、电化学型、半导体型、红外型、热导型、光干涉型等。

动态图21 燃气报警器之一

动态图22 燃气报警器之二

一、催化燃烧型传感器

(一)传感器工作原理

可燃性气体与空气中的氧接触发生氧化反应时,产生无焰催化燃烧,使作为敏感材料的铂丝温度升高,电阻值相应增大。一般情况下,空气中可燃性气体的浓度都不太高,可燃性气体可以完全燃烧,其发热量与可燃性气体的浓度有关。空气中可燃性气体的浓度越大,燃烧产生的反应热量越多,铂丝的温度变化越大,其电阻值增加得就越多。因此,只要测定敏感件铂丝的电阻变化值,就可检测空气中可燃性气体的浓度。

催化燃烧型气体传感器的桥式电路如图 5-1 所示,图中 F_1 是检测元件(黑元件);F_2 是补偿元件(白元件),其作用是补偿可燃性气体催化燃烧以外由环境温度、电源电压变化等因素所引起的偏差。测量时,须在 F_1 和 F_2 上保持 100~200mA 的电流通过,以供可燃性气体在检测元件 F_1 上发生氧化反应所需要的热量。当检测元件 F_1 与可燃性气体接触时,燃烧释放出热量使检测元件的温度上升,电阻值相应增大,桥式电路不再平衡,在 A、B 间产生电位差 E 与可燃性气体的浓度 m 成正比。如果在 A、B 两点间连接电流计或电压计,就可以测得 A、B 两点间的电位差 E,由此可求得空气中可燃性气体的浓度。

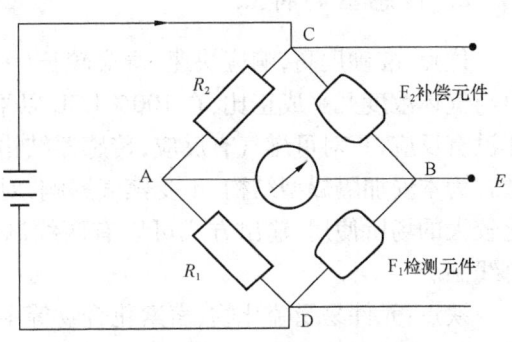

图 5-1 催化燃烧型传感器的桥式电路

(二)仪器结构与特点

1. 传感器结构

传感器单纯使用铂丝线圈作为检测元件时,其使用寿命较短,实际应用的检测元件都是在铂丝圈外面涂覆一层氧化物触媒,这样既可以延长使用寿命,又可以提高检测元件的响应特性。图 5-2 为丸珠状催化燃烧型传感器结构示意图,用高纯的铂丝绕制成线圈,为了使线圈具有适当的阻值(1~2Ω),一般应绕 10 圈以上。

在线圈外面涂上由氧化铝或氧化铝—氧化硅组成的膏状涂覆层,干燥后在一定温度下烧结成球状多孔体,将烧结后的小球放在贵金属铂、钯等的盐溶液中充分浸渍后,取出烘干,再经过高温热处理,使氧化铝(氧化铝—氧化硅)载体上形成贵金属触媒层,最后组装成气体敏感元件。也可以将贵金属触媒粉体与氧化铝、氧化硅等载体充分混合后配成膏状涂覆在铂丝绕成的线圈上,直接烧成后备用。作为补偿元件的铂线圈,其尺寸、阻值均应与检测元件相同,并应涂覆氧化铝或者氧化硅载体层,无须浸渍贵金属盐溶液或者混入贵金属触媒粉体以形成触媒层。

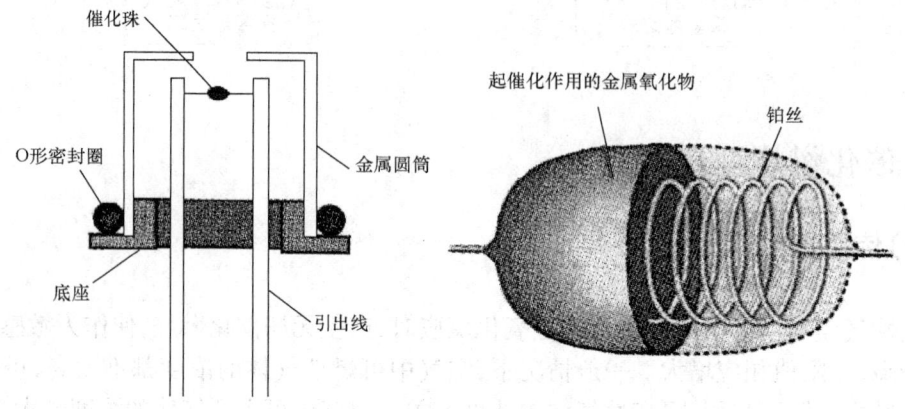

图 5-2 丸珠状催化燃烧型传感器结构示意图

2. 传感器的特点

优点:准确度高,响应快速,寿命较长(一般为 5 年);对所有可燃气体的响应有广谱性,输出与气体浓度几乎成正比,在 100% LEL 以下输出信号接近线性,可做定量测量;对非可燃气体没有反应,只对可燃气有反应;传感器结构简单、成本低,固定式传感器只能做成隔爆型;便携式为本安加隔爆型结构;不受蒸气影响,对环境的温湿度影响不敏感,适于在室外等环境变化较大的场所使用;输出方式可以有两线制(模拟信号)、三线制、四线制(数字信号)、RS485 总线制。

缺点:元件易受硫化物、卤素化合物等中毒影响,降低使用寿命;在缺氧环境下检测指示值误差较大;易受到高浓度气体混合物的影响,使得传感器灵敏度下降或丧失,甚至过热烧毁电桥;长时间使用会影响传感器灵敏度,使用前需要经常校正;传感器在测量过程中要持续加热,需要大的工作电流(100~300mA),因此催化燃烧型传感器的耗电量比较大,一般可以达到 50mA(24V 直流供电),所以在便携式仪器中常常需要采用充电电池来提供整个仪器的供电。

(三)传感器特性

1. 指示值与被测气体种类的关系

传感器是根据可燃气体在检测元件上进行无焰燃烧,引起电阻变化来检测气体浓度,这就决定了它是一种广谱型的检测仪器,对可燃气体没有选择性。但可燃气体的浓度与传感器输出信号之间几乎都是线性关系,而且对不同气体成分的爆炸下限值具有相近的灵敏度,对于有多种可燃气体成分的混合气体,各成分在检测元件上的反应具有加合性。虽然催化燃烧型传感器的输出与各种可燃气体的浓度几乎都呈线性关系,但各种可燃气体的特性曲线还是有所不同,如图 5-3 所示。

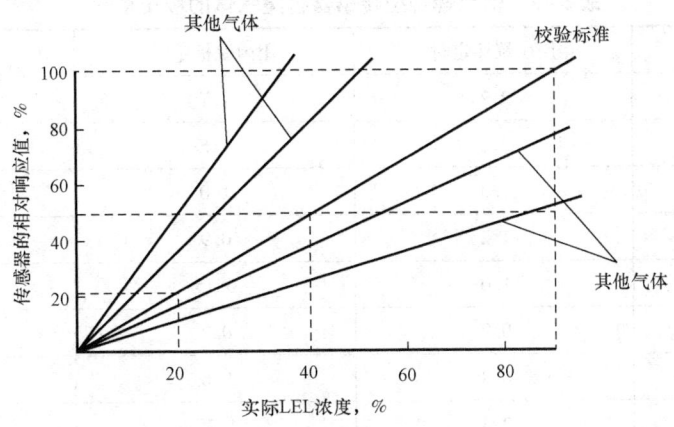

图 5-3 相对灵敏度响应曲线

在测量要求很准确的情况下,最好测量什么气体就用什么气体标定仪器,以消除检测误差。如果无法用待测气体对仪器进行校准,或者待测气体是未知的,在这种情况下,一定要选择 10% LEL 或更低作为警报限值。催化燃烧型传感器生产厂家都是用甲烷或异丁烷气体来标定仪器的,这是因为这两种气体的线性关系较好,而且具有一定的代表性。

使用催化燃烧型传感器测量可燃性气体时,必须注意到同时存在的氧气浓度的问题。根据原理可知,催化燃烧型传感器要求至少 10% VOL 以上浓度的氧气才能进行准确测量,如果氧气浓度过低,仪器的读数会大大低于实际的浓度,比如在 100% 可燃气浓度,也就是在纯的可燃气环境中,因为没有氧气参与燃烧,这种使用催化燃烧型传感器的仪器读数将是 0% LEL,而如果氧气浓度过高,则测量结果也会完全错误。因此,在进入密闭空间之前,如果使用催化燃烧型传感器检测可燃气体,必须同时测量内部环境中的氧气浓度。

不同气体在测量电桥上的反应会有很大不同,同样体积下,较大的分子会产生更多的燃烧热,但却不容易通过烧结防火栅进入传感器内部,因此测量就会不够灵敏,较小的分子更容易进入。因此,催化燃烧型传感器,尤其是测量 %LEL 的传感器不太适合于检测"较重的"或者长链的烷烃,特别是高闪点的物质,比如汽油、柴油、芳香烃等,因为它们更容易在防火栅上"凝结"。

2. 相对校准

传感器进行测量之前必须进行检定或校准。所谓校准,就是用一支已知标准浓度的可燃气对检测仪器的准确度进行修正。一般可燃气体检测仪采用两点校准法,即"新鲜空气校准"和"标准气体校准"。首先在确认干净的环境中,即在认定不存在任何可燃气体的环境中,或者使用零浓度可燃气体的压缩空气气瓶,对仪器的零点进行标定,然后向传感器通入已知浓度的可燃气体,将仪器的读数调整到标准气体的浓度值。

相对校准就是选择使用一种标准浓度的气体校准仪器,但检测另一种气体的校准方法,或者直接使用"校准系数"进行计算得到待测气体实际 LEL 浓度。由于不同的传感器技术,各种物质间的相对校准系数也会有所不同,同时,这个相对系数也可能在同一个传感器的不同使用期间发生变化,使用相对校准的方法有很大的限制,因此这只能作为一种折中的办法。表 5-3 列出了一些物质相对于另一些物质的校准系数。

表5-3 催化燃烧型传感器各类气体的校正系数

可燃气体和蒸气	用戊烷标定时	用丙烷标定时	用甲烷标定时
氢气	2.2	1.7	1.1
甲烷	2.0	1.5	1.0
丙烷	1.3	1.0	0.65
丁烷	1.2	0.9	0.6
正戊烷	1.0	0.75	0.5
乙烷	0.9	0.7	0.45
辛烷	0.8	0.6	0.4
甲醇	2.3	1.75	1.15
乙醇	1.6	1.2	0.8
异丙醇	1.4	1.05	0.7
丙酮	1.4	1.05	0.7
氨气	2.6	2.0	1.3
甲苯	0.7	0.5	0.35
无铅汽油	1.2	0.9	0.6

3. 传感器中毒和抑制

对催化燃烧型传感器最为有害的气体是有机硅化合物(如硅烷),很低(10^{-6}级)浓度的这类物质就可以明显地降低传感器的检测性能。有机硅在高温的环境中会分解催化剂并在催化剂表面形成固态物质,从而导致传感器灵敏度降低,而更高浓度有机硅化合物会使传感器立即损坏。而含硅类化合物的范围又很广,如润滑油、清洗剂、磨光剂、黏合剂、化妆品和药物霜剂、硅胶(密封条和密封剂)等都含有大量的硅化合物。

其他危害物质还包括含铅化合物,如含四乙基铅的汽油就会严重降低传感器的灵敏度。高浓度的卤代烷会在高热情况下的催化剂上分解为HCl,从而腐蚀整个传感器,降低测量信号。在各类脱脂剂和清洗剂的溶剂之中都有卤代烃的存在。硫化氢和其他还原性硫化合物,如二硫化碳、二甲基二硫醚以及磷脂、硝基化合物(如硝基烷烃),都可以在高温情况被氧化成为矿物酸,也会对传感器造成腐蚀。直接将催化燃烧型传感器暴露于酸性无机气体(比如盐酸、硫酸蒸气)、有机酸(比如乙酸)蒸气之中,也可能会受到腐蚀。还有一些化合物可能在催化测量桥上不断增加的温度下发生反应,这些情况引起传感器中毒的机理就更加复杂。

硅类化合物被看成是催化燃烧型传感器的毒化物质,即彻底破坏催化剂。而硫化氢和卤代烷被看成抑制物质,即它们仅仅会降低测量的灵敏度。它们都是通过被催化剂吸收或同催化剂反应形成新的化合物,从而抑制催化反应,这种抑制或降低的影响可能是长期的,不能恢复,也可能是暂时性,可以恢复的,如卤代烷的影响,只要将传感器放在新鲜空气中一段时间就会自动恢复。而对于硫化氢,则可能会具有上述两种影响:较低浓度对灵敏度有轻微的影响,高浓度则会使传感器立即失效。可能使传感器中毒的物质有含铅化合物、含硫化合物、硅类、含磷化合物等,对传感器产生抑制的物质有硫化氢和卤代烷。

当催化燃烧型传感器暴露于氧气不足而可燃性气体的浓度又很高的环境中时,可燃气体的不完全燃烧会形成炭黑物质沉积在烧结表面,大量炭黑物质的积聚会导致传感器爆裂而损坏整个仪器。传感器还会受到高浓度可燃气体混合物的影响,高浓度的可燃气体会对测量桥产生更大的热量,则可能会加速催化剂的蒸发,使传感器的灵敏度部分或全部降低,过热甚至可能会立即烧毁测量电桥。

二、半导体型传感器

(一)半导体型传感器工作原理

半导体型传感器是由金属氧化物(MOS)或金属半导体氧化物材料做成的检测元件,其检测原理是:在一定条件下,在被测气体到达半导体表面并与吸附在半导体表面的氧发生化学反应。反应过程中伴随电荷转移,进一步引起半导体电阻的变化。通过测量半导体电阻的变化就可以实现对气体的检测。它既可以用于检测高浓度的可燃性气体(或有应有害气体),也可以用于检测 10^{-6} 级浓度的气体。

电阻的变化是由于表面吸附的被测气体与氧起反应,造成电子的得失引起的。如果氧化物是 N 型的,则还原性气体贡献电子,使 N 型氧化物导电带的电阻降低;氧化性气体索取电子,使 N 型氧化物导电带的电阻增高。对于 P 型氧化物则相反,当氧化性气体存在时,P 型氧化物的电子空穴增加,导电带电阻降低;当还原性气体存在时,P 型氧化物的电子空穴减少,导电带电阻增高。像其他传感器一样,半导体型传感器也能进行定量分析,电阻的变化量与被测气体的浓度直接有关。

电阻的变化是由表面反应造成的,表面接触面积的最大化有利于增强反应,因此传感器采用多孔氧化物层,将其印制或沉积在氧化铝类载体上,电极与氧化物层共面,位于氧化物层与载体的界面处。加热器通常在其背面,以确保传感器运行在"热"状态,这对于提高反应速率和降低湿度的干扰都是必要的。

半导体型传感器选择性差。确保氧化物层的微观结构、厚度以及运行温度的最佳化可以改善其选择性,通过在氧化物中添加催化剂、涂敷保护层、采用活性炭过滤器等措施也可以增强其选择性。半导体型传感器(如 SnO_2)在清洁空气中的电导很低,而一旦遇到还原性气体,如一氧化碳或可燃性气体,其电导就会增加,如果控制传感元件的温度,则可以对不同的物质有一定的选择性。

(二)半导体型传感器结构与特性

半导体型传感器按结构划分,可分为烧结型、厚膜型和薄膜型;按加热方式划分,可分为直热式和旁热式;按材料性能划分,可分为 P 型、N 型和混合型;从作用机理方面划分,可分为电阻型和非电阻型传感器。电阻式半导体气体传感器有 SnO_2、ZnO_2、WO_3、V_2O_5、In_2O_3、TiO_2、Cr_2O_3、CdO 等类型,其中最具有代表性的是 SnO_2 类和 ZnO_2 类气体传感器。

P 型材料主要有二氧化钼(MoO_2)、二氧化镍(NiO_2)、氧化亚铜(Cu_2O)、氧化铬(Cr_2O_3)等。N 型材料主要有二氧化钛(TiO_2)、二氧化锡(SnO_2)、氧化锌(ZnO)等。混合型材料主要有氧化铟(In_2O_3)、五氧化二钒(V_2O_5)等。

P型半导体材料中,多数载流子为空穴,以空穴导电作为主要导电方式,当遇到氧化性气体(如氧、三氧化硫等)时,就发生氧化反应,P型半导体中多数载流子空穴浓度减小,导电能力减弱,因而电阻增大。N型半导体材料中,多数载流子为电子,当遇到离解能较小、易于失去电子的还原性气体(即可燃气体,如一氧化碳、氢、甲烷等)时,发生还原反应,N型半导体中电子浓度增加,导电能力增强,电阻值减小。对于混合型材料,无论是吸附氧化性气体还是吸附还原性气体,都将使载流子浓度减小,导电能力减弱,电阻值增大。

直热式半导体气体传感器又称内热式气体传感器,其结构示意图及图形符号如图5-4所示,由基体材料(如SnO_2)、加热丝和测量丝组成,加热丝、测量丝都埋在基体材料内部,工作时加热丝通电加热,测量丝测量敏感元件的电阻值。厚膜式气体传感器结构见图5-5。

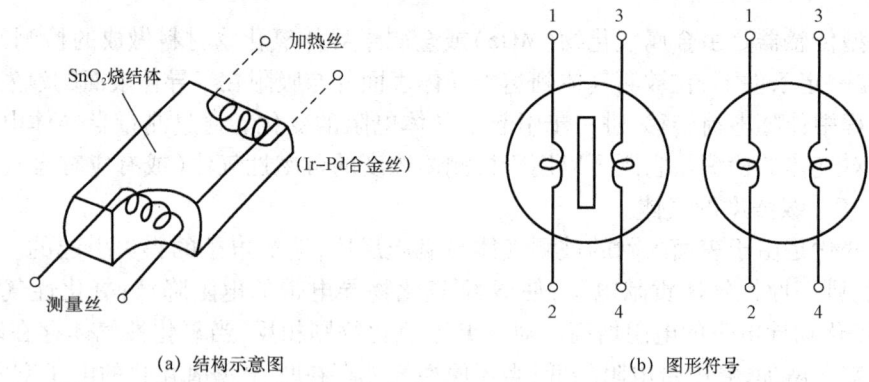

(a) 结构示意图　　　　　　　　　　(b) 图形符号

图5-4　直热式SnO_2气体传感器结构示意图及图形符号

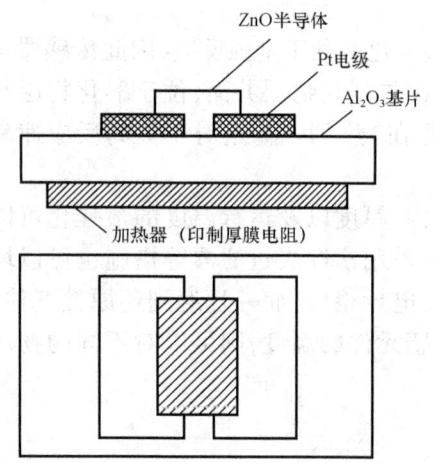

图5-5　厚膜式气体传感器结构

旁热式半导体气体传感器是将测量电极和中热电极隔离,加热丝不与敏感元件接触,避免回路互相影响,其结构如图5-6所示。在陶瓷管内放置一高阻加热丝,陶瓷管外两端涂梳状金电极作测量电极,在两金电极外及金电极之间涂SnO_2材料。这种结构较直热式性能稳定,工作可靠。日本费加罗TGS812、TGS813型传感器均采用这种形式。

多孔N型二氧化锡半导体烧结体(添加铂或钯作催化剂),可用于氢、一氧化碳、甲烷、丙烷、乙醇等多种气体的检测。在测量电路中,半导体气敏元件作为平衡电桥的测量臂,当有可燃性气体或有毒性气体通过这种气敏元件的表面时,被金属氧化物所吸附,其电阻值随被测气体浓度的变化而变化,从而使电桥失去平衡,输出和被测气体浓度成比例的不平衡电压,此电压经过放大处理后输出。

半导体型传感器对可燃性气体比较灵敏,一般不需维护,很少出现中毒现象,它使用寿命长(可达10年),是一个广谱传感器,对很多有毒气体和可燃性气体都有响应(也包括很难用其他方法检测的卤代烷);其缺点是测量线性范围较窄、测量准确度较低、受湿度影响大、稳定性较差、受干扰影响较大、对于温度敏感等,不宜应用于计量准确要求的场所,只能在浓度很低的情况下测量。

半导体型传感器在一些背景气体环境简单、气体浓度变化不大的情况下有很好的应用,它的优点主要是在低浓度气体中输出变化大、灵敏度高、使用寿命长,选择性相对比较好。

半导体型传感器可以有效地用于甲烷、乙烷、丙烷、丁烷、酒精、甲醛、一氧化碳、二氧化碳、乙烯、乙炔、氯乙烯、苯乙烯、丙烯酸等气体的检测。尤其是此类传感器成本低廉,适宜于民用气体检测。

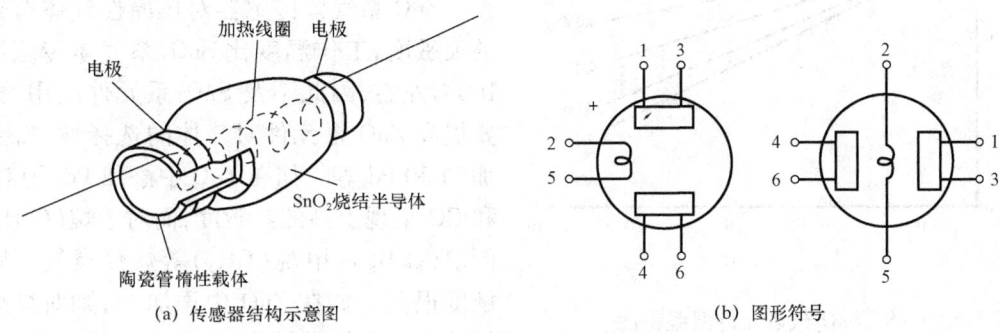

图 5-6 旁热式 SnO_2 气体传感器结构

(三)半导体型传感器的基本特性

1. SnO_2 系气体传感器

烧结型、薄膜型和厚膜型 SnO_2 气体传感器对气体的灵敏度特性如图 5-7 所示。气体传感器的阻值 R_c 与空气中被测气体的浓度 C 成对数关系变化:$\lg R_c = m\lg C + n$。n 与气体检测灵敏度有关,除随材料和气体种类不同而变化外,还会由于测量温度和添加剂的不同而发生大幅度变化,m 为气体的分离度,随气体浓度而变化,对可燃性气体,$1/3 \leq m \leq 1/2$。

SnO_2 气体传感器具有制作工艺简单、成本低、功耗小等优点,可制成可燃性气体泄漏报警器。其主要缺点是热容量小,易受环境气体的影响,测量回路没有隔离,互相影响等。

在气敏材料 SnO_2 中添加铂(Pt)或钯(Pd)等作为催化剂,可以提高其灵敏度和对气体的选择性。添加剂的成分和含量,元件的烧结温度和工作温度都将影响元件的选择性。例如,在同一工作温度下,含 1.5%(质量分数)Pd 的元件对 CO 最灵敏;而含 0.2%(质量分数)Pd 时,却对 CH_4 最灵敏。Pt 量相同的气敏元件,在

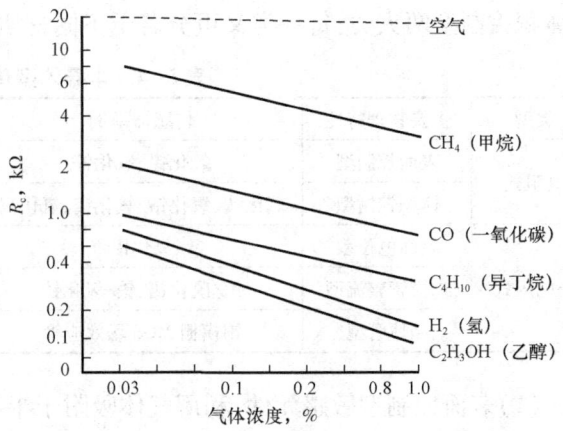

图 5-7 SnO_2 气体传感器灵敏度特性

200℃以下,检测 CO 最好;而在 300℃ 时,则检测丙烷最好;在 400℃ 以上时,检测甲烷最佳。经试验证明,在 SnO_2 中添加 ThO_2(二氧化钍)的气敏元件,不仅对 CO 的灵敏程度远高于其他

气体,而且其灵敏度也会随时间而产生周期性的振荡现象。

SnO_2 气体传感器易受环境温度和湿度的影响,图 5-8 给出了 SnO_2 气敏元件受环境温度、湿度影响的综合特性曲线。由于环境温度、湿度对其特性有影响,所以使用时,通常需要加温度补偿。

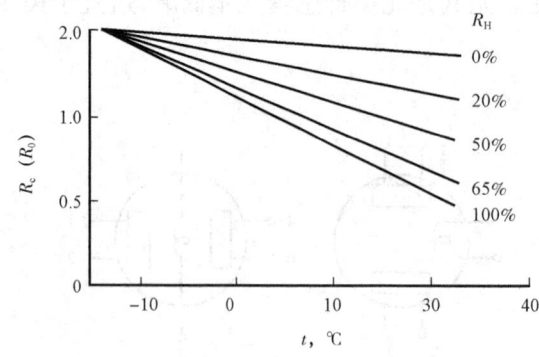

图 5-8 SnO_2 气敏元件温湿特性

2. ZnO 系气体传感器

ZnO 系气体传感器对还原性气体有较高的灵敏度,工作温度比 SnO_2 系气体传感器高 100℃左右,因此不及 SnO_2 系元件应用普遍。要提高 ZnO 系元件对气体的选择性,需要添加 Pt 和 Pd 等。如在 ZnO 中添加 Pd,则对 H_2 和 CO 呈现出高的灵敏度,而对丁烷(C_4H_{10})、丙烷(C_3H_8)、甲烷(CH_4)等烷烃类气体则灵敏度很低。如在 ZnO 中添加 Pt,则对烷烃类气体有很高的灵敏度,而且含碳量越多,灵敏度越高,但对 H_2、CO 等气体则灵敏度很低。

3. 半导体型传感器的特性曲线

半导体型传感器具有对气体辨别的功能,对不同组分和浓度的气体,其输出特性也不同。在实际使用当中,为提高其灵敏度,需要通过加热电流,亦可用提高电源电压的办法来提高灵敏度,但不可过高,否则气敏电阻在接触高浓度可燃气体时,易被击穿损坏。

(四)半导体型传感器分类

半导体型传感器元件有多种,主要分电阻式和非电阻式两类,从作用机理分有表面控制型和体积控制型两大类,每一类又可分若干不同材质和不同型式,见表 5-4。

表 5-4 半导体型传感器的分类

类型	主要物理特性	传感器举例	工作温度	代表性被测气体
电阻式	表面控制型	氧化锡、氧化锌	室温~450℃	可燃性气体
	体积控制型	氧化钛、氧化钴、氧化镁、氧化锡	300~450℃及700℃以上	酒精、可燃气体、氧气
非电阻式	表面电位型	氧化银	室温	硫醇
	二极管整流型	铂/硫化镉、铂/氧化钛		
	晶体管型	铂模栅 MOS 场效应管	150℃	氢气、硫化氢

(1)表面控制型敏感元件:利用气体吸附于半导体表面而产生电导率变化的元件,称为表面控制型敏感元件。其典型的敏感元件多为测定可燃性气体,该类敏感元件的特点是具有构造简单、检测灵敏度高、反应速度快(TgO 反应时间在 10s 以内)等许多实用性的优点。目前在市场上出售的半导体气体传感元件大部分属于这种典型元件。

SnO_2 是最常见的气体敏感材料,在 SnO_2 主体材料中掺杂 Pd 增感剂,成为实用性的 SnO_2 系列气体敏感元件。元件多用来测量丙烷(液化石油气)、甲烷(煤矿井下天然气)、一氧化碳、氢气、醇类、硫化氢等可燃性气体或呼出气体酒精、NO 等气体。通常工作温度为 200~400℃，如测定丙烷时其工作温度在 300℃ 左右较合适。

（2）表面电位型气体敏感元件：利用半导体吸附气体后而产生表面电位或界面电位变化的气体敏感元件，称为表面电位型气体敏感元件。这类检测器对 H_2、H_2S、NH_3 等气体反应灵敏，而 Au/TiO_2 气敏二极管则对硅烷气体（SiH_4）具有较高的灵敏度和选择性。

（3）体积控制型敏感元件：利用半导体物质与气体反应时体积发生变化，进而呈现电导率变化的元件称为体积控制型敏感元件。其敏感体主要由半导体材料制成，其中应用最广泛的半导体材料不是常见的硅、锗半导体，而是金属氧化物半导体，在气体传感器领域中应用最多的金属氧化物是 SnO_2、ZnO、Fe_2O_3、WO_3 等。

三、红外型传感器

（一）红外型传感器工作原理

红外吸收光谱又称为分子振动—转动光谱，当某物质受到红外光束照射时，该物质的分子就要吸收一部分光能量并将其转换为分子的振动和转动能量而消耗掉。同一种物质对不同波长的红外辐射吸收程度不同，如果将不同波长的红外辐射按顺序通过某物质，逐一测量其吸收程度，并记录下来，就得到了该物质在测定波长范围内的吸收光谱曲线。每种物质都有特定的吸收光谱，将这一特征波长的红外光谱用简单的窄带滤光片分离出来，再通过待测气体时，这些气体分子就会对特定波长红外光强进行吸收，其吸收的量与气体的分子数量，也就是其浓度存在比例关系。用各种气体在这些特定波长处吸收峰值的强度变化来判断气体的浓度，这是基本的红外吸收的原理。由于一般用于气体检测的红外吸收式检测仪没有采用分光光度计形式的色散方法来取得特征光谱，而是采用了滤光片截取一段窄带红外光谱，因此这种红外光谱检测的方法被称为非色散红外吸收。同其他的光学吸收一样，采用特征光谱波段进行的红外吸收也服从朗伯—比尔定律：

$$I = I_0 e^{-kcL} \tag{5-11}$$

式中，I_0 为射入被测组分的光强度；I 为经被测组分吸收后的光强度；k 为被测组分对光能的吸收系数；c 为被测组分气体的浓度；L 为辐射通过被测组分的长度（气室长度）。

由式（5-11）可知，光强在气体介质中随浓度 c 及厚度 L 按指数规律衰减，该公式也叫指数吸收定律。可根据指数的级数展开并略去以后高阶项，式（5-11）可以简化为

$$I = I_0(1 - kcL) \tag{5-12}$$

式（5-12）表明，当 cL 很小时，辐射能量的衰减与待测组分的浓度 c 呈线性关系。为保证读数呈线性关系，当待测浓度大时，分析仪的测量气室较短；当浓度低时，测量气室较长。经吸收后剩余的光能用检测器检测。

吸收系数 k 取决于气体特性，各种气体的吸收系数 k 互不相同。对同一气体，k 随入射波长变化而变化。通过检测红外辐射经气体吸收后的辐射强度，就可计算出被测气体的浓度。输出信号会随着气体浓度增加形成类似于指数衰变的趋势，换句话说，红外传感器是恒定的非线性传感器。测量的准确性随着气体浓度的增加而降低。不同的气体组分有着特定的吸收波长，这就是红外吸收可以做到选择性吸收，或者说选择性测量的基础。

(二)红外型传感器的结构与特点

1. 结构类型

依红外光是否变成单色光,可将此类传感器分为不分光型(非色散型)和分光型(色散型)两类。

不分光型(NDIR):光源发出的连续光谱全部都投射到被测样品上,待测组分吸收其特征吸收波带的红外光,由于待测组分往往不止一个吸收带,就 NDIR 的检测方式来说具有积分性质,因此不分光型仪器的灵敏度比分光型高得多,并且具有较高的信噪比和良好的稳定性。其主要缺点是待测样品各组分间有重叠的吸收峰时,会给测量带来干扰。

分光型(CDIR):分光型仪器采用一套分光系统,使通过测量气室的辐射光谱与待测组分的特征吸收光谱相吻合。其优点是选择性好,灵敏度较高;缺点是分光后光束能量很小,分光系统任一元件的微小位移,都会影响分光的波长。因此,分光型仪器一直用在条件较好的实验室,长期未能用于在线分析。近年来,随着窄带干涉滤光片的广泛使用,分光型仪器开始进入在线分析。不过这种窄带干涉滤光片的分光不同于光栅系统的分光,它不能形成连续光谱,只能对一个或几个特定波长附近的狭窄波带进行选通,因此将其称为固定分光型(CDIR)仪器,以别于连续分光型仪器。

从光学系统来划分,可以将此类传感器分为双光路型和单光路型两类。

双光路型:从两个相同的光源或者精确分配的一个光源,发出两路彼此平行的红外光束,分别通过几何光路相同的分析气室、参比气室后进入检测器。

单光路型:从光源发出的单束红外光,只通过一个几何光路。但是对于检测器而言,接收到的是两个不同波长的红外光束,只是它们到达检测器的时间不同而已。这是利用滤波轮的旋转,将光源发出的光调制成不同波长的红外光束,轮流送往检测器,实现时间上的双光路。

2. 光学系统

红外线气体分析器由发送器和测量电路两大部分构成。发送器是红外分析器的"心脏",它将被测组分的浓度变化转化为某种电参数的变化,再通过相应的测量电路转换成电压或电流输出。发送器又由光学系统和检测器两部分组成,光学系统的构成部件主要有:红外辐射光源组件,包括红外辐射光源、反射体和切光(频率调制)装置;气室和滤光元件,包括测量气室、参比气室、滤波气室和干涉滤光片。

1)红外辐射光源

按发光体的种类分,红外辐射光源有合金丝光源、陶瓷光源、半导体光源等;按光能输出形式分,有连续光源和断续光源两类;按辐射光谱的特征分,有广谱光源和干涉光源两类;从光路结构考虑,又有单光源和双光源之分。

2)反射体和切光装置

反射体:反射体的作用是将红外线辐射能尽可能"收集"并全部按规定方向传送出去。因此,对反射体的反射面要求很高,表面不易氧化且反射效率高。一般用黄铜镀金、铜镀铝或铝合金抛光等方法制成。反射体一般采用平面镜或抛物面镜。抛物面反射镜可以得到平行光,但是加工工艺较复杂。为了解决抛物面加工工艺较复杂的问题,有些产品使用特殊处理但易于加工的球面反射镜。

切光装置:切光装置包括切光片和同步电机,切光片由同步电机带动,其作用是把光源发出的红外光变成断续的光,即对红外光进行频率调制。调制的目的是使检测器产生的信号成为交流信号,便于放大器放大,同时可以改善检测器的响应时间特性。

切光频率的选择与红外辐射能量、红外吸收能量及产生的信噪比有关。从灵敏度角度看,调制频率增高,灵敏度降低,超过一定程度后,灵敏度下降很快。因为频率增高时,在一个周期内测量气室接收到的辐射能减少,信号降低,另外气体的热量及压力传递跟不上辐射能的变化,因此从灵敏度角度看,频率低一些是有利的。但频率太低时,放大器制作较难,并且增加仪器的滞后,检波后滤波也较困难。理论与实践指出,切光频率一般应取在 5~15Hz 范围内,属于超低频范围。

3) 气室和窗口材料

测量气室和参比气室:测量气室和参比气室的结构基本相同,外形都是圆筒形,筒的两端用晶片密封。也有测量气室和参比气室各占一半的"单筒隔半"型结构。测量气室连续地通过待测气体,参比气室完全密封并充有中性气体(多为 N_2)。气室的主要技术参数有长度、直径和内壁粗糙度。

窗口材料:晶片通常安装在气室端头,要求必须保证整个气室的气密性,具有高的透光率,同时能起到部分滤光作用。因此,晶片应有高的机械强度,对特定波长段有高的"透明度",还要耐腐蚀、潮湿,抗温度变化的影响等。窗口所使用的晶片材料有多种,其中氟化钙(CaF_2)和熔融石英(SiO_2)晶片使用较广。晶片和窗口的结合多采用胶合法,测量气室由于可能受到污染,有的产品采用橡胶密封结构,以便拆开气室清除污物。但橡胶材料的长期化学稳定性较差,难以保证长期密封,应注意维护和定期更换。晶片上沾染灰尘、污物、起毛等都会使仪表的灵敏度下降,测量误差和零点漂移增大,因此必须保持晶片的清洁,可用擦镜纸或绸布擦拭,注意不能用手指接触晶片表面。

4) 滤光元件

光源发出的红外光通常是所谓广谱辐射,比被测组分的吸收波段要宽得多。此外,被测组分的吸收波段与样气中某些组分的吸收波段往往会发生交叉甚至重叠,从而给测量带来干扰。因此,必须对红外光进行过滤处理,这种过滤处理称为滤光或滤波。红外线气体分析器中常用的滤光元件有两种,一种是早期采用且现在仍在使用的滤波气室,另一种是现在普遍采用的干涉滤光片。

滤波气室:滤波气室的结构和参比气室一样,只是长度较短。滤波气室内部充有干扰组分气体,吸收其相对应的红外能量,以抵消被测气体中干扰组分的影响。例如,CO 分析器的滤波气室内填充适当浓度的 CO_2 和 CH_4,将光源中对应于这两种气体的红外波长吸收掉,使之不再含有这些波长的辐射,则会消除测量气室中 CO_2 和 CH_4 的干扰影响。滤波气室的特点是:除干扰组分特征吸收峰中心波长能全吸收外,吸收峰附近的波长也能吸收一部分,其他波长全部通过,几乎不吸收,或者说它的通带较宽,因此检测器接收到的光能较大,灵敏度高。其缺点是体积比干涉滤光片大,一般长 50mm,发生泄漏时会失去滤波功能。在深度干扰,即干扰组分浓度高或与待测组分吸收波段交叉较多时,可采用滤波气室。如果两者吸收波段相互交叉较少,其滤波效果就不理想。当干扰组分多时也不宜采用滤波气室。

干涉滤光片:滤光片是一种最简单的波长选择器,有多种类型,按滤光原理可分为吸收滤光片、干涉滤光片等,按滤光特点可分为截止滤光片、带通滤光片等。目前红外线气体分析器中使用的多为窄带干涉滤光片。干涉滤光片是一种带通滤光片,根据光线通过薄膜时发生干涉现象而制成。干涉滤光片可以得到较窄的通带,其透过波长可以通过镀层材料的折射率、厚度及层次等加以调整,现代干涉滤光片已发展到采用几十层镀膜,通带宽度最窄已达到0.1nm左右。

干涉滤光片是一种"正滤波"元件,它只允许特定波长的红外光通过,而不允许其他波长的光通过,其通道很窄,常用于固定分光式仪器中的分光,个别场合也用于不分光式仪器中的躲避干扰。滤波气室是一种"负滤波"元件,它只阻挡特定波长的红外光,而不阻挡其他波长的光,其通道较宽,常用于不分光式仪器中的滤光,当用于固定分光式仪器中的分光时,必须和干涉滤光片配合使用。

3. 检测器分类

红外型传感器由红外光源、吸收池、接收元件(热电堆等)及相关的电子电路等组成。经吸收后剩余的光能用检测器检测,常用的检测器有薄膜电容检测器、光电导检测器、微流量检测器和热电检测器等。

使用较广的红外检测器大都采用单光源、双滤光片及双检测器的光路方式,然后通过电子线路同时测量待测气体吸收和参比吸收的方法,减少光源的波动和干扰气体的影响。考虑到温度对于气体体积浓度的影响,一般的红外检测器都具有温度补偿功能,仪器内的温度传感器放在传感器内或非常接近传感器的地方。

1)薄膜电容检测器

薄膜电容检测器又称薄膜微音器,由金属薄膜动极和定极组成电容器,当接收气室内的气体压力受红外辐射能的影响而变化时,推动电容动片相对于定片移动,将被测组分浓度变化转变成电容量变化。薄膜电容检测器的结构如图5-9所示。薄膜材料为铝镁合金,其厚度为5~8mm,近年来多采用的钛膜则更薄一些。定片与薄膜间的距离为0.1~0.04mm,电容量为40~100pF,两者之间的绝缘电阻大于10^5 MΩ。薄膜电容检测器是红外气体分析仪常用的传统检测器,其优点是温度变化影响小、选择性好、灵敏度高其;其缺点是薄膜易受机械振动的影响,调制频率不能提高,放大器制作比较困难,体积较大等。

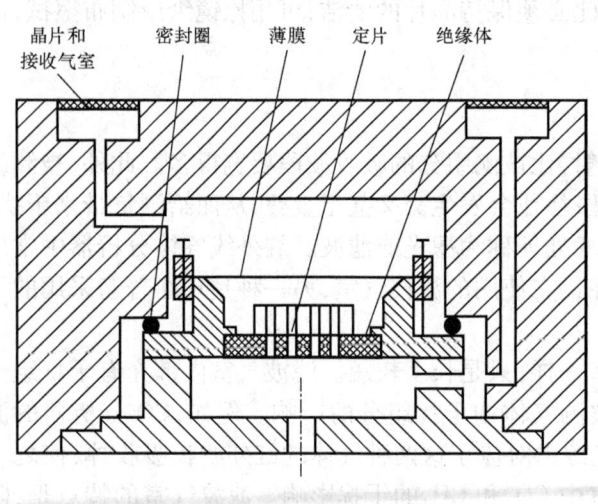

图5-9 薄膜电容检测器的结构

2)光电导检测器

光电导检测器也称半导体检测器,利用半导体光电效应原理制成。当红外光照射到半导体上时,它吸收光子能量使电子状态发生变化,产生自由电子或自由空穴,引起电导率的改变,即电阻值发生变化。半导体检测器使用的材料有硫化铅（PbS）、硒化铅（PbSe）、锑化铟（InSb）、汞镉碲（HgCdTe）等。红外线气体分析仪大多采用锑化铟（InSb）材料的检测器，它在红外波长 $3\sim7\mu m$ 范围内具有高响应率（即检测器的电输出和灵敏面入射能量的比值），在此范围内 CO、CO_2、CH_4、C_2H_4、NO、SO_2、NH_3 等几种气体均有吸收带，其响应时间仅 $5\times10^{16}s$。碲镉汞检测器的检测元件由半导体碲化镉和碲化汞混合制成，改变混合物组成可得不同测量波段，其灵敏度高，响应速度快，适于快速扫描测量，多用在傅里叶变换红外分析器中。这种检测器结构简单、制造容易、体积小、寿命长、响应迅速，它可采用更高的调制频率（可高达几百赫兹），使放大器的制作更为容易。它与窄带干涉滤光片配合使用，可以制成通用性强、快速响应的红外检测器，当改变测量组分时，只需改换干涉滤光片的透过波长和仪表刻度即可。其缺点是锑化铟元件的特性受温度变化影响大。

3）微流量检测器

微流量检测器是一种测量微小气体流量的新型检测器件。它是一种微型热式质量流量计，其传感元件是两个微型热丝电阻，和两个辅助电阻组成惠斯通电桥。热丝电阻通电加热至一定温度，当有气体流过时，带走部分热量使热丝元件冷却，电阻变化，通过电桥转变成电压信号。微流量传感器中的热丝元件有两种，一种是栅状镍丝，简称镍格栅，由很细的镍丝编织成栅栏状制成。镍格栅垂直装配于气路通道中，微气流从格栅中间穿过。另一种是铂丝电阻，在云母片上用超微技术光刻上很细的铂丝制成。这种铂丝电阻平行装配于气路通道中，微气流从其表面通过。检测器体积很小，光刻铂丝电阻的云母片只有 $3mm^2$，毛细管气流通道内径仅 $0.2\sim0.5mm$，灵敏度极高，准确度 $\leq\pm1\%$。采用微流量检测器替代薄膜电容检测器，可使红外分析仪光学系统的体积大为缩小，可靠性、耐振性等性能提高，因而在红外、氧分析仪等仪器中得到了较广应用。

4）热电检测器

热电检测器是基于红外辐射产生的热电效应为原理的一类检测器，大致有两类：一类是把多支热电偶串联在一起形成的热电堆检测器，另一类是以热电晶体的热释电效应（晶体极化引起表面电荷转移）为机理的热释电检测器。热电堆检测器的优点是长期稳定性好，对温度非常敏感，温度影响系数较大，但不适合作为精密仪器的检测器使用，多用在红外型可燃气体检测器等对测量精度要求不高的仪器中。

热释电检测器具有波长响应范围广、无选择性检测或选择性差、检测精度较高、反应快等特点，可在室温或接近室温的条件下工作。它主要用在傅里叶变换红外分析器中，响应速度很快，可以跟踪干涉仪随时间的变化，实现高速扫描。现在也已广泛用在红外线气体分析器中。

在某一晶体两个端面上施加直流电场，晶体内部的正电荷向阴极表面移动，负电荷向阳极表面移动，结果晶体的一个表面带正电，另一表面带负电，这就是极化现象。对大多数晶体来说，当外加电场去掉后，极化状态就会消失，但有一类叫"铁电体"的晶体例外，外加电场去掉后，仍能保持原来的极化状态。铁电体还有一个特性，它的极化强度，即单位表面积上的电荷量是温度的函数，温度越高极化强度越低，温度越低则极化强度越高。已极化的铁电体，随着温度升高，表面积聚电荷降低，相当于释放出一部分电荷来，温度越高释放出的电荷越多，当温度高到居里温度时，电荷全部释放出来。极化强度随温度转移这一现象称为热释电，根据这一现象制成的检测器称为热释电检测器。

4. 红外检测器的特点

红外检测器能检测烷烃类（$C_1 \sim C_{20}$）化合物，适合于烷烃类气体、煤矿中气体的检测。

(1) 能测量多种气体：除单原子惰性气体（He、Ne、Ar）和具有对称结构无极性双原子分子气体（N_2、H_2、O_2 等）外，CO、CO_2、NO、NO_2、SO、NH_3 等无机物，CH_4、C_2H_4 等烷烃、烯烃和其他烃类及有机物都可测量。

(2) 测量范围宽：既可测 0~100% LEL，也可测 0~100% VOL，下限可达 10^{-6} 级的浓度，甚至还可以进行痕量级（10^{-9}）分析。最新的技术已经可以将催化燃烧型传感器和红外型传感器放在一起，即双量程易燃易爆气体传感器，它既可以分段测量% LEL，也可以自动转换测量% VOL。

(3) 性能稳定：红外检测器采用了参比光路对光源的漂移进行了补偿，又采用温度补偿等技术，克服了催化燃烧型传感器由于催化剂中毒等灵敏度不断变化的缺点，红外型传感器的灵敏度可以长久保持稳定，从而降低了校正和维护的频度，特别适合于无人值守或者维护困难的场所。

(4) 测量准确度和灵敏度高：准确度一般为 ±2% FS，气体浓度有极微小的变化都能分辨出来。

(5) 适应性广：红外检测器在检测过程中无须氧气的参与，特别适合于在缺氧情况下检测真实的可燃气体浓度，比如输气管道内的气体浓度测量，克服了氧气浓度变化对于催化燃烧式传感器检测灵敏度的影响。

(6) 响应快速：响应速度要快于催化燃烧型传感器，一般小于 5s，而后者一般小于 15s。

(7) 使用寿命长：红外型传感器不会受到硫化氢、硅类、卤素等化合物的中毒影响，有较长的使用寿命，红外型传感器的寿命仅仅取决于光源的寿命，而光源寿命一般大于 100000h，相当于 10 年的使用寿命。

(8) 有良好的选择性：红外分析仪有很高的选择性系数，因此它特别适合于对多组分混合气体中某一待分析组分的测量，而且当混合气体中一种或几种组分的浓度发生变化时，并不影响对待分析组分的测量。用红外分析仪分析气体时，只要求背景气体干燥、清洁和无腐蚀性，而对背景气体的组成及各组分的变化要求不严，特别是采取滤光技术以后效果更好。

四、热导型传感器

(一) 热导型传感器工作原理

1. 热导分析基本理论

热导率表示物质的导热能力，物质传导热量的关系可用傅里叶定律来描述，气体的热导率被定义为当两表面之间的温差为 1℃，两表面面积为 $1cm^2$，而距离为 1cm 时，其间的气体在单位时间（s）所传递的热量（J）。

如图 5-10 所示，在某物质内部存在温差，设温度沿 ox 方向取两点 a、b，其间距为 Δx。T_a，T_b 分别为 a、b 两点的绝对温度，将沿

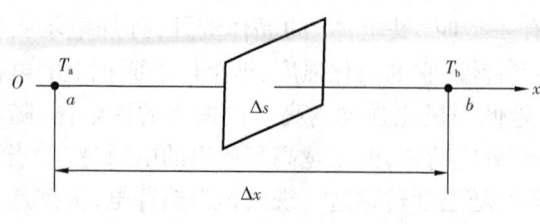

图 5-10 温度场内介质的热传导

ox 方向的温度的变化率称为 a 点沿 ox 方向的温度梯度,在 a、b 之间与 Ox 垂直方向取一小面积 Δs,通过试验可知,在 Δt 时间内,从高温处 a 点通过小面积 Δs 的传热量,与时间 Δt 和温度梯度 $\Delta T/\Delta x$ 成正比,同时与物质的性质有关,用方程式可表示为

$$\Delta Q = -\lambda \frac{\Delta T}{\Delta x} \Delta s \Delta t \tag{5-13}$$

式(5-13)表示传热量与有关参数的关系,称为傅里叶定律。式中的负号表示热量向着温度降低的方向传递,比例系数 λ 称为传热介质的热导率,也称导热系数。

热导率是物质的重要物理性质之一,它表征物质传导热量的能力。不同的物质的热导率不同,而且随其组分、压力、密度、温度和湿度变化而变化。热导率的差可用来定量检测复杂气体混合物的成分。气流成分的变化可以引起气体热导率的重大变化。可以根据置于气流流路中的加热丝的温度升高或下降检测出来,使用铂丝或热敏电阻都能测出温度的变化。利用热导性分析法制造的气体分析器主要有热导式氢分析器等。

典型的热电池热导率分析器使用 4 根铂丝作为热敏元件,组成一个恒定的电流桥路,每一桥路都放置在黄铜或不锈钢块中的单独空腔里,金属块起着热阱的作用,热丝的材料必须具有很高的电阻温度系数,一般是钨、合金(Co、Ni 和 Fe 合金)或铂。在电桥臂上所连接的两根丝起参比臂作用,另外两根丝连接在气流中,起测量臂作用,使用四元件结构可用来补偿温度和电源的变化。当气流通过一对测量热丝时,热丝被冷却,热丝的电阻产生相应变化。气体的热导率越高,热丝的电阻就将越低,反之亦然。参比气体和试样气体的热导率之差越大,电桥的不平衡也就越大,不平衡电流可以用指示仪表或图纸记录仪测量。

气体的热导率绝对值很小,基本在同一数量级内,通常采用"相对热导率"这一概念。所谓相对热导率,是指各种气体的热导率与相同条件下空气热导率的比值。如果用 λ_A、λ_{AO} 分别表示在 0℃时某气体和空气的热导率,则 λ_A/λ_{AO} 就表示该气体在 0℃时的相对热导率,$\lambda_{100}/\lambda_{A100}$ 则表示该气体在 100℃时的相对热导率。

2. 气体的热导率与温度、压力之间的关系

气体的热导率随温度的变化而变化,其关系式为

$$\lambda_t = \lambda_0 (1 + \beta t)$$

式中,λ_t 为 t℃时气体的热导率;λ_0 为 0℃时气体的热导率;β 为热导率的温度系数;t 为气体的温度,℃。

热导率也与压力有关,气体在不同压力下密度不同,必然导致热导率不同,在常压或压力变化不大时,热导率的变化并不明显。

3. 混合气体的热导率

混合气体中除待测组分外的所有组分统称为背景气,背景气中对分析有影响的组分称为干扰组分。设混合气体中各组分的体积分数分别为 C_1、C_2、C_3、$\cdots$、C_n,热导率分别为 λ_1、λ_2、λ_3、$\cdots$、λ_n,待测组分的含量和热导率为 C_1、λ_1,则必须满足以下两个条件,才能用热导式分析器进行测量。

(1)背景气各组分的热导率必须近似相等或十分接近,即 $\lambda_2 \approx \lambda_3 \approx \lambda_4 \approx \cdots \approx \lambda_n$。
(2)待测组分的热导率与背景气组分的热导率有明显差异,而且差异越大越好,即 $\lambda_1 \gg \lambda_2$

或者 $\lambda_1 \ll \lambda_2$。

满足上述两个条件时,有

$$\lambda = \sum_{i=1}^{n}(\lambda_i C_i) = \lambda_1 C_1 + \lambda_2 C_2 + \cdots + \lambda_n C_n \approx \lambda_1 C_1 + \lambda_2(1 - C_1)$$

可得

$$C_1 = \frac{\lambda - \lambda_2}{\lambda_1 - \lambda_2} \qquad (5-14)$$

式中,λ 为混合气体的热导率;λ_i 为混合气体中第 i 种组分的热导率;C_i 为混合气体中第 i 种组分的体积分数。

4. 检测仪器工作原理

热导型气体分析器是通过测量混合气体热导率的变化量来测量组分浓度的。工业上多采用间接的方法,即通过热导检测器,把混合气体热导率的变化转化为热敏元件电阻的变化,通过对热敏元件电阻的测量便可得知混合气体热导率的变化量,进而分析出被测组分的浓度。使用热导式传感器可以测 0~100% VOL 气体浓度。热导型气体分析器包括热导检测器和信号处理电路两大部分。热导检测器由热导池和测量电路构成,热导池作为测量电桥的桥臂连接在桥路中,测量电路包括稳压电源、恒温控制器、信号放大电路、线性化电路和输出电路等。

图 5-11 为热导检测器工作原理示意图,在热导检测器内部有两个测量元件:一个参比室和一个测量室,两个元件的内部分别张紧着电阻率和温度系数均较大的电阻丝,通常为铂丝,在参比室内密封着参比气体,而测量室可以进入待测的可燃性气体。两个铂丝与外部定值电阻组合,形成电桥回路,恒定电流分别流过各铂丝使之发热,同催化燃烧型传感器一样,在不存在可燃气体的时候,电阻上单位时间内所产生的热量也是定值,当待测样品气体以缓慢的速度通过池室时,铂丝上的热量将会由气体以热传导的方式传给池壁。当气体的传热速率与电流在铂丝上的发热达到热平衡时,铂丝的温度就会稳定在某一个数值上。这个平衡温度决定了铂丝的阻值。一旦测量室中的待测组分中的浓度发生变化,则测量室中混合气体的热导率会改变,气体的导热速率和铂丝的平衡温度也将随之变化,铂丝的阻值产生相应变化,从而实现了气体热导率与铂丝阻值之间变化量的转换。通过对电阻值变化就可以测量出被测气体的浓度。

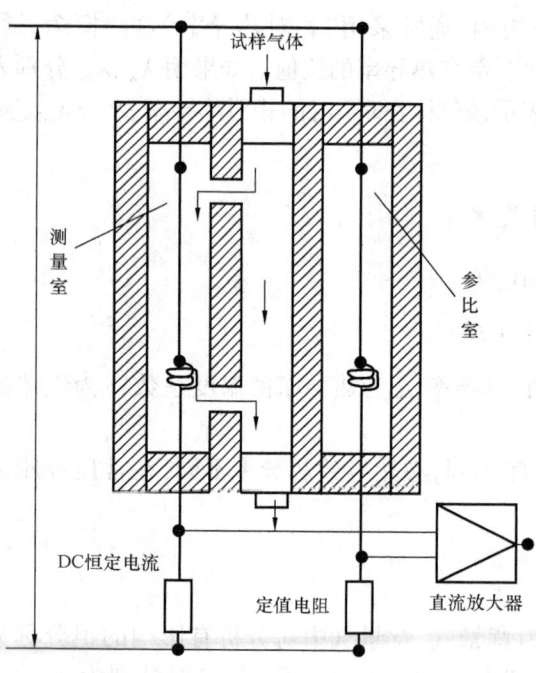

图 5-11 热导检测器工作原理

(二)热导型传感器结构与特点

1. 热导池

热导池的结构形式有直通式、对流式、扩散式、对流扩散式等多种。

直通式:测量室与主气路并列,把主气路的气体分流一部分到测量室,这种结构反应速度快、滞后小,但容易受气体流量波动的影响。

对流式:测量室与主气路进口并联相通,一小部分待测气体进入测量室,气体在循环管内受热后造成热对流,推动气体按箭头方向从循环管下部回到主气路。气体流量波动对测量影响不大,但反应速度慢,有滞后。

扩散式:在主气路上部设置测量室,待测气体经扩散作用进入测量室,其优点是受气体流量波动影响小,适合于容易扩散的质量较轻的气体,但对扩散系数较小的气体滞后较大。

对流扩散式:在扩散式的基础上加支管形成分流,以减少滞后,当样气从主气路中流过时,一部分气体以扩散方式进入测量室中,被电阻丝加热,形成上升的气流,由于节流孔的限制,仅有一部分气流经过节流孔进入支管中,被冷却后向下方移动,最后排入主气路中。气体流过热导池的动力既有对流作用,也有扩散作用,故称为对流扩散式。这种结构既不会产生气体倒流现象,也避免了气体在扩散室内的囤积,从而保证样气有一定的流速。这种热导池对样气的压力、流量变化不敏感,而且滞后时间比扩散式要短。

2. 测量电桥

热导池的作用是把混合气体中待测组分浓度的变化转换成电阻丝阻值的变化,用电桥测量电阻。为减少桥路电流波动或外界条件变化的影响,通常设置有测量臂和参比臂,测量臂是样品气流通的热导池,参比臂是封装参比气的热导池,两者结构完全相同。参比臂置于测量臂相邻的桥臂上,测量臂通过对流和辐射作用散失的热量与参比臂相差无几,两者相互抵消,则热丝阻值变化主要取决于热传导,即气体导热能力的变化;当环境温度变化引起热导池臂温度变化时,参比臂与测量臂同向变化,相互抵消,有利于削弱环境温度变化对测量结果的影响;改变参比气浓度,电桥检测的下限浓度也随之改变,便于改变仪器的测量范围。在电桥的结构和桥臂配置方式上,有单臂串联型不平衡电桥、单臂并联型不平衡电桥、双臂串并联型不平衡电桥等几种形式。

五、报警仪器的使用

(一)催化燃烧型可燃气体检测报警器

1. 双值性特性

当空气中甲烷浓度低于9.5%时,甲烷能够充分燃烧,甲烷浓度越高,载体催化元件的电阻变化就越大。当空气中甲烷浓度高于9.5%时,甲烷不能够充分燃烧,甲烷浓度越高,载体催化元件的电阻变化就越小,如图5-12所示,这就是载体催化元件的双值性。

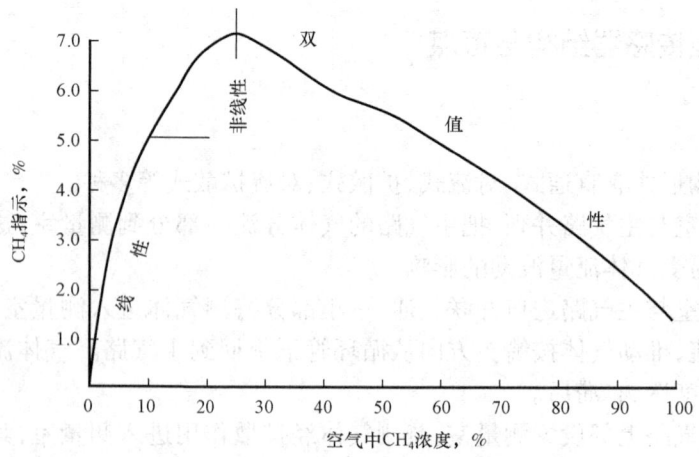

图 5-12　报警器双值性曲线

2. 检测元件的激活

当元件在甲烷浓度 1% 以下的甲烷空气混合物中使用时，一部分 Pd 会被氧化，生成 PdO，使元件活性降低，但当空气中甲烷浓度大于 10% 时，PdO 又被还原为 Pd，元件灵敏度提高，元件被激活，元件的稳定性被破坏，并且在短时间内不能恢复。当元件被激活后，要及时用新鲜空气校准零点，用甲烷校准气样校准线性度，为避免元件被激活，低浓度甲烷传感器应具有高浓度保护功能，在煤矿瓦斯突出矿井中应使用高低浓度甲烷传感器。

3. 催化剂中毒

硫化合物（H_2S、SO_2）、磷化合物（H_3P）以及有机硅蒸气等会造成催化剂中毒。催化剂中毒分为暂时性中毒和永久性中毒。硫化物和氯化物中毒是暂时性中毒，暂时性中毒是可以恢复的。Si、Sn 等中毒是永久性中毒，是不能恢复的。在使用载体催化元件时，可以选用抗中毒元件，也可以使用碱性物质和活性炭吸附剂吸附 H_2S、SO_2 等毒性物质，并定期更换吸附剂，防止失效。

4. 报警器灵敏度变化

由于高温烧结，催化剂活性物质的粒子会变大，还会升华为气态等，这些都会使元件的催化活性下降，使灵敏度下降。催化剂升华还会使置于同一气室的补偿元件载体上吸附微量催化剂，使甲烷能够在补偿元件上催化燃烧，从而使电桥输出灵敏度下降。

催化元件长期工作在高浓度甲烷空气混合物中，由于缺氧，甲烷不能充分燃烧，产生的碳粒子会沉积在催化剂表面或催化层的孔隙中，使催化粒子和载体粒子之间的结合力减少，导致催化层断裂、脱落，表面积减少，催化活性下降，元件灵敏度下降。为增大催化层表面积，提高元件催化活性，氧化铝载体采用多孔结构。但当元件长期处在高温下时，多孔结构的氧化铝逐渐变成刚玉型氧化铝，载体表面积变小，元件灵敏度下降。除上述因素影响催化元件灵敏度外，激活、催化剂中毒等均会使元件的灵敏度变化。因此，载体催化元件必须定期用校准气和新鲜空气进行校准。当元件灵敏度降到初始值的 50% 时，则认为元件报废。

5. 催化燃烧型可燃气体检测报警器使用及注意事项

（1）使用各类报警器时，应注意危险场所的级别要与仪器的防爆标志相适应。报警器的防爆类别、级别、组别必须符合现场爆炸性气体混合物的类别、级别、组别的要求。

（2）报警器不能在含硫、砷、磷、卤素化合物的场所中使用。它们会使仪器检测元件中毒，使报警器灵敏度下降，使用寿命缩短，严重的还会使报警器失效。要对含有上述元素化合物的可燃气体进行检测，应选用抗毒性催化燃烧型检测报警器或半导体型检测报警器。由于催化燃烧型检测报警器对氢气有引爆性，因此对于氢气的检测应选用电化学型或半导体型检测报警器。

（3）报警器不能在可燃气体浓度高于爆炸下限的环境条件下使用。因为催化燃烧型检测报警器使用的检测元件是载体催化活性元件，检测可燃气体浓度高于爆炸下限的浓度时，将烧坏报警器内的检测元件。

（4）注意不要使报警器进水或受水蒸气喷射。因为报警器中的检测元件进水后会影响其性能，如果意外进水，要重新更换报警器内的检测元件。安装于室外的报警器则应装有防雨罩。

（5）报警器安装高度要与被测气体的密度相适应。比空气轻的气体总是向上扩散，报警器应安装在泄漏源的上方。安装高度应高出释放源所在高度 $0.5\sim2m$，且与释放源的水平距离适当减小至 5m 以内，可以尽快地检测到可燃气体。比空气重的气体，应安装在泄漏源的下方，且安装高度应高出地面 $0.3\sim0.6m$。过低易造成因雨水淋溅对报警器探头的损害，过高时会超出比空气重的气体易于积聚的高度。

（6）仪器投入运行前，要进行报警器工作电流（电压）的调整。调整后的电流（电压）值应在仪器使用说明书规定的范围内，以保证仪器的正常工作。

（7）维护仪器时，不得在仪器通电的情况下现场拆装报警器。拆装防爆零部件时要小心，注意不要损伤隔爆面和夹杂脏物。

（8）要正确选取报警控制器的安装位置。报警控制器属非防爆部分，固定安装于安全场所。其安装位置应选择在便于观察维护之处，周围不应有对仪器正常工作有影响的强电磁场。

（9）要正确设定报警器的报警值。一般情况下，报警器显示的可燃气体的浓度范围是 $0\sim100\%$ LEL。报警设定值一般在 $(20\sim30)\%$ LEL 处。具有二级报警的仪器，一级报警（高限）设定值应小于或等于 20% LEL；二级报警（高高限）设定值应小于或等于 50% LEL。

（10）应按检定周期对仪器进行检定，平时应定期检查仪器的报警功能。对于有试验按钮的仪器，启动报警器的试验按钮，即可检查报警器的报警功能是否正常。

（二）半导体型可燃气体检测报警器

使用半导体型可燃气体检测报警器时，传感器不能置于如下地方：水槽正下方容易有水滴或煮汁飞溅的地方；燃烧器正上方容易有蒸汽或热气滞留的地方；容易冻结或结露的地方；振动或冲击少的地方。使用该报警器，还应注意：

（1）使用打火机气体长时间吹气将使传感器钝化。

（2）不要在传感器附近使用涂蜡或喷剂等。如果将含硅物质直接吹到报警器上，可能造成传感器钝化。

（3）清洗传感器时,不得使用含硅物质,也不要使用清洗剂,只能轻轻地用湿布擦拭除污,特别是避免使用酸性、碱性物质。

（4）不要在探测器附近大量使用固发喷胶、杀虫剂、稀释剂、盐水喷雾、油漆黏结剂、大量酒精等溶剂,以免产生误报。

（5）防爆型探测器上已安装了塑料防护罩,一般溅落的水滴可不受影响。但是室外使用时,大雨的降落或从地面的回溅,都可能导致传感器进水而失效。在采取防水防雨措施时,还必须保证传感器部分的透气性。

(三)红外型可燃气体检测报警器

使用红外型可燃气体检测报警器应注意以下事项。

1. 背景气中干扰组分的影响

水广泛存在于工业气体中,生产状态的变化,预处理运行的变化,环境温度、压力的变化,都会使进入分析器中气样的含水量发生变化。

减少或降低水分对待测组分的干扰,目前的有效办法是在预处理系统中除水脱湿,降低气样的露点。常用的办法是采用冷却器降温除水。采用带温控系统的冷却器降温除水是一种较好的方法,可将气样温度降至(5 ± 0.1)℃,保持气样中水分含量恒定在0.85%左右,使它对待测组分产生的干扰恒定,造成的附加误差是恒定值,可从测量结果中扣除。

2. 样品处理过程的影响

红外型可燃气体检测报警器的样品处理系统承担着除尘、除水和温度、压力、流量调节等任务,处理后应使样品满足仪器长期稳定运行要求。除应保证送入分析仪的样品温度、压力、流量恒定和无尘外,特别应注意的是样品的除水问题。

当样气含水量较大时,主要危害有:样气中存在的水分会吸收红外辐射,从而给测量造成干扰;当水分冷凝在晶片上时,会产生较大的测量误差;水分存在会增强样气中腐蚀性组分的腐蚀作用;样气除水后可能造成样气的组成发生变化。

经过预处理后,气样的组成及各组分的浓度变化是十分复杂的,由此造成的示值偏离对微量组分检测尤为严重。但这种偏离并不都是附加误差,其中一部分往往反映了浓度变化的真实情况,对此应通过样品组成分析及预处理运行条件测试等,从系统误差角度加以消除。

为降低样气含水的危害,在样气进入仪器之前,应先通过冷却器降温除水(最好降至5℃以下),降低其露点,然后伴热保温,使其温度升高至40℃左右,送入分析器进行分析,由于分析器恒温在$50\sim60$℃下工作,远高于样气的露点温度,样气中的水分就不会冷凝析出了。

注意不可采用水洗的办法对高温高含水样品加以处理,因为水洗时样气中的易溶组分与水充分接触,会加大其溶解度,洗涤水中的溶解氧也会析出,从而导致样品组成的更大变化。

有时也采用干燥剂(如硅胶、分子筛、氯化钙或无氧化二磷等)对低湿样品进行处理,但应慎用,因为各种干燥剂往往同时吸附其他组分,吸附量又易受环境温度压力变化的影响,弄得不好反而会增大附加误差,这种方法仅适用于要求不高的常量分析,在微量分析或重要的分析场合,均应采用带温控器的冷却器降温除水。

3. 环境温度和大气压力变化造成的影响

红外线气体分析器检测过程需在恒定的温度下进行。环境温度发生变化将直接影响红外光源的恒定,影响红外辐射的强度,影响测量气室连续流动的气样密度,还将直接影响检测器的正常工作。如果温度大大超过正常状态,检测器的输出阻抗下降,导致仪器不能正常工作,甚至损坏检测器。

分析器内部一般设有温控装置及超温保护电路,即使如此,有的仪器示值特别是微量分析器,亦可观察出环境温度变化对检测的影响,在夏季环境温度较高时影响尤为明显。

大气压力即使在同一个地区、同一天内也是有变化的。若天气骤变,变化的幅度较大。大气压力的这种变化,对气样放空流速有直接影响。经测量气室后直接放空的气样,会随大气压力的变化使气室中气样的密度发生变化,从而造成附加误差。对一些微量分析或测量精确度要求很高的仪器,可增加大气压力补偿装置,以便消除这种影响。对于中间量程(如测量范围 90%~100%)的红外分析器,压力变化不但对灵敏度有影响,对"零点"也有影响,必须配置大气压力补偿装置。

4. 样品流速变化造成的影响。

样品流速和压力紧密关联,预处理系统运行中由于堵塞、带液或压力调节系统工作不正常等,均会造成气样流速不稳定,使气室中的气体密度发生变化。一些精度较差的仪器,当流速变化20%时,仪表指示值变化超过5%,对精度较高的仪器影响则更大。

为了减少流速波动造成的测量误差,取样点应选择在压力波动较小的地方,预处理系统要能在较大的压力波动条件下正常工作,并能长期稳定运行。气样的放空管道不能安装在有背压、风口或易受扰动的环境中,放空管道最低点应设置排水阀。若条件允许,气室出口可设置背压调节阀或性能稳定的气阻阀,提高气室背压,减少流速变动对测量的影响,这样还可提高仪器的灵敏度。

除以上影响外,红外型可燃气体检测报警器还会受到取样过程不严谨将对分析结果带来的影响和分析器的预热过程不足对测量结果的影响。

(四)热导型气体分析器

热导型气体分析器是一种选择性较差的分析仪器,尽管在仪器的设计及制造中采取了种种措施,又规定了使用条件,在一定程度上抑制或削弱了某些干扰因素的影响,但其基本误差一般都在±2%左右。究其原因,主要是由于背景气组分对分析结果的影响。

工业气相色谱仪的热导检测器和热导型气体分析器的检测器完全相同,但测量准确度远高于后者,其原因是被测样品通过色谱柱分离后,进入热导池的仅是单一组分和载气的二元混合气体,而在热导型气体分析器中就难以做到这一点,背景气体往往是多元气体的混合物,它们对样气的导热性能会产生不同程度的影响,当背景气的组成变动时,其影响就更大。热导型气体分析器产生附加误差的主要因素是:标准气的组成和准确度,干扰组分、灰尘和液滴的存在,样气的压力、流量、温度的变化,电桥工作电流的变化等。

1. 标准气的组成和准确度的影响

热导型气体分析器同其他一些分析仪器一样，需要定期用标准气进行校准，不同之处在于，热导型气体分析器对标准气的要求更高一些。标准气中背景气的组成和含量应与被测气体一致，这一点实际上难以做到，但应保证标准气中背景气的热导率与被测气体背景气的热导率相一致，否则要对校准结果进行修正。此外，要保证标准气的准确度，其误差不得超过仪器基本误差的50%。

2. 样气中存在干扰组分时的影响

样气中存在干扰组分是产生附加误差的重要因素。在实际工作中，可考虑修正干扰气体对测量结果的影响。当干扰组分含量很少时，也可以采用一定的装置或化学试剂将干扰组分滤除掉。

3. 样气中存在液滴和灰尘的影响

样气中若含有液滴在热导池内蒸发将吸收大量的热，对分析的影响很大。因此，要求样气的露点至少低于环境温度5℃，否则要采取除湿排液措施。样气中若含有灰尘或油污，通过热导池时会玷污电阻丝表面和池壁，从而改变热导池的传热条件，也改变了仪器的特性。所以，样气进入仪器之前应充分过滤除尘。

4. 样气流量、压力、温度变化的影响

不同类型的热导池对样气的压力和流量的稳定性要求不同。样气压力和流量的变化对于直通式、对流式及对流扩散式热导池的分析器都有不同程度的影响。当流量变化时，气体从热导池内带走的热量要发生变化，气体压力变化也会使气体带走的热量不稳定，而且使对流传热不稳定，引起分析误差。

样气温度变化对热导池存在影响，采用无温控装置的测量电桥分析 CO_2 时，其含量每变化2%，仪表指示值将产生5%左右的相对误差。所以，热导型气体分析仪器中均配有温控系统，恒温温度一般在 55~60℃，温控精度均达到 ±0.1℃，有的可达 ±0.03℃。恒温装置有一定的功率限制，当环境温度过高或过低而超过仪器规定的使用条件时，恒温系统就会失去作用而引入附加误差。所以，热导型气体分析器的检测器一般都安装在环境温度变化不太大的分析小屋内。

5. 电桥工作电流稳定性的影响

不平衡电桥的电源电压是否稳定对分析准确性影响很大。一般来说，如要求分析准确度达到 ±1%，则电桥电流的稳定性必须为 ±0.1%，因此热导型分析器的电桥都采用稳定性很高的稳压电源。

参 考 文 献

[1] 施昌彦. 现代计量学概论[M]. 北京:中国计量出版社,2002.
[2] 邓立三. 燃气计量[M]. 郑州:黄河水利出版社,2011.
[3] 范巧成. 计量基础知识[M]. 北京:中国计量出版社,2003.
[4] 苗瑜. 企业计量管理与监督[M]. 北京:中国计量出版社,2005.
[5] 倪育才. 实用测量不确定度评定[M]. 北京:中国计量出版社,2004.
[6] 金志刚. 燃气测试技术[M]. 天津:天津大学出版社,1994.
[7] 段常贵. 燃气输配[M]. 北京:中国建筑工业出版社,2001.
[8] 詹淑慧. 燃气供应[M]. 北京:中国建筑工业出版社,2004.
[9] 钟声玉,王克光. 流体力学和热工理论基础[M]. 北京:机械工业出版社,1988.
[10] 陈守仁. 自动检测技术与仪表[M]. 北京:机械工业出版社,1989.
[11] 蔡武昌,孙淮清,纪纲. 流量测量方法和仪表的选用[M]. 北京:化学工业出版社,2001.
[12] 苏彦勋,盛健,梁国伟. 流量计量与测试[M]. 北京:中国计量出版社,1992.
[13] 杨有涛. 膜式燃气表[M]. 北京:中国计量出版社,2006.
[14] 王自和,范砧. 气体流量标准装置[M]. 修订版. 北京:中国计量出版社,2005.
[15] 徐英华,杨有涛. 流量及分析仪表[M]. 北京:中国计量出版社,2008.
[16] 杨有涛,徐英华,王子钢. 气体流量计[M]. 北京:中国计量出版社,2007.
[17] 王池. 流量测量不确定度分析[M]. 北京:中国计量出版社,2002.
[18] 王池,等. 速度式流量计[M]. 北京:中国计量出版社,2008.
[19] 徐英华,沈文新,崔骊水. 浮子流量计[M]. 北京:中国计量出版社,2009.
[20] 徐英华. 膜式燃气表技术手册[M]. 北京:中国计量出版社,2004.
[21] 赫荣光. 煤气表原理及检定[M]. 北京:化学工业出版社,2002.
[22] 施文. 有毒有害气体检测仪器原理和应用[M]. 北京:化学工业出版社,2009.
[23] 李孝武,等. 力学计量[M]. 北京:中国计量出版社,1998.
[24] 杜水有. 压力测量技术及仪表[M]. 北京:机械工业出版社,2005.
[25] 孙希任,等. 压力测量不确定度评定[M]. 北京:中国计量出版社,2006.
[26] 高庆中. 温度计量[M]. 北京:中国计量出版社,2004.
[27] 李吉林,等. 温度计量[M]. 2版. 北京:中国计量出版社,2006.
[28] 沈正宇. 温度测量不确定度评定[M]. 北京:中国计量出版社,2006.
[29] 艾明泽,肖哲. 化学计量[M]. 北京:中国计量出版社,2007.
[30] 邓立三. 气体检测与计量[M]. 郑州:黄河水利出版社,2009.
[31] 陈守仁. 自动检测技术[M]. 北京:机械工业出版社,1982.
[32] 王森. 在线分析仪表维修工必读[M]. 北京:化学工业出版社,2007.
[33] IC 卡膜式燃气表:CJ/T 112—2008[S].
[34] 通用计量术语及定义:JJF 1001—2011[S].
[35] 流量计量名词术语及定义:JJF 1004—2004[S].
[36] 温度计量名词术语及定义:JJF 1007—2007[S].
[37] 压力计量名词术语及定义:JJF 1008—2008[S].
[38] 计量检测体系确认规范:JJF 1112—2003[S].
[39] 计量标准考核规范:JJF 1033—2016[S].
[40] 法定计量检定机构考核规范:JJF 1069—2012[S].
[41] 可燃气体报警控制器:GB 16808—2008[S].
[42] 膜式燃气表:JJG 577—2012[S].